国家社科基金后期资助项目

优化城市空间结构缓解交通拥堵对策研究

——中日比较及其启示

周建高　著

南开大学出版社

天　津

图书在版编目（CIP）数据

优化城市空间结构缓解交通拥堵对策研究：中日比较及其启示 / 周建高著. —天津：南开大学出版社，2024.3

ISBN 978-7-310-06596-7

Ⅰ.①优… Ⅱ.①周… Ⅲ.①城市空间－空间结构－对比研究－中、日②城市交通－交通拥挤－对比研究－中、日 Ⅳ.①TU984.11②U491.2

中国国家版本馆 CIP 数据核字（2024）第 050530 号

优化城市空间结构缓解交通拥堵对策研究——中日比较及其启示
YOUHUA CHENGSHI KONGJIAN JIEGOU HUANJIE JIAOTONG
YONGDU DUICE YANJIU ——ZHONGRI BIJIAO JIQI QISHI

南开大学出版社出版发行
出版人：刘文华
地址：天津市南开区卫津路 94 号　　邮政编码：300071
营销部电话：(022)23508339　营销部传真：(022)23508542
https://nkup.nankai.edu.cn

天津泰宇印务有限公司印刷　全国各地新华书店经销
2024 年 3 月第 1 版　　2024 年 3 月第 1 次印刷
238×165 毫米　16 开本　15.5 印张　2 插页　270 千字
定价：78.00 元

如遇图书印装质量问题，请与本社营销部联系调换，电话：(022)23508339

国家社科基金后期资助项目出版说明

后期资助项目是国家社科基金设立的一类重要项目，旨在鼓励广大社科研究者潜心治学，支持基础研究多出优秀成果。它是经过严格评审，从接近完成的科研成果中遴选立项的。为扩大后期资助项目的影响，更好地推动学术发展，促进成果转化，全国哲学社会科学工作办公室按照"统一设计、统一标识、统一版式、形成系列"的总体要求，组织出版国家社科基金后期资助项目成果。

全国哲学社会科学工作办公室

序　言

近 20 年是我国城市化发展速度最快的阶段，城乡面貌得到极大改善。从国际比较来看，我国城市化水平、机动车普及率刚达到世界平均水平，但是城市交通拥堵以及与之密切相关的交通事故、空气污染等问题已十分严重。交通拥堵不仅造成燃料浪费、污染严重、事故增加，还严重影响人们正常的生产和生活秩序。交通话题每天充斥都市媒体，成为大家关注的经济问题和社会问题。

城市交通拥挤堵塞在我国是存在了数十年的老问题。为了解决城市交通问题，科研、规划、建设、管理等有关部门，通过建设道路、桥梁、地铁等交通设施扩大供给，限制机动车的购买和使用等控制需求，以及投入大量人力、利用最新科技手段等加强管理，但都只是取得局部的、暂时的缓解成效。城市规划设定的人口总量控制目标每次都早早突破，对机动车限购、限行缓解交通拥堵的目标也基本没有达到。迄今为止的各种治堵措施只是在短时期、某些特定路段或区域缓解了拥堵程度，但是总体上城市交通拥堵状况还未得到有效改善。因此，解决中国城市交通拥堵的问题急需新思路、新办法。

然而，交通拥堵并非不治之症，在不少国家和地区，城市化和私家车普及率已经达到饱和状态而交通则畅通有序。如日本地狭人稠，20 世纪 50 年代至 70 年代经济高速发展时期，东京等大都市也曾经历了被称作"交通地狱""交通战争"等交通问题严重的阶段，通过国土空间综合规划，解决了人口和产业空间分布过密过疏不均衡状态，改善交通运输组织方式，加强基础设施建设，特别是在市场经济机制下，汽车普及带来的交通便利、土地自由交易，使中心城区人口密度下降、建成区面积扩大，在没有限制人口流入和机动车购买与使用的情况下，达到了空间需求与供给的平衡，交通拥挤、交通事故等问题逐步改善。综观世界各国，在私家车普及的过程中，个人交通机动化与城市化并非水火不容，而是相得益彰。我国迄今为止的交通拥堵治理对策主要局限于交通系统内，如强化交通规划、优先发展公共交通、实行交通需求管理等方面。事实上，交通系统是城市系统的一部分，城市是由居住、工作、商业贸易、教育、医疗等功能组成的复杂系统。解决交通拥堵问题，需要从多个角度看待，得出比较全面客观的认识。对我国拥堵治理历程的反思、对中日两国城市差异的比较研究，以及把我国城市交通拥堵问题置于全球视野观察，发现交通拥堵与否、交通拥堵的程度与城市规模大小、机动车多少没有必然联系，而与城市空间结构、产业和人口在空间上的分布方式密切相关。在利用最新数据对中国人口、粮食、耕地、城镇建设用地等相互关系考察发现，如果改革土地利用政策，扩大人均建设用地标准，放松过于集中的空间控制，让市场机制在空间形成中发挥基础作用，可以有效解决交通拥堵问题，创造较好的人居环境，实现高质量的城市化发展。

学无止境。作为以解决现实问题为目标的学术，只要问题还存在，探索就有必要，就不能停止。本书对作者本人而言是多年独立思考研究的结晶，若能引发关注中国城市交通问题的人们的些许思考，则幸甚。

目　录

第1章　导论

1.1　研究的缘起

　　工业革命以来，交通运输也出现革命性进步，极大地改变了人们的生产方式和生活方式，改变了城市空间结构，城市交通发展成为一个丰富而复杂的系统，目前仍在快速变化。作为需要研究解决的问题，观察视角不同，观点也多样，周正宇、郭继孚等把北京"交通病"归纳为道路堵、停车难、骑车险、地铁挤、公交慢、换乘不便。[①]现在谈论交通拥堵问题，一般是指汽车在道路上行驶不畅的问题。根据国际比较发现，目前中国机动车普及率约为世界平均水平，但城市交通拥堵的问题很突出。其实，成为严重问题的不仅是路面上的汽车，还有通勤高峰时段公共汽车、地铁等公共交通工具内的拥挤。另外，非机动车、行人等都有各自的问题。选择交通拥堵治理作为研究对象，主要源于我国城市交通拥堵对生产生活的影响广泛而巨大，长期以来政府采取各种对策，但成效有限。交通拥堵是影响我国经济社会发展的重大问题，解决问题除了资金、物资、技术外，最重要的是新思路、新办法。

1.1.1　日益严峻的交通拥堵形势

　　中国的城市交通拥堵问题长期存在，早期表现为街道行人、自行车的拥挤，公交车上拥挤。后来在经济发展过程中，随着人员、货物流动增多，人口向城市集聚，机动车数量增加，表现为道路上机动车的堵塞、停放困难等。交通拥堵日益严重，表现为拥堵时间延长，不仅通勤高峰、节假日

---

① 周正宇,郭继孚,杨军. 北京市交通拥堵成因分析与对策研究[M]. 北京:人民交通出版社,2019:
57.

拥堵，平日也拥堵，拥堵地域扩大，场所增多，如大型商场周边、居住区、旅游景点、高速公路，乃至学校、医院等。

20世纪80年代初期北京城市交通拥堵十分严重，如1984年国庆节后，北京市电车发车频率每1分多钟发1辆车，但乘客在站台的候车时间还是20-60分钟。地铁也十分拥挤，当时地铁共有120辆机车运营，发车频率约每3分钟发一列车的技术标准，依然不能满足需求。北京市政府1984年10月底连续召开紧急会议，并于11月2日举行了"全市搞好首都交通秩序紧急动员大会"。会议报告称，全城区严重拥挤堵塞的路段达到43条、路口46个，公共汽（电）车运输全面紧张，车厢内全天拥挤。可见，在几乎没有私家车的时代，北京的交通拥堵情况已非常严重。

1994-1996年，北京出现了"历史上从未出现过的"严重交通拥挤。市内周期性堵塞点、堵塞路段，从1993年的27个增长到1996年的99个。1997年北京市政府实施的"疏堵工程"作为为群众办的十大实事之一，以缓解交通拥堵。[①]

2003年，北京市的交通拥堵状况与20年前的1983年十分相似，但表现形式不同。2003年北京市交通管理局发布的信息显示，城市道路90%以上处于饱和或超饱和状态，有84个路段为最堵路段，有184个交通危险点，五环路内严重拥堵的路段占20%以上，平均路网负荷[②]为0.7，二环路以内路网负荷达到90%以上，主要干道的时段平均行程车速[③]仅为15-18公里/小时。由于城市道路交通流量趋于饱和，道路运输系统非常脆弱，一旦遇到特殊天气、交通意外等偶然因素的干扰，比较容易出现全面紧张甚至瘫痪的局面。尽管借着2008年北京奥运会的良机，北京市对城市基础设施特别是交通设施进行了规模空前的改造和建设，取得了显著成效，但2011年报告显示，北京市交通拥堵状况似乎有增无减。2010年北京中心城区早晚高峰时段交通拥堵指数[④]1年平均为6.14，属中度拥堵，比2009年的5.41上升了13.5%。2010年全日拥堵持续时间（包括严重拥堵、中度拥

---

① 邵群红. 以"疏堵"为工作重心是观念的全新转变——访北京市公安交通管理局局长陈泽民[J]. 汽车与安全，1997（04）：7.

② 道路网规划方案的评价包括技术评价、经济评价和社会环境评价三个方面。路网负荷（V/C）是城市道路网技术评价指标之一，是指某一时刻路网实际交通流量与路网最大通行能力的比值。

③ 行程车速也叫区间车速，是指车辆行驶在道路某区间的距离与行驶时间的比值，是评价道路行车畅通程度的主要数据。

④ 交通拥堵指数是道路交通运行指数的简称，是综合反映道路网交通运行状况的指标。指数取值范围为0-10，分五级，即0-2畅通，2-4基本畅通，4-6轻度拥堵，6-8中度拥堵，8-10严重拥堵。

堵）较 2009 年同期增加了 55 分钟，其中严重拥堵和中度拥堵持续时间分别增加了 30 分钟和 25 分钟。2019 年，北京市道路交通平均每日拥堵时间达到 6 小时 10 分钟，其中严重拥堵和中度拥堵合计 3 小时。中心城区高峰时段道路拥堵指数平均为 5.48，二环内为 6.60，二环至三环为 6.31，三环至四环为 5.24，比上年略有下降，但是四环至五环拥堵指数却从 2018 年的 5.18 上升到 2019 年的 5.44，显示拥堵区域不断蔓延扩大。

除了道路上机动车拥堵外，公交、地铁等公共交通的车站、车厢内的拥挤也十分严重。2019 年北京市轨道交通全网共有 91 座车站限制客流，占车站总数的 22.5%。最大断面满载率[①]超过 100% 的有 17 个，超过 120% 的 7 个，其中地铁 4 号线菜市口站至宣武门站之间满载率高达 134%。[②]

从世界范围看，随着城市化的发展，大城市交通拥堵是个普遍现象，而中国在私人交通机动化发展的初级阶段就出现严重的拥堵现象，在世界上显得格外突出。除了像北京这样的特大城市，全国几乎所有的大城市，甚至中小城市也出现了交通拥堵。2010 年 8 月，京藏高速公路大堵车，绵延 100 多公里，持续了 20 多天，一度成为舆论的焦点。多年以来，一到节假日，全国高速公路、旅游景点的拥挤拥堵状况，经常占据媒体重要位置。令人不快的交通状况，不仅是道路机动车堵塞，还有停车难、部分大城市买车难、用车受限（限行，禁用摩托车、机动三轮车），公共交通方面表现为高峰时段公交、地铁车厢拥挤，城郊接合部、城市外围出租车少等。

地图服务商高德利用交通行业浮动车和超过 4 亿用户的出行数据，自 2015 年开始发布中国主要城市交通分析报告。根据《2015 年度中国主要城市交通分析报告》，在高德地图交通大数据监测的 45 个主要城市中，拥堵情况都在进一步恶化，只有南通是唯一一个拥堵小幅缓解的城市。拥堵现象不再是大城市独有的问题，它已经出现在各种规模的城市和地区，拥堵

① 满载率，是乘客数量除以车厢内座位与站位合计的满载乘客数，是客运企业计算旅客运输效率的指标。我国国家标准规定地铁车厢内有效空余地板面站立乘客 6 人/平方米为满载。2013 年北京市质监局公布的首部轨道交通工程地方标准《城市轨道交通工程设计规范》，规定车厢空地每平方米站立 5 人，和俄罗斯设计标准相同，日本的标准是每平方米 4 人。公共汽车的满载标准，建设部 1992 年行业标准规定，车厢内站位每平方米 8 人。2001 年《城市建设系统指标解释》规定公共汽（电）车额定载客量算法：客位数=固定乘客座位数+有效站立面积（平方米）×每平方米允许站位人数。每平方米允许站立人数按 8 人计算。国家质量监督检验检疫总局 2004 年 7 月发布、同年 10 月 1 日实施的《机动车运行安全技术条件》的标准是城市公共汽车及无轨电车每人站立面积不小于 0.125 平方米。

② 2020 年北京市交通发展年度报告[EB/OL]. https://www.bjtrc.org.cn/List/index/cid/7.html.

现象正快速向中小城市蔓延。例如，济南、哈尔滨、杭州、大连等城市拥堵纷纷超过一线城市，成为年度拥堵榜单前 5 名。2016 年第一季度"中国堵城排行榜"首位济南市，是唯一高峰拥堵延时指数①达到 2.0 以上的城市，把高峰拥堵延时指数大于 2.5 的城市片区作为严重拥堵区块，按照其面积占规划城区面积的比例排队，一季度济南严重拥堵区块面积约占规划城区面积的 9%；然后是杭州、西安、唐山、北京、郑州、石家庄、武汉、贵阳、福州。②

在高德地图等机构联合发布的《2019 年 Q3 中国主要城市交通分析报告》中，对拥堵的表述似乎缓和，用"健康指数"一词更换"拥堵指数"，根据城市道路交通运行情况，由全国 50 个主要城市的交通"健康指数"得出交通健康、亚健康榜单后发现，城市交通处于亚健康状态，交通健康指数为 44.68%。其中，哈尔滨路网高峰行程延时指数 1.948，平均车速为 21.12 公里/小时，拥堵最严重；路网高峰拥堵路段里程比例最高的是北京，达到 8.55；常发拥堵路段里程比最高的是广州，达 0.67%，然后是贵阳、深圳；道路运行速度偏差率最高的是呼和浩特，达 10.97%，或主要受异常天气影响。③通腾（Tom Tom）公司根据道路车辆行程时间与自由流状态比较增加的比例来衡量交通拥堵水平，根据其 2016 年对世界城市交通拥堵测评的结果，除了洛杉矶外，中国城市拥堵水平前 10 位普遍比美国城市严重，如表 1-1 所示。

由表 1-1 中可知，相对于汽车自由行驶状态下所花费的时间，2016 年因拥堵延长的行驶时间，美国最高的洛杉矶为 45%，其次是旧金山 39%，再次是纽约 35%。而同年中国城市中，拥堵延时最长的重庆达到 52%，其次是成都 47%。按照这张表中数据，美国最拥堵城市洛杉矶的拥堵程度，如果放在中国排名，就得在重庆、成都、北京之后，与长沙并列第四名。除了洛杉矶之外的美国城市拥堵程度，在中国排列都进不了前 10 位。考虑到汽车普及率中国比美国低，拥堵程度已经如此，倘若中国的私家车普及率达到美国的程度，城市交通拥堵状况将不堪设想。

---

① 拥堵延时指数是指汽车在拥堵状态下花费时间与畅通状态下花费时间的倍数。

② 中国 60 大城市交通拥堵报告：看看你的家乡排名第几[EB/OL]. http://www.sohu.com/a/70655429_121913.

③ 高德地图发布《2019 年 Q3 中国主要城市交通分析报告》[EB/OL]. http://auto.ce.cn/auto/gundong/201910/28/t20191028_33451640.shtml.

表 1-1　2016 年中美城市交通拥堵指数前 10 位对比

排名	美国		中国	
	城市	拥堵延时	城市	拥堵延时
1	洛杉矶	45%	重庆	52%
2	旧金山	39%	成都	47%
3	纽约	35%	北京	46%
4	西雅图	34%	长沙	45%
5	圣何塞	32%	广州	44%
6	迈阿密	30%	深圳	44%
7	波特兰	29%	杭州	43%
8	火奴鲁鲁	29%	石家庄	42%
9	华盛顿	29%	上海	41%
10	波士顿	28%	天津	41%

资料来源：杭文. 城市交通拥堵缓解之路[M]. 南京：东南大学出版社，2019：39.

在中国城市交通拥堵不局限于少数大城市，也不局限于某些特定类型的城市，也不是近几年出现的新鲜事，而是长期存在、日趋严重的问题。2020 年 9 月上旬公布的深圳市 2019 年交通调查报告指出，深圳市非通勤出行较 10 年前有较大幅度增长，交通供需矛盾从工作日高峰时段向非高峰时段、周末、节假日蔓延。每次机动化出行的平均距离，2000 年为 5.5 公里，2010 年为 9.8 公里，2019 年上升到 10.7 公里。跨原二线关的公共交通平均出行时长超过 60 分钟，逼近国际公认的出行时间耐受极限。[①]作为东南沿海地区知名的小商品生产、交易中心，浙江省温州市算不上大城市，其城市交通拥挤、堵塞在 2006 年还是偶尔出现的现象，随着私家车增加，道路拥堵迅速发展。2014 年温州在全国拥堵城市排行榜上列第 8 位。呼和浩特市在百度地图 2018 年第四季度全国百城交通拥堵排行榜中列第 4 位。地处我国西北内陆的甘肃省会兰州市，2010 年前后交通拥堵已经十分严重，出租车司机觉得好像就没有不堵的地方，从五里铺到东升饭店，汽车正常行驶三四分钟，堵车时至少 15 分钟，严重时一个多小时。在 2016 年"堵城"排行榜上，兰州市节假日交通拥堵全国第一、交通拥堵指数排名全国第 4。乌鲁木齐市也存在交通拥堵问题，2018 年研究制定城市交通拥堵整治三年行动方案，2019 年把畅通工程列入乌鲁木齐市民生建设十大实事

① 微信公众号"深圳市城市交通规划设计研究中心"，2019 年深圳市居民交通行为与意愿调查报告，2020 年 9 月 9 日。

之一。

受限于统计数据的缺失与研究的局限，城市中学校、医院周边的拥挤状况，公共汽车、地铁车厢内的拥挤状况，车站、机场等交通枢纽的拥挤状况，停车困难等，还有中小城市、乡镇的交通拥堵状况，尚无全面的报告，在中国有过生活经历、旅行体验的人，都不难感受到交通拥堵的普遍性和严重性。

1.1.2 交通拥堵的代价

关于交通运输外部性问题的研究，我国学界多数关注交通建设的积极意义，即正的外部效应，由于数据采集困难等原因，对外部成本的研究有限。20世纪20年代国外一些经济学家对交通运输外部性问题进行了探索，对外部成本计算的研究起源于70年代基勒（Keeler）等人用成本收益分析法研究了旧金山海湾地区的拥堵边际成本、公共服务成本、噪声成本、空气污染成本、设施成本、事故成本、停车成本和使用成本，此后学界对交通运输成本效益进行了大量的分析与研究。

国内外学者归纳总结的交通拥堵成本包括以下内容：

1. 额外燃料消耗的损失，拥堵缓行、等待时造成燃料额外消耗。

2. 额外时间的损失，增加居民出行的时间成本。

3. 污染生态环境的损失，如温室气体排放、有害气体污染、噪声污染、加剧热岛效应等的损失。

4. 居民健康风险的损失，如汽车尾气中有上百种不同的化合物，其中污染物有固体悬浮微粒、一氧化碳、碳氢化合物、氮氧化合物、铅及硫氧化合物等。另外，交通拥堵还导致严重的心理焦虑，如路怒症等。

5. 交通事故的损失，拥堵增加了交通事故发生的概率。有研究表明，在同一路段拥堵30分钟以上会使人产生胸闷、焦虑、心烦意乱等症状，忍耐性大大降低，进而增加交通事故率。交通事故损失包括对重伤人员的医疗赔偿和精神补偿，及其全部或部分丧失劳动力对社会造成的损失等。

6. 其他隐性损失，汽车因拥堵缓行频繁操作而加速部件损耗和折旧；因拥堵或限行导致物流配送时间、距离增加，从而增加成本；拥堵使道路荷载过大，加速了道路损坏等。

因交通拥堵产生的诸多外部成本，一些研究机构开发了估算交通拥堵外部成本的模型并取得了一定的研究结果。例如，美国2003年因交通拥堵造成的时间价值和燃料价值浪费之和，达到630亿美元，是1982年拥堵成本支出的 5 倍。[①]仅交通拥堵带来的时间、燃料、环境损失折合成货币，据欧盟委员会的研究，道路拥堵在欧盟国家造成的损失可达国内生产总值（GDP）的 2%。中国交通运输部发表的数据显示，交通拥堵带来的经济损失占城市人口可支配收入的 20%，相当于每年国内生产总值（GDP）损失 5%－8%，每年达 2500 亿元人民币。[②]另外，交通拥堵还会使人们产生生理和心理上的问题，"路怒症"就是表现之一。北京、上海、广州三个城市随机选取的 900 名司机中，35% 的司机称自己有"路怒症"的表现。美国 2001－2003 年间的当面调查显示，有"路怒症"的司机达 5%－7%，其中公交车、出租车和长途车司机达 30% 以上。

关于交通拥堵造成的经济损失总量，2010 年媒体报道中国科学院可持续发展战略研究组专家牛文元的研究成果，称中国百万人以上的 50 座主要城市居民平均单程上班时间要花 39 分钟，15 座主要城市居民每天上班单程比欧洲多消耗 288 亿分钟，折合 4.8 亿小时。根据上海每小时创造财富 2 亿元推算，15 座城市每天损失近 10 亿元人民币。[③]

北京市交通拥堵受到全国的关注。21 世纪以来，因汽车数量的快速增长，加上其他因素导致北京交通拥堵日益严重。关于北京交通拥堵的经济成本，有下列研究成果可做参考。

（1）克罗伊齐格等（Creutzig et al., 2010）认为北京交通拥堵的外部效应占国内生产总值的 7.5%－15%；毛等（Mao et al., 2012）估计北京拥堵成本占国内生产总值的 4.2%。[④]

（2）吴栋栋、邵毅等人基于 2011 年《北京市交通发展年度报告》，用自己构建的模型估算结果得出，2010 年北京市由于交通拥堵导致的年经济损失达 1055.93 亿元，占 2010 年北京市国内生产总值（GDP）的 7.5%。损失最大的是时间延误，其次为额外燃料消耗，然后分别为额外的生态环境污染、居民健康风险的损失和额外交通事故损失。[⑤]

（3）佟琼、王稼琼等人在综合分析大气污染、噪声污染、交通事故和交通拥堵 4 种道路交通外部成本的基础上，用支付意愿和人力资本结合法、

[①] 奥瑟·奥莎莉文. 城市经济学[M]. 周京奎，译. 北京：北京大学出版社，2008：201.

[②] 我国交通拥堵每年造成经济损失达 2500 亿元. http://www.szkutuo.com/gongsixinwen/548.html.

[③] 每天损失 10 亿元我国城市交通拥堵损失巨大[EB/OL]. http://auto.163.com/10/1011/07/6IMTLGJK000820K6.html.

[④] 专题报告二 合理规划、增强联系，创造多彩、宜居的城市[C]//国务院发展研究中心，世界银行. 中国推进高效、包容、可持续的城镇化. 北京：中国发展出版社，2014：167.

[⑤] 吴栋栋，邵毅，景谦平，等. 北京交通拥堵引起的生态经济价值损失评估[J]. 生态经济，2013（04）：75-79.

降噪达标法等计量模型以及拥堵成本模型的研究表明，2011 年北京市道路交通外部成本：公交车辆 195.87 亿元，出租车辆 73.38 亿元，私人车辆 902.43 亿元，合计 1171.68 亿元。[①]

（4）北京大学国家发展研究院 2014 年的研究结果显示，北京因交通拥堵每年造成约 700 亿元的损失，其中超过 80% 为拥堵时间损失，10% 为多消耗的燃料成本，不足 10% 是环境污染成本。环境污染成本的估计是在 2005 年北京居民支付意愿调查基础上考虑收入增长因素推算得出的，在近年来北京市空气能见度降低的情况下，拥堵造成的环境成本很可能迅速升高。[②]

（5）滴滴出行和第一财经商业数据中心的研究报告称，根据城市平均时薪、拥堵延时、通勤次数等数据计算因交通拥堵导致的人均成本，2015 年前三位城市分别是北京 7972 元、广州 7799 元、深圳 7253 元。2016 年因交通拥堵而造成人均损失前三位的城市分别是北京 8717 元、广州 7207 元、西安 6960 元。[③]

以上列举若干机构的研究结论显示，交通拥堵的代价是巨大的。一般研究机构计算的是拥堵的直接（或包括间接的）经济代价。其实，交通拥堵代价不可忽视的另一部分是社会代价。例如，拥堵的长时间等待造成驾驶员的"路怒症"，空气污染对城市居民的健康损害，因拥挤、拥堵排队插队导致的人际纠纷，日常生活中由于经常拥堵而感觉生活质量变差，拥堵造成客运、物流的效率下降，进而影响投资者的选择等。大城市为缓解拥堵而实行机动车限购、限行政策，其代价直接的有汽车销售量、成品油销售量、高速公路和旅游景区等企业收入的下降，间接的有因汽车使用带来的生产效率提高、居民生活幸福满足度的损失。在多种宜居城市评价体系中，交通状况是影响城市宜居性的重要指标，拥堵严重使宜居评价得分降低，影响城市的声誉。例如，英国《经济学人》发布的 2018 年全球宜居城市排名，前 10 名中亚洲只有日本的两个城市，中国有 10 座城市进入前 100 名，但排名最高的苏州才 74 位，排名相当靠后。我国一些机构发布的宜居城市排行榜中，一线城市排名均较靠后，交通拥堵是影响排名的重要

---

① 佟琼，王稼琼，王静. 北京市道路交通外部成本衡量及内部化研究[J]. 管理世界，2014（03）：1-9.

② 研究院称北京每年因交通拥堵损失约 700 亿元（图）[EB/OL]. http://news.163.com/14/0928/09/A77I5EKS00014JB5.html.

③ 2016 智能出行大数据报告. 北京交通拥堵人均成本 8000 元[EB/OL]. http://www.guancha.cn/economy/2017_01_13_389228.shtml.

因素。例如，中国科学院地理科学与资源研究所（以下简称地理资源所）
2016 年选取 40 个代表中国经济社会发展水平的城市，根据其安全性、公
共服务设施方便性、自然环境宜人性、社会人文环境舒适性、交通便捷性
和环境健康性等 6 大维度 29 个指标，对中国城市宜居性进行了排名。根据
地理资源所 2016 年发布的《中国宜居城市研究报告》，中国城市宜居指数
整体不高，城市宜居指数平均值仅为 59.92 分，中位数为 59.83 分，均低于
60 分的居民基本认可值。宜居指数最高的前 10 名依次是青岛、昆明、三
亚、大连、威海、苏州、珠海、厦门、深圳、重庆，北京和广州宜居指数
分别为 56.24 分和 56.78 分，位居倒数第一名和第二名。该报告解释北京宜
居性排名垫底的原因在于环境健康性、交通便捷性和居民对自然环境的认
可度。我国城市宜居性三个短板为安全、健康、交通，经济社会发展水平
较高城市的宜居水平并不高，研究表明雾霾污染、停车便利性、噪声污染
和交通运行通畅性等是我国城市宜居水平的主要制约因素。[1]

1.1.3 既有研究和对策及其局限性

城市交通拥挤拥堵问题，在中国长期存在，不同时期、不同城市各有
特点。在改革开放之前，交通拥堵问题不明显。改革开放以后，各种物资、
人员流动加速，长期忽视建设的城市空间无法适应，于是在大中城市，以
自行车流拥堵、公交车厢拥挤为主的交通问题凸显，引起各界重视。把交
通拥堵作为问题来研究，主要是在公安、交通、建设、城市管理、城市规
划等部门。20 世纪 90 年代后，国家政策层面取消了对家用汽车消费的限
制，鼓励汽车产业发展，尤其中国加入世界贸易组织（WTO）以后经济快
速发展使家用汽车迅速普及，随之而来的城市交通拥堵日益严重，引发更
多人对交通拥堵治理的关注和研究，研究的专业分化越来越细。例如，我
国现行城市交通规划体系包括发展战略规划、综合交通体系规划、专项规
划、城市建设交通影响评价，其中专项规划包括公共交通规划、轨道交通
线网规划、轨道交通建设规划、停车设施规划、交通管理规划、交通近期
建设规划、交通组织设计、其他专项规划。[2]交通拥堵研究分布于交通工
程、综合运输、城市规划、公共管理、社会学、城市学、地理学等众多领
域。迄今为止，关于拥堵的原因分析、对策研究等，已有众多的理论探讨、

---

① 《中国宜居城市研究报告》发布会暨人居环境研讨会在京召开［EB/OL］. http://www.igsnrr.cas.cn/xwzx/kydt/201606/t20160620_4624283.html.

② 建设部城市交通工程技术中心. 城市规划资料集 10：城市交通与城市道路［M］. 北京：中国建筑工业出版社，2007：1.

技术革新、政策措施。观点百家争鸣，不胜枚举，长期以来体现在城市政策、交通政策中的拥堵认识和治理对策可以说代表了主流的认知。

在城市交通拥堵治理中，拥堵状态评价是必不可少的环节和工具。现有的交通拥堵评价方法，主要分为两类，一是通过对大量常态下交通流数据的统计分析，基于阈值划分进行评价，有数理统计与数据挖掘方法，服务水平 6 个等级的阈值即通过大量实测数据统计分析而得；二是用人工智能的算法进行交通状态评价，主要有模糊逻辑法、神经网络法等。现有研究主要面向基于基础交通流参数（流量、饱和度、速度等）的数据挖掘来划分交通拥堵。近年的研究，例如冶志良、李浩采用 t 检验、秩和检验等统计方法，在考虑出行者主观差异基础上，采用动态聚类分析方法提出了新的交通拥堵阈值划分标准。[1]王家庭、赵一帆从城市交通的构成要素人、车、路三方面入手，建立宏观层面的城市交通拥堵水平测度指标体系。[2]近年来在学界比较有影响的评价，有通腾交通指数研究中心、英瑞克斯（INRIX）研究中心、得克萨斯农工大学（Texas A&M）交通研究中心、高德地图交通大数据团队、滴滴媒体研究院等年度报告。杨建超等人在对这些评价体系进行比较后指出，各个评价指标体系共同或者近似之处是，评估时使用的核心指标均为"交通拥堵指数"。它通常被用来量化反映路网整体拥堵程度，并作为各城市或地区拥堵严重程度排名的依据。与美国的评价结果相比，目前交通拥堵评价方法的参考价值有限，评价结果不能反映拥堵路段的真实状况和出行者的真实感受。[3]城市道路交通拥堵评价指标体系有多种，各有特点。道路通行能力指标主要用于评价道路断面拥堵状况以及解释拥堵致因；排队长度指标能从出行者感知角度反映道路的拥堵状况；行程时间指标可用于构建模型对路段交通拥堵状况进行量化评估，但无法对不同城市或者不同年份的道路拥堵状况做横向对比。黎符忠设计了基于灰色关联度的城市道路交通拥堵评价模型。其论文构建了包含交叉口指标、路段指标和区域指标的城市道路交通拥堵评价模型，并结合信息熵赋权法与灰色关联分析法，对重庆市南岸区某路段的城市道路拥堵等级进行量化评价。[4]评价研究日益受到关注，周静等人从公众参与、交通影

① 冶志良，李浩. 基于速度感知差异性的交通拥堵评价分析[J]. 武汉理工大学学报（交通科学与工程版），2016（06）：1088-1093.

② 王家庭，赵一帆. 我国城市交通拥堵水平测度：基于 35 个大中城市的实证研究[J]. 学习与实践，2016（06）：19-27.

③ 杨建超. 中美城市交通拥堵评价排名体系比较研究[J]. 黑龙江交通科技，2017（09）：193-195.

④ 黎符忠. 基于灰色关联模型的城市道路交通拥堵评价研究[J]. 重庆建筑，2018（05）：38-40.

响和社会经济效益三个角度出发,建立了含 16 项二级指标的交通拥堵治理有效性评价指标体系,并提出了基于可拓学的交通拥堵治理有效性评价模型。[①]

道路机动车拥堵是当代城市交通拥堵的主要问题,但不是城市拥堵问题的全部。公交车、地铁等站台、车厢内的拥挤,停车场的拥挤、堵塞等,都是必须解决的问题。目前的拥堵评价研究主要局限于城市道路上的拥堵,其他方面的评价研究还很不够。

关于城市交通拥堵的原因,一般从交通的供应和需求两个角度来分析,认为人口和机动车数量太多、增长速度过快,道路、停车场、公共交通等基础设施不足,交通人不守秩序,管理措施和手段落后等是导致拥堵的根源。相应的拥堵治理政策,就是控制大城市人口增长、限制机动车的购买和使用以限制交通需求,大规模投资交通基础设施建设以增加交通供给,以法律的、经济的、教育的多种手段加强交通管理,等等。近年来对于交通拥堵原因的研究,除了继续从供需矛盾的角度探讨外,研究视角扩展到城市空间结构、土地利用等。城市空间的职住分离造成通勤距离延长、交通运输量增加,这被认为是交通拥堵的重要原因。在关注城市功能区与交通拥堵的关系上,尹丹蕾以影响最为突出的医疗和教育资源为例,模拟资源疏解前后居民的出行情况,并以最短路出行距离为标准,判断资源的疏解对交通拥堵的影响,认为分散布置优质资源,能够减少道路的使用和居民的出行距离,有效疏解中心城区的拥堵。通过医生和教师的流动来代替居民的移动,也能在短期内相对减少出行量,减少道路的使用。[②]

人类聚居学创始人道萨迪亚斯认为居住密度是组成社区的关键因素,是社区最重要的特征。在探索城市交通拥堵原因之际,城市人口密度的影响是我国学界较少注意的视角。周建高较早注意到城市人口密度与交通拥堵之间的关系并开展研究。[③]把人口过密作为城市交通拥堵的根本原因,并不是城市规划、建设、研究界的普遍认识,但部分城市管理者开始接受,例如北京在疏解交通拥堵中已经注意到要降低中心城区的人口密度问题。2020 年 2 月 22 日中国共产党北京市第十二届委员会第十二次全体会议提出,要下更大力气疏解存量,提高疏解的协同性和整体性,切实把人口密度、建筑密度、商业密度、旅游密度"四个密度"降下来。[④]在探讨城市

① 周静, 高波. 基于可拓学的城市交通拥堵治理有效性研究[J]. 综合运输, 2019(03): 42-47.
② 尹丹蕾. 北京市医疗和教育资源优化对缓解交通的影响[D]. 首都经济贸易大学, 2017.
③ 周建高. 我国城市人口过密很不经济[N]. 中国经济导报, 2012-10-16(B01).
④ 北京要求降低核心区人口、商业等"四个密度"[EB/OL]. https://news.ifeng.com/c/7uIJcqoZPQI.

土地利用、路网结构对交通的影响时，刘建朝等人采用分位数回归实证检验了城市规模、网络结构与交通拥堵的关系，认为加密城市网络结构对交通拥堵治理意义更大。[①]

　　城市交通拥堵问题存在已久，人们为解决问题付出的努力各种各样。周正宇、郭继孚、杨军等业内专家对于交通拥堵成因、对策有比较全面的总结。从交通需求侧、交通供给侧、交通组织管理侧三个方面，提出一级对策9项、二级对策35项、三级对策58项、四级对策276项，可能是迄今为止比较系统、全面地关于拥堵缓解的方法。综观各方面专家学者对于交通拥堵治理的研究成果，以及长期以来的相关政策措施，可以把拥堵治理的方法归纳为以下几个层面：一是工程技术层面，包括道路路段、平面交叉口、指路标志、信号控制、隔离设施等的设计优化，例如道路渠化、立体交叉等。路权分配上公交优先、绿色交通优先（公交车专用道、非机动车道、步行道等），共享汽车、单车以及智能交通等。二是总体规划方面，包括线路、车站的布置，各种交通的组合方式，用地结构，开发区与生活区（就业岗位与居住地点的组合方式），卫星城、多中心布点等空间结构设计安排。三是宏观政策层面，城市人口政策、土地政策、汽车政策、交通政策等。在交通研究领域，第一层工程技术层面的人员最多，实践最丰富，是拥堵治理的一线，再好的政策最终都得依靠技术措施落实。

　　对交通拥堵原因的认识，决定了交通拥堵对策的选择。交通拥堵状况、成因各个城市千差万别，因此关于拥堵治理的对策研究也因地而异。尽管如此，交通拥堵依然有些共同点，因而治理对策各地也有相互参照、借鉴的意义。拥堵治理对策基本可以归纳为控制交通需求、增加交通供给、加强交通管理等几类。

　　第一类是控制交通需求，首先是控制城市人口增长。城市人口多被视作交通拥挤拥堵的根源，长期以来为了避免或解决交通拥堵，控制大城市规模即人口总量是城市规划建设的基本方针，大城市历次总体规划都有人口总数控制目标。迄今为止，与同等发展阶段或水平的其他国家比较，我国城镇化显著落后于工业化。其次表现为限制机动车的购买和使用，限制的对象有摩托车、三轮车、小汽车等，限制的方式有限制行驶（包括停放）区域、限制行驶时间，收取车船税、汽油税，收取、提高停车费等。目前有的城市限制购买汽车，限制手段有拍卖车牌、摇号抽签确定买车资格等。

　　① 刘建朝，王亚男，王振坡，等. 城市规模、网络结构与交通拥堵的关系研究——基于动态性拓展的宏观网络交通模型的解释[J]. 城市发展研究，2017（11）：101-110.

在使用环节，根据车牌尾号，在一定时间段内限制部分机动车上路行驶。宗刚等人通过研究影响停车定价的多种因素之间以及这些因素与停车价格之间的相关关系或因果关系，实证分析了各因素对停车价格影响的大小，认为对停车价格实行市场竞争价格，对于停车资源缺乏的大城市来讲，在抑制停车需求和增加停车供给方面效果显著。对于中等城市来讲，由于竞争激烈和需求不足，会导致价格偏低，供给不足。[1] 对于进入城市特定区域的车辆征收额外费用即拥堵费，被部分学者认为是把拥堵的外部成本内部化，解决交通拥堵问题的经济学方法。尹来盛、张明丽认为，征收拥堵费可以促进出行方式替代、优化出行时间、优化出行路线、重新进行区位选择等，达到舒缓交通拥堵的目的。[2] 对于停车场收费，通过价格机制调节交通量，这在很多城市已经成为政策。在道路上收取拥堵费还处于理论探讨阶段，因为一些国家通过收取拥堵费来缓解拥堵的作用不太显著，我国学界对于收取拥堵费的合理性还存在不同意见。

第二类是增加交通供给，表现为加强交通基础设施建设，包括道路、桥梁、隧道、地铁、公交、停车场等。改革开放以来，城市发展的突出表现是各类基础设施彻底更新换代，为此投入的财力、物力、人力巨大，取得的成就令人瞩目。在家用汽车快速增加、城市道路拥堵越来越严重后，发展公共交通被视作解决交通拥堵的基本途径，从国家到地方，投入巨资建设地铁、轻轨，更新公共汽车，开辟公交专用车道，等等。

第三类是加强交通管理，即把加强交通管理作为治堵对策之一。例如，陆化普、王长君等人提出城市交通拥堵对策包括交通发生源、交通结构调整、路网结构调整、科学交通管理、停车系统、一体化交通、智能交通、交通需求管理、交通行为、支撑与保障体系十个方面，其交通管理对策的内涵是路口、信号、标志线、隔离设施、交通组织、智能交通、绿色交通。[3] 周正宇、郭继孚、杨军对北京市交通拥堵治理进行了比较全面的研究，其交通拥堵对策库包括交通需求侧、交通供给侧、交通组织管理侧三种，每种分四级对策，内容十分丰富。交通组织管理侧的治堵对策中，一级对策包括法律保障、体制机制、运营管理、交通安全与应急、价格体系五大类，末端的第四级对策合计达 135 项，基本囊括了现有知

① 宗刚，李盼道. 停车价格影响因素及停车政策有效性研究[J]. 北京社会科学，2016（01）：65-74.
② 尹来盛，张明丽. 我国超大城市交通拥堵及其治理对策研究——以广州市为例[J]. 城市观察，2017（02）：73-84.
③ 陆化普，王长君，陆洋. 城市交通拥堵机理与对策[M]. 北京：中国建筑工业出版社，2014：24.

识的各个方面。①

　　当今中国社会进步的基础动力在于对新事物的渴望。交通研究领域对新理论、新科技应用于交通拥堵治理的热情高涨，把互联网、大数据等应用于拥堵治理的研究吸引了不少人的探索。交通拥堵的表现主要是机动车数量快速增长对交通空间的需求与交通空间不能满足之间的矛盾。从理论上讲，汽车共享可以减少城市汽车使用量。对这方面的实践和研究，美国吉普卡租车公司（Zipcar）、法国电动车公共租赁项目（Autolib）和德国共享汽车（Cambio）都是先行者，发展顺利。陈国鹏基于互联网+交通的视角，归纳了三种私家车共享模式，建议地方政府划拨专项资金建设私家车共享平台。②涂钰、李豪提出运用共享汽车治理重庆市三大商圈交通拥堵建议。③相对于传统的关于城市交通拥堵的定义，即主要从时速、密度、饱和度、车队滞留长度等方面来界定的做法，王振坡等学者建议利用移动互联网技术治理交通拥堵，例如覆盖无线网络、交通信息系统与智能终端融合等；加强公共交通电子站牌系统、电子车辆信息系统、租用网约自行车系统建设；建设政府监管平台，完善公共交通信息互联网平台，推进移动互联技术多样化应用，优化网络化空间结构。④有的学者从需求角度探讨大型城市交通拥堵治理互联网模式及私家车共享模式，或者通过大数据改善智能交通系统建设，进而提高道路通行能力。学者们着重关注了智能交通系统的应用，利用全球定位系统（以下简称 GPS）、地理信息系统（以下简称 GIS）、云计算、车联网等信息技术，通过城市交通时空拥堵点监测，测度交通拥堵时空分布状况，为交通拥堵机理分析、交通拥堵预测和交通管理等提供参考。杨朗、周丽娜等人利用手机信令数据尝试揭示广州市职住空间总体特征，并为广州城市空间结构优化提供建议。⑤青年学子对于新理论、新技术的应用研究更是热心，例如 2020 年深圳大学黄赵的博士论文《一种基于交通拥堵和车内拥挤度预测的乘车线路推荐方法》、电

　　① 周正宇，郭继孚，杨军. 北京市交通拥堵成因分析与对策研究[M]. 北京：人民交通出版社，2019：363-372.

　　② 陈国鹏. 互联网+交通视角下缓解城市交通拥堵的私家车共享模式研究[J]. 城市发展研究，2016（02）：105-109.

　　③ 涂钰，李豪. 共享汽车视角下重庆市三大商圈交通拥堵治理对策[J]. 重庆交通大学学报（社会科学版），2020（03）：50-55+66.

　　④ 王振坡，朱丹，宋顺锋，等. 时间价值、移动互联与出行效率：一个城市交通拥堵治理的分析框架[J]. 学习与实践，2016（12）：38-46+2.

　　⑤ 杨朗，周丽娜，张晓明. 基于手机信令数据的广州市职住空间特征及其发展模式探究[J]. 城市观察，2019（03）：87-96.

子科技大学郭洁的博士论文《智慧城市建设对城市交通拥堵改善的影响研究》等。2021 年发布的《国家综合立体交通网规划纲要》要求到 2035 年建成在质量、智能化、绿色化方面居世界前列的交通基础设施。智能化是指数字化、网联化，推进智能网联汽车（智能汽车、自动驾驶、车路协同）应用。

总体来看，尽管我国研究者队伍大、研究机构众多，表现为论文、专利、产品等成果不少，但是从知识角度看，交通拥堵从基本概念、形成机理、影响评价、治理政策和措施等方面，还没有形成共识的理论（在高等学校研究生学位论文中，以交通拥堵为主题的硕士论文居多，博士论文较少）。实际上，长期以来，我国为改善城市交通而投入的金钱、土地、人力、物力是海量的，但是最终效果与当初预期对照，或者与国外比较、与社会需求比较，总体上不如人意，交通拥堵治理上问题依然较多，没有达到预期目标。例如北京，为应对严重的交通拥堵，2011 年开始全面实行机动车限购、限行等，有关部门曾希望通过这种政策遏制交通拥堵加剧的势头，明显改善交通运行状况。但是多年来的实践表明它对于拥堵治理的效果有限，交通拥堵依然在加剧。尽管我国已经有了众多科研人才与机构，也有众多研究成果，但是经济社会在发展变化，交通拥堵的原因、内容都发生了变化，只要交通拥堵问题还存在，就有继续探索的必要。

1.2　本研究的思路和创新点

本研究基于作者在中国和日本不同环境下的生活体验，以及对城市交通拥堵与城市空间结构关系的观察和思考，目的是解决中国城镇化中出现交通拥堵这一现实问题。如今交通拥堵、出行不便严重困扰着人们的日常生活，交通拥堵作为城市化中的顽症，需要人们关注、研究并拿出对策。

美国汽车普及率高于中国，但是交通拥堵却不如中国严重，人们常说因为美国土地多而人口较少，有条件住独栋房子，用很多土地建造公路和停车场，而中国人多地少，没法比。但是我们的邻国日本，人口密度远高于中国，汽车普及率约为中国的 4 倍，全部国土空间中山林地约占八成，自然条件不如中国，城市交通拥堵却远没有中国严峻。通过研究发现，城市空间结构中国与日本差异显著，但是究竟差异能大到什么程度，与城市交通拥堵问题有什么关系，中国城市可以或应该怎样通过改善城市结构来治理交通拥堵，这就是本书的研究内容。

在中国，村落是由一家一栋的住宅组成，住宅及其周围一块土地是生活空间，交通运输工具都放在自己住宅（场院）里。城镇是完全不同的情况，住宅绝大多数是楼房，是几户或几十户在一栋建筑中的集合住宅楼，家门外没有独享的空间。几栋、几十栋外观相同的住宅楼组成小区。孩子缺少自由活动的场地，缺少停放自行车、摩托车等家庭常用交通工具的地方。日本城市建筑高楼很少，市民住宅多数是独栋的二层楼房（一户建），道路较窄，路网很密。家用汽车已经普及，多数城市很少出现交通拥堵，对机动车也不限购、限行。但东京等大城市的火车站、通勤高峰时的地铁和电车车厢也是大量人员集聚，节假日的高速公路也是汽车缓行，但总体上没有北京、上海、广州等城市严重。问题意识来源于对中日两国城市空间结构显著差异的体验和观察，研究也从此角度入手，跳出学科专业的局限，综合利用各个专业的已有研究成果，分析交通拥堵现象的本质，人们对城市空间移动的性质，利用统计数据比较中日城市空间差异程度，探索空间结构与交通拥堵的关系，为解决问题创新理论基础。本研究注重概念、统计数据的准确性，因果分析逻辑性，立论的创新性，对策建议的可操作性。

解决问题的前提是科学地认识问题。本研究试图在已有研究的基础上，提出自己的新观点，期待引发讨论，为解决问题提供参考。

本研究的主要创新点是：

1. 研究方法

（1）以密度为核心概念，从城市空间结构与交通的关系角度研究拥堵问题。与大多数从城市人口总量、机动车总量等规模角度考虑交通拥堵问题不同，作者从人口、道路、学校等功能点的空间分布和结构及其交通影响思考问题。已有的同类视角的研究一般关注的是交通规划与土地利用、职住均衡与否等问题，偏于宏观和中观层面，本研究将重心放在微观层面，对街道、居住区的人口密度、道路网密度等与交通的关系做了专门研究。

（2）中日比较研究，更清晰地认识中国城市空间特征、交通拥堵症结何在。我国城市学界、日本学界关于日本城市的研究成果有限，通过城市空间结构的中日比较研究，获得对中国城市空间特征及其与交通拥堵关系的清晰认识。认清问题的根源，相当于解决问题的一半。

（3）一个观点，循序渐进地分析原因并给出对策建议。首先，对交通拥堵的概念给出定义（第3章），概念也是本研究的核心观点；其次，围绕概念，探讨中日城市交通拥堵程度不同的第一层原因即直接原因是城市人口密度、住宅与居住区形态、道路网问题和城市功能点规模与分布的空间结构特征（第4—8章）；再次，进一步分析形成中国城市空间结构特征的第二层原因，主要从土地政策、城市空间的观念和知识、规划体制角度分析（第 9、10 章）；最后，对城市空间的两大力量——市场和政府的作用作了分析并提出改善建议。

2. 研究观点

（1）提出交通拥堵（挤）新概念。历来的交通拥堵概念，是基于道路或机动车管理的视角，以机动车行驶速度或者排队的队列长度、等候时间等标准来定义，概念缺乏普遍性，无法涵盖非机动车的拥堵，以及医院、车站等处的拥挤。定义"交通拥堵（挤）是交通者（人或车船）同一时间在同一空间过度密集而产生不舒适感，无法安全、顺利地行（移动）止（静止）的状态"，反映了拥堵（挤）的本质特征，具有各种场合的普遍适用性。拥堵（挤）是一种不受欢迎的过度密集状态，包括道路上的汽车密集，以及学校、医院、车站、旅游景点等处的人员密集。

（2）基于逻辑分析和事实分析，对于城市交通拥堵（挤）的成因提出新解释，并提出相应的治理对策。①城市人口过密、交通运输网稀疏，住宅区、医院等城市功能点单体规模过大而总数不足，过度集中于中心城区，形成巨型高密度交通团块，城市用地中居住和交通用地占比过低，导致交通量过度集中而致堵，对策是降低人口密度、提高交通运输网密度、对城市功能点缩小单体规模、增加数量、分散布置，增加城镇建设用地。②交通拥堵长期存在，直接原因是特有的空间结构造成各种场所的过度密集，间接原因是整体控制的计划管理思维、偏好高楼大厦的城市形象观念、片面追求土地经济的城市政策，还有认识和研究问题的知识基础薄弱。对策是增加建设用地特别是居住和交通用地供应，建立市场导向的土地政策，更好发挥政府作用，在认识上重视概念、逻辑的严密性，在决策上增加民主性，以交通可达性而不是机动车速度评价交通规划和服务水平。

（3）土地政策需要适应经济社会结构变化。城市建设用地人均约 100平方米的标准几十年不变，与现实需求脱节。经济社会发展使人员与货物流动性增强，需要更多的交易空间，私家车普及需要较多交通空间，智能社会发展使人们闲暇时间增多，消费社会兴起，需要增加文化、旅游、体育运动空间。政府需要从直接的土地经营者转变为公共服务者，根据人口、土地、产业结构等形势合理规划土地用途，我国有良好的条件增加居住、交通等生活空间。

第2章　对既有交通拥堵治理政策的反思

作为存在已久的"城市病"主要症状之一的交通拥堵，各级政府一直都很重视，学界也有大量的讨论和研究。为了防范和解决交通拥堵问题，或者为了防范出现交通拥堵问题，各界想了很多办法，采取了很多措施。在考虑今后对策之际，有必要先反思既有政策，看看其中存在什么问题，思考今后怎样改善。各类缓解和治理拥堵的措施很多，现择其要者分析探讨。

2.1　交通拥堵是因为人太多吗

公交车厢、火车车厢拥挤不堪，火车站、长途汽车站人头攒动，街道自行车堵塞，这是 20 世纪 80 年代许多城市的景象。多年过去了，中国城乡面貌有了巨大改变，但是城市拥挤拥堵并未消失，只是换了形式，变成机动车主要是私家车在道路上和居住区里的缓行、堵塞，在学校门口、在医院里人员的高密度集聚。

在说明城市交通拥堵时，总有不少人认为城市规模太大、人口太多是根本原因，因此提出和采取控制城市规模、控制大城市人口增长特别是外来人口迁入的方式以避免出现交通拥堵。这一政策从改革开放前的计划经济时代开始，几十年来一以贯之。城市人口总数与交通拥堵程度之间，果真有必然的逻辑相关性吗？人口越多，城市交通就越拥堵吗？

2.1.1　中国：城市拥堵程度与城市人口数量不成正比

如果城市交通拥堵的原因是人口数量多，那么人口越多的城市拥堵程度应该越严重，人口较少的中小城市、乡镇就不该有拥堵现象。

　　事实上，城市拥堵程度与人口总数并非正比例关系。高德地图根据2015 年交通行业浮动车和 4 亿用户数据,在实时路况服务覆盖的全国 364个城市和高速路网中,精选了 45 个代表城市进行了 2015 年全国城市拥堵排名,前 10 位依次是北京、济南、哈尔滨、杭州、大连、广州、上海、深圳、青岛、重庆。①根据 2016 年 7 月 15 日滴滴出行发布的中国城市交通出行报告,2016 年上半年全国 400 个城市的平均拥堵延时指数为 1.58,全国交通拥堵前几位城市依次是石家庄、重庆、西安、济南。而哈尔滨、郑州、青岛、武汉拥堵程度与北京、广州不相上下。②在高德地图等机构联合发布的 2019 年第三季度主要城市交通分析报告中,按城市地面道路交通拥堵程度进行排名,前 10 位依次为哈尔滨、重庆、长春、贵阳、大连、北京、济南、呼和浩特、西安、广州。高德地图、滴滴出行这两家机构关于中国城市拥堵程度的排名不同,拥堵程度并不与城市人口规模对应,人口较少的城市也可能拥堵更加严重。2018 年中国城市人口数量前 10 位是重庆、上海、北京、成都、天津、广州、深圳、武汉、南阳、临沂。③拥堵排名前 10 位与人口规模排名前 10 位不一致,在 2019 年第三季度最拥堵的前 10 位城市中,人口规模也排在前 10 位内的只有重庆、北京、广州 3 个城市,其余 7 个城市不在榜单中。这说明并非人口多的城市就一定拥堵严重,城市人口规模与拥堵程度之间没有必然联系。

　　根据高德地图等机构发布的《2019 年度中国主要城市交通分析报告》,2019 年中国城市交通拥堵前 10 名分别是哈尔滨、重庆、长春、北京、济南、呼和浩特、西安、大连、贵阳、沈阳。西安市 2019 年度路网高延时运行时间占比最高,达 41.7%;贵阳市路网高峰拥堵路段里程比最高,达 5.03%;深圳市常发拥堵路段占比最高,达 0.389%;哈尔滨市高峰平均车速最低,为 21.49 公里/小时;长春市道路运行速度偏差率最高,

　　① 资讯 | 2015 年中国主要城市拥堵排行榜出炉:你所在的城市排名第几?［EB/OL］. http://auto.sohu.com/20160125/n436001772.shtml.

　　② 滴滴:《全国拥堵排行榜》,你的城市上榜了吗?［EB/OL］. http://www.southmoney.com/touzilicai/qita/201607/634606.html.

　　③ 中国城市人口排名表[EB/OL].https://baike.baidu.com/item/中国城市人口排名表/16620508?fr=aladdin.

达 8.46%。^①从城市人口规模看，这份榜单中只有重庆、北京人口规模可以排在中国前 10 位，哈尔滨、长春、济南、呼和浩特、西安、大连、贵阳、沈阳的人口规模不在前 10 位。可见，人口不很多的城市，也可能交通拥堵很严重。

2.1.2　全球：不是城市人口越多拥堵越严重

从国际比较来看，也没有证据显示城市人口越多拥堵程度越严重的规律。

2015 年，按照人口规模的世界城市排名（单位：万人）依次是东京（3800）、新德里（2570）、上海（2374）、圣保罗（2107）、孟买（2104）、墨西哥城（2100）、北京（2000）、大阪（2024）、开罗（1877）、纽约（1859）。^②荷兰数字地图供应商通腾（TomTom）导航科技公司每年都依据其 GPS 模块上传的数据对全球主要城市的道路拥堵情况进行排名。在 2015 年 4 月 5 日公布的基于全球 36 个国家 218 个城市测量得出的拥堵城市排名中，全球最拥堵城市前 10 名是：（1）伊斯坦布尔（土耳其）；（2）墨西哥城（墨西哥）；（3）里约热内卢（巴西）；（4）莫斯科（俄罗斯）；（5）萨尔瓦多（巴西）；（6）累西腓（巴西）；（7）圣彼得堡（俄罗斯）、巴勒莫（意大利）；（8）布加勒斯特（罗马尼亚）；（9）华沙（波兰）；（10）洛杉矶（美国）。^③对比同年的人口规模前 10 的城市和交通拥堵前 10 的城市，可以发现同时出现于两张榜单中的城市只有一个，就是墨西哥城，其余都不重合。这说明城市道路拥堵排名与城市人口规模排名没有对应关系，人口最多的城市东京并不是拥堵最严重的城市，而拥堵最严重的前 10 个城市并不是人口规模最大的 10 个城市。

荷兰通腾（TomTom）公司根据覆盖 56 个国家和地区的 403 个城市的拥堵程度统计数据，制作了 2018 年全球交通拥堵城市排行榜，前三位分别是孟买、波哥大、利马，重庆第 18 位、珠海第 20 位、广州第 23 位、东京

---

① 高德地图发布 2019 年度中国堵城排行榜：中小城市群交通往来日益紧密[EB/OL]. https://mp.weixin.qq.com/s?src=11&timestamp=1597672557&ver=2528&signature=WpRARegAI7-1X-*boKYUd1PjwjiEV0uWeIZ-F6qMCnhVoM9wICs9*BeGwdEQqCF7YB-duzxK0CKCEZO*BQo9bls*YUib0fwLQprDC46veR-IoOwZC81I5zD9JyOzREvZ&new=1.

② 世界十大人口最多城市排名出炉[EB/OL]. http://wx.zjol.com.cn/system/2015/09/04/020817963.shtml

③ 2015 年全球最拥堵城市排行榜 TOP30[EB/OL]. http://www.askci.com/news/data/2015/04/07/93814o3tw.shtml.

第 25 位、北京第 30 位。①2018 年全球城市拥堵指数排名前 10 位、人口数量排名前 10 位见表 2-1 所示。

表 2-1　2018 年全球城市拥堵指数与人口数量排行榜前 10 位对比

拥堵指数前 10 位排名		人口数量前 10 位排名	
排名	城市名及拥堵指数	排名	城市名及人口数量
1	印度孟买，65%	1	日本东京一横滨，3805 万
2	哥伦比亚波哥大，63%	2	印度尼西亚雅加达，3227.5 万
3	秘鲁利马，58%	3	印度德里，2728 万
4	印度新德里，58%	4	菲律宾马尼拉，2465 万
5	俄罗斯莫斯科，56%	5	韩国首尔，2421 万
6	土耳其伊斯坦布尔，53%	6	中国上海，2411.5 万
7	印度尼西亚雅加达，53%	7	印度孟买，2326.5 万
8	泰国曼谷，53%	8	美国纽约，2157.5 万
9	墨西哥墨西哥城，52%	9	中国北京，2125 万
10	巴西累西腓，49%	10	巴西圣保罗，2110 万

资料来源：（1）拥堵指数及前 10 位排行，全球交通拥堵排行榜出炉北京才排第 30 位（双语）. http://yingyu.xdf.cn/yd/politics/201906/10942821_2.html,（2）2018 全球城市规模排行榜公布. https://www.sohu.com/a/279671054_309770.

由表 2-1 数据显示，2018 年全球拥堵最严重的前 10 位城市与人口数量最多的前 10 位城市并不完全对应，只有印度孟买、印度尼西亚雅加达两个城市同时出现。美国因瑞克斯公司（INRIX）每年根据全球范围内互联汽车、交通管理局、手机位置报告及其他来源的数百万条数据，编制一份《全球交通记分卡》。按照年度驾驶员堵车浪费时间长短排序，2018 年首位是莫斯科，人均 210 个小时；第 2 至 5 位分别是伊斯坦布尔（土耳其）、波哥大（哥伦比亚）、墨西哥城（墨西哥）、圣保罗（巴西）。美国拥堵前三位城市是波士顿、华盛顿特区和芝加哥。但在全球排行榜上进入前 10名之列的只有波士顿，处于第 8 位。②

上面列举了几种不同机构的调查统计结果，排行榜内容不完全一致，但是都可以说明，拥堵程度最严重的城市并不是人口数量最多的城市，城市人口数量多不一定交通拥堵就严重。

---

① 全球交通拥堵排行榜出炉北京排名第 30[EB/OL]. https://baijiahao.baidu.com/s?id=1636242940074536807&wfr=spider&for=pc.

② 分析机构：2018 年美国人因堵车造成的经济损失达 870 亿美元[EB/OL]. https://www.sohu.com/a/294537804_391212.

另外，尽管没有统计数据，但凡是有过我国中小城市生活或者旅行经历的人都不难发现，交通拥堵也普遍存在，虽然拥堵持续时间、面积与大城市不能相比，但是也说明拥堵与否，与城市人口规模不一定有关系。

随着汽车进入百姓家庭，我国的城市及道路系统对汽车社会的到来缺乏准备，因此不仅大城市，许多中小城市也越来越拥堵，甚至村庄道路也出现汽车拥堵。拥堵与否，与城市规模、人口总数没有必然联系。差别只是在于，小城市或者村庄道路的拥堵只是偶尔发生（譬如春节期间），少数路段，拥堵时间也不很长，影响不大。而大城市由于人口多、经济社会活动频繁，拥堵日常化，出现拥堵的路段多、拥堵时间长、拥堵造成的影响大，因此给人们的印象是人多车多造成了拥堵。

2.1.3 控制城市人口增长的规划难以实现

当供给与需求发生矛盾时，控制需求一直是计划经济时代的常用手段。粮食紧张时提出节约粮食，对粮油副食品等实行定量计划供应；城市出现住房紧张、物资不足等问题时，就限制人口增长或者直接减少城市人口。20 世纪 80 年代开始严格控制人口向大城市迁移，很大程度上是为了控制或者预防包括交通拥堵在内的"城市病"。但城市人口数量与城市交通拥堵程度之间是否线性正相关，似乎缺少科学论证。为了防止交通拥堵的出现，采取措施限制大城市人口增长，事实上也没有成功的案例。

我国城市规划始终坚持的原则之一是控制大城市的规模过度扩张，控制的途径主要是人口和土地。从城市发展史来看，现实人口数量与规划时预测控制的目标相符合的只是偶尔的例外。以北京为例，1982－1983 年北京市人民政府组织编制《北京城市建设总体规划方案》中，鉴于市区水资源紧张、交通拥堵等紧迫的现实问题，1982 年底全市常住人口规模为 910 万人，其中常住市区人口为 530 万人，规划到 2000 年全市常住人口规模要控制在 1000 万人以内，其中市区常住城市人口数量减少到 400 万人以内。规划通过计划生育控制人口自然增长，以及严格控制新建和扩建企业、事业单位，并通过技术输出做到人口流进流出基本平衡，以限制人口的机械增长。其结果是，北京的人口自然增长在计划生育政策下得到较好控制，甚至低于预测。但是机械增长远超过计划数，1986 年人口总量就达到了 1000 万人，2000 年中心城区人口数量达到 837.1 万人，大大超过预计。1993 年版北京城市总体规划编制时，做了《北京市人口规划》专题，对北京市未来人口规模和分布从常住人口和流动人口两方面进行了预测，结果也完全没有实现。预测 2000 年全市常住总人口数量为 1140 万－1180 万人，结果是 1381.9 万人（第五次人口普查数据）。1995 年北京市集中制定了 11 项法规和规章，对外来人口的居住、生活和就业进行全方位监控，此后 10 年又有不少限制政策，对外来人员控制总量、限制外地人就业的行业和工种，直至 2005 年 3 月因《行政许可法》的施行而中止。[①]预测 2010 年常住总人口数量在 1220 万－1269 万人之间，而第六次人口普查结果达 1961.2 万人，同 2000 年相比，十年共增加 604.3 万人。[②]规划流动人口数量 2000 年 180 万－200 万人、2010 年 220 万－250 万人，事实上 2000 年北京居住半年以上的外来人口为 274 万人，是预测数的两倍；2010 年外来人口为 704.5 万人，是预测值的 3 倍。

　　鉴于以往城市规划中人口数量预测屡次失准的教训，2004 年版北京总体规划比过去的规划做得更加细致。用 4 种方法对人口增长进行模拟和预测，规划 2020 年北京适度人口规模为 1800 万人，其中户籍人口为 1350 万人，外来人口为 450 万人。但是 2010 年北京常住人口就达到了 1961 万人，其中外来人口数为 705 万人，都远远超过规划预测范围。促使北京中心城区人口减少是历次城市规划的目标之一，2004 年版北京城市总体规划提出中心城区人口控制目标是从现状人口约为 870 万人下降到 2020 年的 850 万人，中心城的中心地区人口从现状的 650 万人到减少到 2020 年的 540 万人，中心城区 16 年减少 20 万人口的目标似乎幅度不大，显示了预测的谨慎性。但事实发展还是超过预计，2010 年中心城区人口为 1197.2 万人，超过规划 2020 年人口规模达 350 万人；中心城的中心地区 2010 年总人口为 702.6 万人，比规划 2020 年人口规模多 160 万人。[③]根据第七次全国人口普查（以下简称人口七普）结果，北京市 2020 年 11 月 1 日零时常住人口为 2189.3 万人，其中外省市来京人口为 841.8 万人，占常住人口的 38.5%。中心城区常住人口为 1098.8 万人。[④]对照 2004 年版北京总体规划，人口控制指标没有实现。

　　实际城市人口数量与城市总体规划控制目标之间总是存在差距的现象，北京只是例子，其他城市同样存在。为什么人口数量没有实现规划目标，是预测不科学还是规划执行不到位，这是涉及许多因素的复杂问题，

　　① 林家彬，王大伟，等. 城市病：中国城市病的制度性根源与对策研究[M]. 北京：中国发展出版社，2012：62.

　　② 北京市 2010 年第六次全国人口普查主要数据公报[EB/OL]. http://www.stats.gov.cn/tjsj/tjgb/rkpcgb/dfrkpcgb/201202/t20120228_30381.html.

　　③ 陈义勇，刘涛. 北京城市总体规划中人口规模预测的反思与启示[J]. 规划师，2015（10）：16-21.

　　④ 北京市第七次全国人口普查主要数据情况[EB/OL]. http://tjj.beijing.gov.cn/zt/bjsdqcqgrkpc/qrpbjjd/202105/t20210519_2392982.html.

无法展开讨论。我们需要反思的是，设定城市人口总量控制目标这件事本身，其可行性以及目标的后果与城市管理的宗旨是否一致。改革开放以来，由计划经济向社会主义市场经济转变，需要人员、货物、资金、技术等不断流通，经济规律促使人员在空间上向城市集聚，发展市场经济必然带来城市人口增加。事实上，我国大城市严格控制人口增加的规划很少能够实现。城市是十分复杂的有机体，人口增减牵涉众多因素。对于一个在国内外有着重要影响、存在广泛联系的大城市，人为控制城市人口总量几乎是不可能的。因此，希望以控制人口数量缓解或避免交通拥堵也是很难实现的。

2.2 拥堵是因为汽车太多吗

不少人看到马路上汽车多、排长队而堵塞道路，就直观地认定是汽车导致了交通拥堵。不少专家也认为，为了避免或缓解交通拥堵，应该限制发展汽车。如今，一批大城市实行限制小汽车发展的政策，限制小汽车的购买和使用，在交通研究界称之为"交通需求管理"。如果汽车数量多真的是交通拥堵的原因，那么没有汽车的时代应该没有拥堵，汽车越多的城市应该越拥堵。事实却不是这样。

2.2.1 没有机动车的时代也有拥堵

交通拥堵问题并不是机动车普及以后出现的新问题，在非机动车为主的时代就已经存在。只不过机动车普及后，城市交通拥堵在表现形式、程度、影响上呈现出与此前不同的特征，在空间上拥堵范围更大，在社会上拥堵影响更多的人，对于城市经济社会的影响更大。

人群的拥挤、道路的堵塞，并非城市化、汽车社会发展以后才出现的特殊现象。以北京为例，明代商业中心棋盘街即今日正阳门北边，蒋一葵《长安客话》记载"天下士民工贾各以牒至，云集于斯，肩摩毂击，竟日喧嚣。"[①]"肩摩毂击"正是人、车拥挤的写照。20世纪的中国，在几乎没有私人乘用车的年代，交通拥挤拥堵已经在不少城市存在。1961－1962年北京市规划局对建国13年来城市规划和建设进行的系统总结《北京市城市建设总结草稿》中就提到，"交通混乱"是城市建设中的问题之一。天津

---

① 贺树德. 北京城市发展史略（八）[Z]. 北京：北京市社会科学研究所，1983（08）：48.

市 1958 年市区交通运输成倍增长,"干线道路的车辆拥挤现象日渐严重",1958－1978 年由于市政建设同国民经济发展严重失调,机动车数量增长了 8.4 倍,自行车数量增长了 5.4 倍,市区交通越来越拥挤,甚至出现了"自行车比汽车跑得快"的现象。"在 70 年代后期,市政设施出现大量缺口、欠账,造成交通、排水极度紧张""市区交通拥挤、车辆阻塞的现象到了十分严重的地步"。1990 年,天津市市政投资加大,取得很大进展,但由于过去欠账太多,市区道路车行道平均宽度只有 12 米,"许多道路仍很拥挤"。[①]根据一份可能是 1960 年的南京市建设委员会(简称建委)城市设计院工程师曹吴淳的报告,当时南京货物运输 80%是由板车、兽力车等非机动车承担的,非机动车种类有自行车、三轮车、人力车、板车、驴马车、送货车、特种车。对中华路三山街至长乐路 535 米长的路段调查发现,马路上由于非机动车占据大半路面,15 米宽的车行道中,能够保留给机动车行驶的只有一条车道,非机动车之间、机动车和非机动车之间相互干扰的情况很严重,这一段路安排了六七个交警指挥交通。[②]

20 世纪 80 年代初期,北京城市交通拥堵十分严重,1983 年北京户籍人口共 933.2 万人,民用汽车共 9.8 万辆,私人汽车凤毛麟角。调查发现,1980－1983 年间北京市内交通拥堵日益严重,交通高峰时市内阻塞路口从 20 个增加到 33 个,阻塞路段由 15 处增加到 36 处,1983 年市内干道 97 条中高峰期处于饱和状态的占 76%。1983 年、1984 年,按照私人交通工具拥有密度计算,北京城区、近郊区已接近饱和状态。当时私人交通工具主要是自行车,可以说当时北京市自行车空间密度趋于饱和。公共汽(电)车运营数量不能满足乘客需求,上下班时间乘车拥挤很严重。据调查,早高峰时市郊公交线路中超过满载标准的线路 25 条,占总数的 18.7%,其中严重超载线路 9 条,占 7%。车厢内每平方米可站立面积定额是 9 人,可实际上有的高达 13 人。长途客车载客数定员为 40 人,超载约 40%。[③]1984 年国庆节后,北京市早晚上下班高峰时,全长 1.5 公里的南新华街,机动车通过一般要 40 分钟,而许多主要干线高峰挤,低峰也挤。"路上车挤车,车上人挤人。正常行车秩序被打乱,坐不上车的有意见,坐上的也被堵在

① 天津市地方志编纂委员会. 天津通志·城乡建设志:上[M]. 天津:天津社会科学院出版社,1996:260-266.

② 城乡建筑研究室. 城市道路交通文集[Z]. 北京:建筑工程部建筑科学研究院内部资料,1961(12):87-88.

③ 市公共交通总公司客运专题调研组. 北京公共客运交通调研报告[C]//北京市哲学社会科学规划领导小组办公室. 城市交通问题. 北京,1986:53.

路上走不了,群众对此反应十分强烈。"①地铁也十分拥挤。1988 年 9 月,住建部原部长林汉雄在考察北京的城市建设后指出,北京现在"最大的问题是城市交通,其次是老房、危房的改建"。②

交通事故伤亡人数也是反映交通拥堵状况的指标。我国城市交通事故死亡人数,1949 年后至改革开放前每年千余人,但是进入 80 年代后猛增到每年死亡万余人、伤七万余人。北京、天津、上海等大城市交通事故伤亡尤其严重。1980－1983 年,交通事故死亡人数上海 1700 余人、北京 1900 余人,1985 年北京市交通事故死亡者接近 800 人。根据北京市公安局的统计数据,1983 年北京市自行车交通事故死亡率为 19.9 人/10 万人,平均每万辆自行车死亡 7.4 人,而 1980 年美国每万辆自行车交通事故死亡率为 3.2 人。1984 年北京市委研究室的调查报告称"当前,北京城市交通拥挤,车速下降,事故较多,乘车难,行车难,已经成为突出的社会问题,严重阻碍了首都社会经济的发展,在国内外产生了不良影响,并且有继续恶化的趋势"。③20 世纪 80 年代初没有如今这么发达的信息网络,北京的交通拥堵除了北京市民和市政府外,多数人不太了解。但从当时留下的文字看,在几乎没有私人汽车的时代,北京的交通拥堵已经非常严重。知名交通研究专家全永燊指出,"进入 80 年代以来,我国的一些大城市几乎无一例外地为交通问题所困扰。乘车难、行路难,不仅给几千万城市居民日常生活带来极大的不便和烦恼,也严重地阻滞了城市社会经济的发展"。④从 20 世纪 50 年代到 80 年代的几十年间,我国私家车很少,各类企事业单位拥有的机动车也不多,但是交通拥挤拥堵现象始终存在,部分城市还比较严重。因此,把交通拥堵归咎于汽车的观点是不能成立的,至少是片面的。

2.2.2 对汽车交通弊端的认知

汽车作为文明的产物,为交通运输和日常生活带来便利,但有时也被认为是问题的根源。主张限制汽车发展的观点,在看待汽车时主要看到了负面作用。

---

① 冯挚. 城市交通管理学[M]. 北京:群众出版社,1990:4-5.
② 冯文炯. 转变观念,调整政策是解决城市交通问题最重要的前提[C]//北京市城市规划设计研究院,北京市科学技术情报研究所课题组. 世界大城市交通研究. 北京:北京科学技术出版社,1991:1.
③ 中共北京市委研究室城建调研处. 关于北京交通问题的调查研究综合报告[C]//北京市哲学社会科学规划领导小组办公室. 城市交通问题. 北京:1986:2-3.
④ 全永燊. 前言[C]//北京市城市规划设计研究院,北京市科学技术情报研究所课题组. 世界大城市交通研究. 北京:北京科学技术出版社,1991.

在几乎没有私人汽车的 20 世纪 60 年代的中国，在从事城市规划、综合运输、建筑设计等专业领域，小汽车就受到责怪。"在资本主义国家，城市小汽车的增长，已给城市居民造成很大的祸害。显然，资本主义由于城市无计划发展，小汽车交通是难以解决的……因此在资本主义国家的城市规划中，解决小汽车流的问题已成为城市交通中极难解决的问题"。①1984 年 11 月中共北京市委研究室城建调研处完成的报告中，在列举北京交通存在的主要问题时首当其冲的就是"机动车大量发展，交通量增长过快""1978 年至 1983 年，本市机动车平均每年增加近 1.4 万辆，年均递增 7.5%，今年势头更猛，1—9 月份增加了 25000 多辆"。②80 年代初北京城市交通拥挤、交通事故频发已是突出的社会问题。把机动车数量增加看作城市交通存在的"主要问题"，并且把载货机动车数量年均增长率快于公路货运量的年均增长率视作"不合理"。作为 1994 年中国科学院技术科学部咨询研究项目，同时也是住建部 1994 年科研计划项目"发展我国大城市交通的研究"，1995 年 11 月完成。在 1 份综合报告、11 份专题研究、若干附件资料构成的最终成果报告中，关于城市交通堵塞原因及缓解方法的研究报告（专题七）认为我国从 1978 年到 1993 年，汽车产量由 14.9 万辆增加到 128 万辆，增长 7.6 倍，这是城市交通拥挤堵塞的基本原因之一。③

20 世纪 90 年代之前，居民家庭小汽车拥有率很低，一些大城市开始出现私家车，汽车拥堵在大多数城市还不多见。但是到了 21 世纪初，道路机动车堵塞已经成为北京的显著现象，汽车尤其是私家车数量的增加被视作造成交通问题的主要因素。在 2004 年 5 月 18 日举行的以"北京城市规划与交通"为主题的论坛上，两院院士、清华大学教授吴良镛在列举北京交通发展面临的问题时，把"小汽车迅速增加"与"单中心聚焦的城市形态""放射环形的交通结构""人口集中"并列为北京交通有待解决的问题，或者说面临的挑战。④清华大学交通研究所教授陆化普也把北京市私人小汽车发展迅速而公共客运交通发展缓慢，出行公交分担率太低的交通

① 朱俭松等. 城市交通与客流量预计[C]//城乡建筑研究室. 城市道路交通文集. 北京：建筑工程部建筑科学研究院，1961：2.
② 中共北京市委研究室城建调研处. 关于北京交通问题的调查研究综合报告[C]//北京市哲学社会科学规划领导小组办公室. 城市交通问题. 北京，1986：3.
③ 专题之七·我国城市交通拥挤堵塞原因及缓解的基本途径[C]//周干峙，等. 发展我国大城市交通的研究. 南昌：江西人民出版社，1996：189.
④ 吴良镛. 北京空间发展战略中的交通战略[C]//北京市社会科学界联合会，北京市科学技术协会. 北京城市规划与交通. 北京，2004：1-3.

结构视作不合理，把限制使用小汽车、道路收费等交通需求管理与调整土地利用、调整交通结构、改善道路交通并列为北京城市交通问题对策。[1]北京市公安交通管理局总工程师段里仁提出了缓解北京拥堵的 20 项措施，其中有"控制出租车"和"引导私人小汽车科学使用，抑制机动车辆增加速度"两项，间接表明他认为出租车数量太多、私人小汽车增加太快并且使用不合理是交通拥堵的原因。[2]

总而言之，小汽车数量增加过快、不合理使用（指使用过多、在市中心使用等）是交通拥堵的主要原因之一，这是主流观点。在人们评论交通拥堵问题之时，多少都会与机动车的数量、使用频率等联系起来，因此常把限制市民拥有和使用汽车作为治理交通拥堵的对策。

2.2.3 对汽车消费的限制政策

在把道路交通拥堵原因归咎于汽车使用的认知下，作为解决道路拥堵的办法之一，就是以行政手段限制汽车的使用。

自 20 世纪 80 年代末，北京就开始施行"限制大卡车进城"的政策。在 2004 年制定的交通发展规划中，已经透露了整个中心城区要对小汽车使用实行控制、只有郊外才可以比较自由地使用的想法。2008 年北京奥运会期间的机动车尾号单双号限行，奥运会后实行机动车五日限行、黄标车停驶、错时上下班、外省市车辆进京限制等，是限制机动车使用政策的正式实施。2011 年元旦开始小汽车限购、限行至今。跟汽车相关的多种税费如购置税、燃油税、停车费等，提高中心城区停车收费标准，都含有抑制汽车购买、使用的目的。

现代社会中，汽车被用作运输或者个人交通工具，其使用关系到公共安全，因此在政府公共管理中汽车如同住宅一样，实行登记管理制度。市民必须取得可以证明具备驾驶能力的证件，同时车辆要有公安部门发放的牌照才允许上路行驶。一些城市通过控制每年发放的汽车牌照数量来控制城市汽车总数的增长，所谓摇号、拍卖号牌，是通过抽签或者花钱取得购买汽车的资格。由于想买私人汽车的人数快速增长，城市政府每年计划投放量对社会需求量而言杯水车薪，导致对号牌的竞拍十分激烈。上海 1994 年开始对新增车牌采取拍卖制。每次拍卖，根据车主出价决定牌价，二手

---

① 陆化普. 解决北京城市交通问题的关键在于"整合"[C]//北京市社会科学界联合会，北京市科学技术协会. 北京城市规划与交通. 北京，2004：14-15.

② 段里仁. 换个角度来看缓解北京交通拥堵的出路[C]//北京市社会科学界联合会，北京市科学技术协会. 北京城市规划与交通. 北京，2004：19-20.

车可以带牌转让。对机动车牌照采取有底价、不公开的拍卖，"沪 Z"牌照甚至被拍到了几十万元。2007 年 12 月拍卖最低中标价达到 5.6 万元，上海私车牌照也被称为"世界上最贵的铁皮"。[①]想买车的人数快速增加，车牌投放数量有限，上海车牌价格不断上涨，2017 年突破了 8 万元。2012 年广州分有价竞拍和无偿摇号两种方式控制机动车数量的增长。2013 年末天津通过摇号或竞价的方式获得牌照，控制机动车数量的增长幅度。2014 年 3 月 26 日零点起杭州机动车限牌。2011 年贵阳市对机动车限购限行，分无偿摇号和普通牌号但区域限行两种，同年 7 月为进一步控制贵阳市老城区小汽车的增长速度，政府颁布了《贵阳市小客车号牌管理暂行规定》，小客车只有通过摇号方式获取专段号牌指标上牌后，才能驶入城区一环线内。2013 年石家庄限制家庭购买第三辆个人用小客车。

2.2.4 限制汽车使用并没有缓解交通拥堵

如果机动车数量多确实是交通拥堵的原因，那么机动车数量越多的城市，应该拥堵越严重，即一个城市的拥堵程度应与该城市的机动车拥有量或者使用量成正比。但是，无论是中国的城市拥堵排行榜，还是其他国家城市拥堵排行榜，位居排行榜前列、拥堵程度严重的城市，并不是人口规模、机动车普及率和拥有率位居前列的城市。而有些机动车普及率、使用率很高的大都市，并没有进入交通拥堵排行榜。因此，一个城市机动车数量、普及率与道路交通堵塞程度之间究竟是怎样的关系，还是需要理论和事实证明的。

中国机动车特别是私家车数量，国内纵向比较确实增长较快，但国际横向比较我国汽车普及率还很低。国民平均每千人小汽车拥有量，美国 1930 年 174 辆、英国 1960 年 119 辆、法国 1960 年 108 辆、日本 1975 年 156 辆。2017 年每千人小汽车拥有量，中国 150.1 辆、日本 612.5 辆、韩国 436.1 辆、马来西亚 478.9 辆、泰国 236.7 辆、巴西 338.7 辆、墨西哥 324.4 辆。按照国土平均每平方公里乘用车保有台数，日本 2010 年 106.2 辆，是我国 2014 年 8.65 辆的 12.3 倍。按照一般的标准即每百户家庭私人汽车拥有量超过 20 辆为进入"汽车社会"的标志，我国 2012 年 2 月刚刚进入汽车社会。无论是从国家层面上比较还是从城市层面上比较，我国汽车拥有率还处于较低水平，没有达到过多的程度。

---

① 华声论坛：世界上最贵的铁皮值不值？［EB/OL］. http://bbs.voc.com.cn/viewthread.php?action=printable&tid=2737875.

作为交通拥堵治理对策的机动车限行，是否起到了缓解拥堵的作用，答案是明显的。限行造成人们正常工作、生活的不便，为了克服限号行驶政策给自己带来的不便，不少人家买了第二辆车，反而促使城市汽车总量增加。另外，即使限购，不过是限制了一个城市机动车数量增长的速度，并没有减少已有的机动车数量，因此，城市机动车总数每年都在增长。理论上每日限两个尾号则可以减少 20% 的交通量，实际上由于机动车总数的增长，在城市空间不变的情况下，交通拥堵程度自然也是越来越严重，因为车辆行驶、存放都需要占用地面空间。

2.3　以公交为主能够解决拥堵问题吗

公共交通（简称公交）是相对于私人的、个体的交通而言的交通运输方式，主要指旅客运输。交通运输部道路运输司对城市公共交通的定义是："在城市一定区域内，利用公共汽（电）车、轨道交通车辆等工具和有关设施，按照核定的线路、站点、时间、票价运营，为社会公众提供基本出行服务的社会公益性事业。"①我国《城市公共交通分类标准》（CJJ/T114-2007）把城市公共交通分 4 类，即城市道路公共交通、城市轨道交通、城市水上公共交通、城市其他公共交通。随着交通运输科学技术的发展和应用，城市公交形式逐渐丰富，出租汽车、共享汽车、共享单车等也属于公共交通范畴。鉴于公共交通与私人交通相比，具有一些不同特点，因此被当作解决城市交通拥堵时的重要选项，甚至根本性对策，似乎公共交通发达了，再配合一些其他措施，拥堵问题就可解决了。事实却没有那么简单。

2.3.1　公交价值的认识和公交优先政策

如今，作为治理城市交通拥堵的主要手段，优先发展公共交通已经是我国城市政策、交通政策的重要内容之一。作为城市政策，早在 20世纪 50 年代，我国西安、济南等不少城市就提出城市客运以公共交通为主的方针。公共交通工具对于城市客流的影响，主要从运送能力大、节约土地资源这两个方面考虑的。1984 年 11 月关于北京交通问题的调查报告提出，到 2000 年北京交通建设目标是：建立以公共交通和公用运输企业为主、多种运输方式协调发展，高效率、高效益的综合客货运

---

① 交通运输部道路运输司. 城市公共交通管理概论[M]. 北京：人民交通出版社，2011：4.

输交通体系。①该报告认为虽然自行车具有方便、灵活、节能、无污染、多功能等优点，但是与公共交通相比人均占地多、速度慢，不能走从自行车、摩托车再到小汽车这种私人交通发展途径，必须确立大力发展公共交通的方针。进入 21 世纪后，基于同样的理由，有关部门认为"就整体与长远而言，实行公共交通优先，发展经济、高效、集约化的公共交通不仅是必要的，也是紧迫的"。②在众多关于城市交通问题研究的论文、专著和政策建议中，论证公共交通的必要性、合理性，主张我国城市以大力发展公共交通来解决交通拥堵问题的观点、主张，各个时期、各个地方很常见。

　　历来的城市规划中都有公共交通的内容。明确提出在综合交通运输体系中以公共交通为主体的方针，首先出现在 1992 年编制的北京城市总体规划中。该规划提出要建设的综合交通体系目标是以公共运输网络为主体、以快速交通为骨干、具有足够容量和应变能力。不仅北京，全国许多城市长期以来为发展公共交通，在土地供应、财政资金、项目安排等各方面政府都尽了最大努力。公交优先发展上升到国家交通政策的层面是 21 世纪以来的事。在 2001 年 5 月住建部发布的《建设事业"十五"计划纲要》中提出到 2005 年"基本缓解城市道路交通拥挤状况"的奋斗目标，作为实现这个目标的措施之一是"大力发展城市公共交通，普遍实行公交优先政策"。同月国家计划委员会（今发展和改革委员会的前身）发布的"十五"计划城镇化发展重点专项规划中，也提出"坚持公交优先的原则，健全快捷、方便、畅通、安全的综合运输体系，提高智能化和现代化水平"。2005 年国务院办公厅转发住建部等 6 部门《关于优先发展城市公共交通意见的通知》，将"优先发展城市公共交通"写入了 2006 年 3 月通过的《国民经济和社会发展第十一个五年规划纲要》。随后各部门、各城市贯彻落实这一交通政策，推出的一系列配套政策、实行的一系列措施，覆盖了公共交通发展战略、规划、管理、财政、用地、经营等多个层面，形成了支持公共交通优先发展的政策体系。住建部借鉴欧洲开展交通周的经验，确定 2007 年 9 月 16－22 日为首届城市公共交通周，活动主题为"绿色交通与健康"。此后我国各地纷纷出台发展公共交通的政策，加大投入，公共汽（电）车运营车辆更新、线路增加、场站改造，管理手段信息化，尤其轨道交通建设力度空前。如今我国北京、上海等大都市地铁线网规模已经在世界上名

---

① 中共北京市委研究室城建调研处. 关于北京交通问题的调查研究综合报告[C]//城市交通问题. 北京，1986：4.

② 李建国，林正. 北京城市公共交通调查、规划、政策、法规研究[M]. 北京：中国建筑工业出版社，2004：357.

列前茅。

2.3.2 公交都市政策的局限性

公共交通的特点是运输服务面向非特定人员，时间、地点固定。私人交通的特点是自由、快速、舒适、便利。两种交通方式，在消费者可以自由选择的情况下，多数情况下是私人交通胜出。为了吸引乘客，城市政府做出诸多努力，例如更新设施、扩张线网、改善服务、实行低票价等，但是结果并不乐观。公共交通尽管有运量大、占用土地少、节约能源等优点，但是与私人交通相比，存在一些难以克服的弊端。

首先，经营者方面的困惑。从供给侧来说，公共交通的问题首先表现在缺乏经济性。公交客运经营亏损是全世界普遍存在的问题。美国公交系统中来自乘客的票款收入占运营成本的比例，2002 年公共汽车为 29%、通勤火车为 48%、重轨火车为 58%、轻轨为 29%、无轨电车为 32%，全部交通工具平均为 35%，因此公交系统需要大量政府补贴。2002 年联邦、州和地方政府给公共交通的总补贴达 232 亿美元（其中运营成本补贴 138 亿美元，其余为资本补贴）。[①]目前，美国政府给公共交通业的补贴每年高达 500 亿美元，覆盖 76% 的运营成本，是全美国各种以服务消费者为主的行业中享受补贴最多的。自 1970 年以来，考虑到通货膨胀因素，公共交通业获得的补贴总额超过 1 万亿美元。[②]虽然披露的信息有限，中国的国有城市公共交通企业同样亏损严重，成为各地城市政府的财政负担。政府对公共交通十分重视，出台了许多政策支持公交优先发展，基础设施投入很大，每年财政补贴数目不小，但是对本地居民或外来旅游者来说，令人满意的公交系统确实很少。

其次，旅客方面的困惑。对旅客来说，公共交通除了速度慢、舒适性差外，最大的缺陷是不便利。公交公司考虑经营成本与效益，不可能在每条道路上都有运营线路，也不可能在每个居民区设置停靠站。由于行驶线路固定，乘客目的地分散，公交车无论服务多么好，不可能给每位乘客提供门到门的服务，从公交停靠站到住宅、职场或商店等目的地都有一段必须步行的距离，这对带着货物、小孩的旅客来说很不方便，尤其对残障人士、老年人等群体，在酷暑严寒、下雨下雪等恶劣天气时，门到门的运输更乐意为人们接受。从时间上讲，旅客的交通需求不同，无法同时满足所

① 阿瑟·奥莎莉文. 城市经济学[M]. 周京奎, 译. 北京: 北京大学出版社, 2012: 238.
② 兰德尔·奥图尔. 公共交通的末日[EB/OL]. 钟丹, 译. 微信公众号. 蔚为大观, 2018-01-24.

有人的需求。

最后，公共安全问题。从安全性角度看，以公交为主的城市交通，公交系统一旦发生故障，或者因地震等突发事件而中断，将瘫痪城市交通、切断城市内外联系，威胁城市安全。例如，1995 年 3 月 20 日日本地铁沙林毒气事件，造成 13 人死亡、约 5500 人中毒，事件发生的当天东京交通陷入一片混乱。2018 年 4 月 25 日早晨高峰时段，横贯上海东西向的地铁 2 号线发生信号设备故障，修复运行花费近 5 个小时，耽误民众的上班出行。①

2.3.3　公交都市政策没有解决拥挤拥堵问题

鉴于私家车占用的人均交通空间较大，城市道路、停车场有限，城市道路上日益增加的私家车造成道路拥堵越来越严重，人均占用空间较小的公共交通被作为解决城市交通拥堵的手段，早就为许多学者提出，并且纳入政策。国家出台政策鼓励发展公共交通，各个城市对于交通基础设施的投入巨大，北京、上海、广州等大城市的公交车数量、运营线路密度、地铁运营线路长度、站点密度等指标，已经在世界上名列前茅。根据各地公布的城市交通发展规划，未来十年我国城市轨道建设不断发展，将成为世界最大规模的城市轨道交通网。

从以汽车、电车、地铁为主的公共交通运营历史和现状看，我国公共交通车站、车厢里的拥挤始终存在，尽管当今的城市基础设施、公共交通设备的质量和数量远不是 30 年前甚至 20 年前可比，但是北京、上海、广州等大都市交通高峰期地铁里非常拥挤。再看私家车的销售数量、使用数量，有增无减。道路上汽车拥堵状态没有缓解，反而在加剧。政府在公交建设上投入巨大，但并未吸引人们放弃自驾出行转向公交出行。可以说，期待以公共交通优先发展来治理城市交通拥堵的政策，从实践来看，没有达到目标。

在有多种交通方式可以选择的情况下，公共交通竞争不过私人交通，中国并不是特例，而是世界普遍现象。在世界众多城市中，从旅行者利用交通方式的调查结果看，几乎没有以公交为主的城市。美国对于公共交通存在的必要性出现了质疑的声音。2000 年美国联邦统计局关于通勤者交通方式的调查，通勤者利用公共交通的比例全国平均为 4.7%，全国平均中心城区利用公交者的比例为 11%，城郊居民比例为 2%。美国自 1950 年以来，

---

① 近 5 个小时！今晨上海地铁 2 号线故障　沿线多处大客流站点限流[EB/OL]. http://www.dzwww.com/xinwen/shehuixinwen/201804/t20180425_17302673.htm.

利用公交工具的乘客数量，除了 1990－2000 年间有所回升外，一直在下降。[①]人均年乘车次数大幅下跌，从 1956 年的 98 次下降到 2014 年的 42 次。2009 年至 2016 年部分美国城市公共交通客运量下降幅度很大，如威齐托下降了 37%，孟菲斯下降了 36%，萨克拉门托和里士满下降了 31%，底特律下降了 29%。[②]从世界范围看，从全体交通方式看，绝大多数城市是私人交通（步行、自行车、私家车）占主体（50% 以上），以公共交通为主的城市凤毛麟角，屈指可数。在以公交发达著称的东京，2008 年的个人旅行调查显示，旅行方式中公共交通所占比例在东京都市圈为 33%、在东京都区部为 51%。[③]

交通，市民们追求的是便利、快捷、舒适。作为政府提供服务的旅客运输，尽管不以追求盈利为目的，但也须讲求成本与收益，必须精打细算。补贴公共交通的资金一般来自城市财政，即来自全体市民和企业的贡献。公交线网再稠密，也不可能像私家车那样门到门。因此，在有多种交通方式可以选择的条件下，公共交通是难以与私人交通竞争的。这也是世界上基本没有以公交为主的城市的根本原因。

2.4 既有拥堵治理对策的代价

在一个地区或者一个国家范围内，人口向城镇迁徙、集聚，城镇人口数量在总人口数量中所占比重越来越大，这种现象就是城镇化。城镇化是产业革命以后出现的，各国进程不一，它与产业革命相辅相成，有力推动了经济、文化、社会的发展。由于未能找到像交通拥堵之类"城市病"的解决之道，就设法控制城镇化发展，结果是在缓和交通拥堵矛盾的同时，放弃了本来应有的城镇化进步带来的利益。中国城镇化水平不但落后于发达国家，而且落后于许多发展中国家，城镇化落后于工业化。因此，为了避免或者解决交通拥堵问题而实行限制人口流入、限制市民购买和使用机动车的策略代价，值得好好研究。

以对汽车的使用限制为例，看看作为拥堵治理政策付出的代价。

① 阿瑟·奥莎莉文. 城市经济学[M]. 周京奎，译. 北京：北京大学出版社，2012：228.
② 兰德尔·奥图尔. 公共交通的末日[EB/OL]. 钟丹，译. 微信公众号. 蔚为大观：2018-01-24.
③ 刘龙胜，杜建华，张道海. 轨道上的世界——东京都圈城市和交通研究[M]. 北京：人民交通出版社，2014：98.

2.4.1 限行限购引发的物权和机会均等问题

对于私家车的限行限购引发的社会公正问题,至少包括两个方面。

一方面,限制措施引发关于道路权益、经济自由等社会公正问题的质疑。对于已经拥有私家车的人来说,限制他们在某些时间、某些区域使用汽车,是限制市民使用私人物品,是对旅行自由、消费自由的市民权利的限制。对于有意愿也有支付能力的国民而言,限制其购买私家车,是对商业行为的限制。北京社会心理研究所 2009 年对北京市民的调查中,被调查者认为机动车限行是对个人用品物权的限制。[①]城市拥堵主要在特定地域和时段,郊区用车需求也被"一刀切"限制,被认为不公平。[②]2014 年 12 月 26 日全国人大常委会分组审议的大气污染防治法修订草案第 45 条,系向地方授权限制机动车通行的条款。很多委员审议时表示,针对第 45 条规定"省、自治区、直辖市人民政府根据本行政区域大气污染防治的需要和机动车排放污染状况,可以规定限制、禁止机动车通行的类型、排放控制区域和时间,并向社会公告"。李安东委员认为它很可能就为机动车单双号限行常态化提供了法律依据,显然不合适。不少委员建议删去第 45 条的内容。王毅委员认为限号政策使不少家庭拥有两辆车,无助于解决空气污染。董中原委员说,即使保留这一条,也必须明确政府的补偿措施,否则私权利受损。立法应当妥善平衡好公权力与私权利的关系。[③]

另一方面,少数先富起来的人早就购买了汽车,享受了现代交通工具带来的便利、自由,后来者有了购买能力而被限制购买,造成不同代之间、不同群体之间的机会不均等。家用汽车,对于 30 年前的中国人来说是奢侈品,而今只是普通的耐用消费品。对居住地点、工作地点公共交通服务缺乏或不便利的人,对通勤距离较远的人来讲,私家车已经属于必需品。在部分人拥有机动化交通自由的时候,设置门槛阻止其他人拥有和使用汽车,会影响社会平等感。

2.4.2 号牌严重供不应求带来负面情绪

21 世纪以后私家车成为家庭消费的新需求。现在青年人拥有自己乘用车的愿望强烈,不少人把买车作为就业后的第一目标。根据中国汽车社会

① 康悦. 北京城市交通问题民意调查报告[R]. 北京观察, 2009(07):43.
② 黄国珍. 北京大学黄国珍:限车可否"城乡分治"[N]. 第一财经日报, 2011-02-17.
③ 人大常委会委员:单双号限行常态化是侵犯财产权[EB/OL]. http://news.cntv.cn/2014/12/28/ARTI1419717829831742.shtml.

发展调查数据，城市无车者一年、两年、五年内有购车意愿的比例，2011年分别是 11.1%、24%、26.9%，2012 年则变为 24.7%、31.6%、28.8%，永远不打算买车者比例由 11.1% 下降到 2.7%。[①]私家车消费在发达国家早已普及，在中国私家车拥有率快速提高。汽车的生产消费不仅是重要的产业，而且成为一种文化。在汽车文化浸润中成长起来的年轻一代，自然早就萌生拥有私家车的心理。在具备驾驶能力和购买力后，希望购买和使用私家车。2019 年上半年，我国家用汽车近 2 亿辆，驾驶执照拥有者已达 4.22亿人，驾照拥有者比家用汽车数量多 2.22 亿，这可以说是希望拥有汽车的人群，反映民间对于拥有汽车热情很高。北京市 2019 年机动车保有量为636.5 万辆，而驾驶员总数达 1163.1 万人。驾驶员数量是机动车数量的 1.83倍，也反映了对机动车的潜在消费热情很高。学习了机动车驾驶并且已经获得了国家承认的驾驶资格证，说明已经做好了购买、使用机动车的打算，只是由于买车资格的限制或者其他原因，暂时还没有购买而已。

机动车作为家庭交通工具使用的主要是小汽车，它是现代文明的代表物之一，不仅给人们出行提供了安全、快捷、便利、舒适，而且小汽车也给很多人带来自信与自豪感。现在，人们在信息时代了解许多有关汽车的知识和信息，知道汽车在日常生活和社会中的作用，在已经具备了购买和使用能力的条件下，只有通过摇号获得买车资格才可能买车，这是对个人意愿的限制。由于城市每年新增多少机动车采取总量控制的方法，发放的号牌数量与社会需求相比远远不足，参加摇号的人充满希望，但是如愿的人只是其中极小部分。在北京、天津、上海等大城市，现实的驾驶证持有者、希望购买使用小汽车者众多，与实行总量控制每年限额发放的购车指标，产生了尖锐的供需矛盾。2015 年 8 月 26 日，北京第四期摇号结果出炉，参与摇号者近 250 万，普通小客车基准中签率只有 0.52%。参与 2011年 1 月首次摇号的 199250 位申请人中，截至 2015 年 6 月仍有 43% 逾 8 万人仍未获得汽车牌照。2015 年 7 月广州摇号中，申请人数 37 万人，中签率 1.2%；天津申请人数 60 万人，中签率 0.64%；杭州申请购车人数 37.6万人，中签率 1.4%。深圳 2015 年初开始实行限牌政策，短短 8 个月的时间，号牌竞价就涨到了 5.4 万元。[②]

小客车购买资格的竞争激烈，可谓白热化，这种状况多年没有改观。天津市普通小客车摇号中签率，节能车（电动汽车）暂且不算，即以计划

① 王俊秀. 2013 汽车社会蓝皮书[M]. 北京：社会科学文献出版社，2013：009-010.

② 世界上最贵的铁皮，一张要 8 万元[EB/OL]. https://www.sohu.com/a/29468790_120731.

发放车牌数量除以申请者人数所得的商，从 2020 年 11 月至 2021 年 4 月的 6 个月分别是 1.32%、1.33%、0.61%、0.69%、0.75%、0.75%。2021 年 4 月配置号牌数 5371 张，申请人有 717973 个。①全年平均中签率不足 1%。2020 年 8 月公布的北京当年第四期个人普通小客车指标申请共有 3487665 个有效编码，配置个人普通小客车指标 6366 个，中签率 0.0325%，②只有天津的约 1/3。车牌指标中签率很低，日益高涨的汽车购买和使用需求与限制形成巨大落差。

2.4.3　限购限行与汽车产业政策相抵牾

汽车产业对国民经济影响巨大，我国在改革开放后积极扶持汽车产业成长为国民经济支柱产业。但是，一些城市对汽车限购限行的政策与国家的产业政策相背。

改革开放之初，我国汽车工业与发达国家相差悬殊，产品以中型载货车为主，缺少重型汽车，轻型汽车产品也很少，轿车制造几乎是空白。1985 年全国轿车年产量不足 5000 辆，进口轿车超过 10 万辆。"七五"计划首次提出"把汽车制造业作为重要的支柱产业"。国务院 1988 年确定我国轿车生产基地"三大三小"的空间布局，即一汽、二汽和上汽 3 个较大的轿车生产基地，北京、天津、广州 3 个较小的轿车生产点。1994 年国家颁布《汽车工业产业政策》，2001 年中国加入世界贸易组织（WTO），根据对世界贸易组织的承诺，修改了一些与国际惯例不符的政策，2004 年出台新的《汽车产业政策》，于是中国汽车业取得了前所未有的发展。汽车工业总产值在 1990 年至 2010 年间提高了 66 倍余，在全国工业总产值中的比重从 2.1% 提高到 4.3%。汽车工业增加值占国内生产总值（GDP）的比重从 1990 年的 0.65% 提高到 2011 年的 1.60%。1997 年我国汽车产量在全球汽车产量中的占比不足 3%，到 2012 年已经上升到 22.90%。③中国汽车工业的可持续发展，需要形成汽车生产－贸易－消费－生产的良性循环，即必须有良好的汽车消费环境。

在主要工业国家，汽车产业都是支柱产业。汽车业既关联制造业中的

---

① 2021 天津车牌摇号中签率是多少？（每月更新）[EB/OL]. http://tj.bendibao.com/news/20200525/89644.shtm.

② 中签率 0.0325%！2020 年第四期北京小客车摇号结果公布了！附查询入口！[EB/OL]. https://www.sohu.com/a/414958261_120053306.

③ 国务院发展研究中心产业经济研究部等. 中国汽车产业发展报告（2013）[M]. 北京：社会科学文献出版社，2013：006-009.

钢铁、有色金属、橡胶、纺织、玻璃等，又关联服务业中的零售、运输、金融、保险等。日本工业交货值中汽车业占 20%，从业人员占总数的 10%，汽车业能源消费占 20%。韩国政府 1962 年颁布《汽车工业扶持法》，第一家现代化汽车组装厂建立，韩国汽车企业积极吸收外国汽车技术，1973年韩国政府制定了《汽车工业长期发展计划》，要求企业必须开发自主设计的韩国汽车。此后现代集团开始发展自主品牌汽车。1980 年韩国在世界汽车制造业的排行榜上还没有名次，1993 年已名列世界第六位。

当前中国汽车市场品牌可以分为三个层次，高档品牌大多是国外产品，中端产品以合资品牌为主，有少量的国产品牌。由于我国汽车设计、制造业整体水平依然处于行业的中低端，自主品牌轿车只能占据低端市场。多年来一些城市拍卖或者摇号竞争购车资格，增加了消费者使用汽车的成本。购车机会的稀缺性改变了消费者购车的选择，促使消费者选择汽车时向中高端产品转移，自主品牌的汽车受到冷落，也使民族汽车工业受到严重冲击。[①]根据各大上市车企陆续发布的 2017 年业绩预告，自主品牌只有吉利等少数盈利，海马汽车、西部资源、安凯客车都出现了较为严重的亏损，最大的降幅超过 3000%。长城汽车、中通客车、福田汽车、江淮汽车、江铃汽车等车企的业绩也不及预期，出现不同程度的下滑。[②]在 2010 年以后的汽车市场，低价车市场占比萎缩，固然有随着人们收入水平提高选择价位上移因素，我国自主品牌汽车的市场占有率同比下降幅度 2011 年为3.4%、2014 年为 2.1%（其中轿车市场下降 5.6%），有分析认为地方的汽车限购政策对当地汽车产业影响非常显著。[③]

汽车作为交通运输工具，其研究设计、生产制造、销售服务等形成了知识领域和产业，具有经济利益。不仅如此，汽车的使用带来了劳动生产率的提高，人们出行自由度的扩大，城市化的加速度和城市化方式的改变，公路运输业、赛车运动、自驾旅游兴起等，这些因为汽车使用带来的直接和间接的利益，本书无暇深入探讨，无疑是巨大的。对于机动车限制消费，就是放弃了部分汽车发展带来的利益。这也是此类治堵措施的问题。

我国关于缓解城市交通拥堵的重要政策，例如控制大城市人口规模、

---

① 何芳，王琛琛. 北京经销商生存状态调查——北京限购这一年，35.1%的经销商消费下滑 50%以上[N]. 21 世纪经济报道，2011-01-04（22）.

② 2017 年上市车企年报一览：上汽净赚 342 亿元，海马夏利亏损最多[EB/OL]. http://www.sohu.com/a/221845126_413748.

③ 王俊秀. 中国汽车社会发展报告（2012－2013）[M]. 北京：社会科学文献出版社，2013：128-335.

控制私家车的增长，采取公交优先、建设公交都市的政策，从一定时期和背景来看，鉴于一定的社会阶段，今天的人们可以给予理解。从各地实践结果看，在缓解严重的城市交通拥堵方面，这些政策确实发挥了积极作用。但是，客观地说，这些政策的结果与政策设计者最初的目标相比，与社会的期待相比，还有很大差距。特别是这些政策的副作用，或者说政策执行的代价，从社会整体看，也是巨大的。在中国经济社会发展的新时代，在城镇化发展到今天的新阶段，我们需要重新思考并提出新对策。

2.5　小结：交通拥堵治理亟须新思维

治理交通拥堵的政策很多，以上就主要的几大类重要政策做了评述。另外，还有一些已经施行或者人们建议的治理交通拥堵的措施，有些局限性，难以普遍推行，未达到缓解交通拥堵的目标。简要说明如下。

错峰出行，就是让各用人单位把作息时间错开，避免同时出行形成高峰，以此缓和拥堵拥挤。这种建议的理由是道路、公交车、地铁上人们出行时间有很大一致性，道路上和车厢里的交通量有高峰和低谷，交通拥挤拥堵集中于通勤高峰时间段，非高峰时段并不拥堵。错峰出行之策，是试图把交通量分散于不同时间段，从而缓和高峰时段的拥挤拥堵。这种对策，说起来有理，但是实践中难以普遍推行。因为城市居民作息时间具有一致性，城市经济是以第二、第三产业为主，机器工业必须是很多人在同一场所分工协作，不同工序需要时间上相一致或者相继；商店作息时间必须与顾客一致。企业、团体中众人作息时间的同一性是组织严密的现代生产方式所必需的，是劳动协作的需要。另外，有些时间的同一性，如春节、中秋节，是千百年历史形成的文化传统，无法轻易改变；国庆节、教师节等也是固定日期，大家同时过节的同一性具有加强众人团结的作用，是不宜分开于不同日子的。因此，尽管节假日的高速公路、旅游景点的拥堵众所周知，但为避免拥堵而让人们分开时间过节的措施，不太现实。

职住平衡，通过让人们居住在工作地点附近来减少道路交通量，缓解交通拥堵。这种观点的理由是人们居住地与工作地距离过远，远距离通勤形成巨大的交通量，是交通拥堵的根源。事实上，工作地与居住地在一起，是进入工业社会之前的常态。乡村住房都在自家田地或者附近，城市的作坊、商店大多是前店后厂，或者楼下是店铺楼上是居室。近代工业化发展才催生了众人集中劳动、集中居住的现象，机器工业的噪声、震动、废气废水等污染损害健康，需要把生活场所与工作场所分开，火车、汽车等交通运输工具的发明和使用，扩大了人们空间移动能力，使人们在距离职场较远的地方选择空气清新、安静、宽敞的居住地成为可能，同时带来了如今职住分离的城市空间格局。职住平衡可以减少城市交通量，但是未必能够减少拥挤拥堵。拥挤拥堵现象在古代城市中就有。我国在计划经济时期普遍存在"企业办社会"现象，即企业提供给员工的不仅是就业岗位，还包括住宅、托幼、医疗、娱乐、养老等，企业成了自给自足的小社会。员工宿舍与工作地点相距不远，步行或骑自行车上下班，但是那时城市已经存在交通拥挤的情况。如今实行社会主义市场经济，企业不再包办员工的居住问题，而且人们重视选择自由，一生中工作地点、居住地点往往多次改变，远距离通勤是必然现象。通过政策使人们工作地点与住宅靠近达到"职住平衡"，以减少路上的交通量，缓解交通拥堵的设想不容易实现。

改革开放 40 多年来，我国积累了比较雄厚的物质财富，为我们兴办各种事业、解决各种问题提供了较强的物质力量。如今中国在材料、设备、资金、人才等资源的拥有量上，与改革开放前十分匮乏的状态不可同日而语，市场上商品丰富，大多数产业部门已是产能过剩。城市交通拥堵是长期存在的问题，而且日益严峻，解决这个问题的难点似乎不是物质、资金等的不足，而在于良好的思路和有效的方法。

观察社会现象不难发现，当消费需求与自己拥有的支付能力发生矛盾的时候，应对的方法可以分为两大类，一种态度是消极地顺应环境，即克制自己的消费欲望、压低消费标准，将就着过日子。另一种态度是积极地付出努力，创造条件改变环境，满足自己的需求。人口向城镇集聚的城镇化是人类文明发展的必然趋势，它促进社会分工、交易，提高劳动生产率，丰富了人们的物质生活和精神生活。由于城市化中遇到交通拥堵等问题，就归咎于人多、车多，试图通过限制人口增加、限制机动车数量的增加和使用来避免交通拥堵，这不但与文明发展大势不符，而且大量实践证明限制人口向城镇集聚、限制机动车购买和使用的政策，代价大，也没有解决交通拥堵的问题。本研究试图探索一条有别于传统方法、面向未来永续发展、综合代价低而收益高的城市交通拥堵治理之道。

第3章 交通拥堵是什么

交通拥堵这种"城市病"久治不愈，说明对拥堵这一事物的认识还不够，或许发生了偏差，对于病因、病理尚未准确把握，以致治理拥堵劳而无功。我们讨论问题首先需要明晰概念。在反思既有理论的基础上，提出新的关于交通拥堵的定义。

3.1 现有的交通拥堵定义

3.1.1 以机动车行驶速度为主的定义

1. 英美等国的定义

英国交通部认为"虽然许多交通评论家试图判别交通拥堵……但还没有确定一个理想的标准"。综合交通运输委员会认为交通拥堵应该"以车辆低于自由流动速度下行车总时间损失的变化来衡量"。伦敦交通局采用的标准是"出行时间花费的损耗时间部分超过并高于'不拥堵'情况时……就像……凌晨时分，那时交通流动最轻松，交通最有可能以'自由流动'速度绕着路网行驶"。[①]

美国《道路通行能力手册》在对城市干线街道的服务水平划分等级时，规定车速在 22 公里/小时以下的不稳定车流为拥堵车流。

美国把道路服务水平分为六个等级：

A 级：车流畅通，平均车速大于 48 公里/小时，交通量小于道路通行能力的 60%。

B 级：车流稳定，稍有延迟，平均车速大于 40 公里/小时，交通量接

---

① 马丁·G 理查兹. 伦敦交通拥堵收费：政策与政治[M]. 张卫良，周洋，译. 北京：社会科学文献出版社，2017：215.

近道路通行能力的 70%。

C 级：车流稳定，有延迟，平均车速大于 32 公里/小时，交通量接近道路通行能力的 80%。

D 级：车流不太稳定，延迟尚可忍受，平均车速大于 24 公里/小时，交通量接近道路通行能力的 90%。

E 级：车流不稳定，延迟不能忍受，平均车速降到 24 公里/小时，交通量接近道路通行能力。

F 级：交通阻塞，平均车速小于 24 公里/小时，交通量可能超过道路通行能力，但已没有意义。

根据汽车行驶速度、交通量与道路通行能力的比例关系，把 F 级状态称作交通阻塞。

2. 日本的定义

在日本，不同部门对交通拥堵的定义不太一致。在警视厅交通部交通量统计表中，把普通道路车速低于 20 公里/小时、高速公路车速低于 40 公里/小时定义为拥堵。道路公团对高速公路拥堵的定义是，在高速公路上以 40 公里/小时以下车速行驶，或者反复停车、启动的车队延续 1 公里以上并超过 15 分钟的状态。国土交通省的定义是，道路拥堵长度超过 5 公里或这些线路预计在正常和高峰之间的通行时间差超过 30 分钟。衡量道路交通拥堵的关键测量指标是拥堵损失时间，单位是百万人·小时/年。日本国际协力事业团（JICA）以 V/C 值定义拥堵程度，V 指最大服务交通量，C 指道路基本通行能力。V/C＜0.8 为正常交通状态，0.8≤V/C＜1.2 为拥堵状态，1.2≤V/C＜1.5 为中度拥堵状态，1.5≤V/C 为严重拥堵状态。

日本对拥堵定义，也是把汽车行驶速度、行程延误时间，或者交通量与道路通行能力的匹配程度作为衡量标准。

3. 中国的定义

我国公安部 1995 年 8 月发布的行业标准《道路交通堵塞度及评价方法》（GA115-1995）中规定，阻塞是指在道路上由于车辆过度密集、交通事故、工程施工、违章行为和自然等原因，导致车辆延误增大和排队长度加长的状态。城市道路交通阻塞度评定标准是：

车辆在有信号灯控制的交叉路口外车行道上受阻且排队长度超过 250 米，3 次绿灯显示未通过路口的为阻塞；5 次绿灯显示未通过的路口为严重阻塞。

车辆在无信号灯控制的交叉路口（包括环形交叉路口、立交桥）受阻排队超过 250 米为阻塞，排队长度超过 400 米为严重阻塞。

在道路路段受阻排队长度超过 1000 米的为阻塞，排队长度超过 1500 米的为严重阻塞。

北京市交通管理局根据道路等级不同，按照机动车行驶的平均速度确定道路拥堵状态，在地图上用红色、黄色、绿色分别表示不同的道路交通状况。在快速路上，50 公里/小时是畅通，20－50 公里/小时是通行缓慢，20 公里/小时以下是拥堵。在主干道，35 公里/小时以上是畅通，15－35 公里/小时是缓行，15 公里/小时以下是拥堵。在地图标记上，畅通路段用绿色表示，缓行路段用黄色表示，拥堵路段用红色表示。

《城市交通管理评价指标体系》根据城市主干道上机动车平均行程车速表示交通拥堵程度。行程车速是指车辆行驶在道路某区间的距离与行程时间的比值，也叫作区间车速。行程时间包括行驶时间和途中受阻时的停车时间。交通管理评价指标体系中规定，城市主干路上机动车平均行程车速低于 20 公里/小时而高于 10 公里/小时为拥堵状态，小于 10 公里/小时为严重拥堵状态。[①]

拥堵也是道路交通的一种状态，我国公安部的《道路交通阻塞度及评价方法》中只是根据机动车在道路路段或交叉路口的车行道上的排队长度衡量，没有速度指标；而北京市交通管理局按照机动车行驶速度低于一定值作为拥堵标准。

交通工程学上，交通拥堵主要是指某一路段的交通需求量（一定时间内试图通过某条路段的车辆数）接近甚至超过其工程容量（一定时间内该路段所能通过的最大车辆数）时，从而导致车辆缓行的交通现象。常用道路饱和度、交通密度、行程车速、延误、交叉口阻塞等概念作为拥堵测度概念。[②]

3.1.2 现有定义的问题

以上定义共同之处是，针对道路服务于机动车通行的情况，以机动车在道路上的行驶速度、排队长度作为主要判断标准。道路之外的、机动车之外的拥挤、拥堵状况，例如公共汽（电）车、地铁车厢里或者站台上的拥挤，人、自行车等非机动车形成的堵塞，以及停车困难等，都没有包括进去。按照形式逻辑对于定义概念的要求，这属于定义项与被定义项外延

---

① 刘明洁，熊建平等. 城市道路交通拥堵问题研究——以南昌市为视角[M]. 北京：中国人民公安大学出版社，2013：7-8；陆化普，王长君，陆洋. 城市交通拥堵机理与对策[M]. 北京：中国建筑工业出版社，2014：16-17.

② 杭文. 城市交通拥堵缓解之路[M]. 南京：东南大学出版社，2019：31-34.

没有完全相等，定义过窄。而且，这些定义只是拥堵现象的描述，没有揭示概念的本质。

3.2 拥堵的本质是密度过大

关于什么是交通拥堵，周正宇等人定义为"整个城市交通系统中出行者的交通需求与各子系统的供给能力，在一定的管理水平下所呈现出的系统综合运行状态，当这一状态未达到预期标准时，即为交通拥堵"。影响交通拥堵的因素众多，涉及方方面面，各因素间的内在关系和互动规律错综复杂。他们构建了由6类一级成因、30类二级成因、71类三级成因、213类四级成因组成的北京市交通拥堵成因体系。交通拥堵四级成因体系，其中一级成因是指城市发展、交通设施、组织管理、行为理念、体制机制、其他要素。根据"可分解、可量化、可获取、可指派、可落实、可考核"的原则梳理出主要影响因素17项，其中供给类中公共交通发展水平，治理类中停车秩序和道路交通秩序，需求类中职住平衡、人口规模和机动车保有与使用等被认为影响程度较高。①

确实，交通拥堵总体上是交通供给不适应交通需求矛盾的体现。我们认为，拥挤、堵塞是许多场合都存在的现象，交通拥堵作为需要解决的现实问题，其本质是一定空间内人或车辆等过度密集致使人们感到不舒适、不满意，妨碍了正常通行或原定目标达成的状态。

3.2.1 世界上的各种拥挤现象

拥挤、堵塞现象并非城市交通中特有的，也不是汽车社会发展后才出现的。

在没有机动车、人口也不像现在这样多的时期，拥挤现象已经存在。在汉字中，"拥"字意义之一是围着。范成大《峨眉山行记》"炽炭拥炉危坐"，由围着的意义引申为拥挤、阻塞。梅尧臣《右丞李相公自洛移镇河阳》诗句"夹道都人拥"、韩愈《左迁至蓝关示侄孙湘》诗句"雪拥蓝关马不前"中，都人拥道、雪拥蓝关，"拥"字表示拥挤、堵塞之义，但含有"迫近"之义。人多与拥挤相关联，但人多未必拥挤，因此用不同的

---

① 周正宇，郭继孚，杨军. 北京市交通拥堵成因分析与对策研究[M]. 北京：人民交通出版社，2019：175，199，240.

词语来表达。《现代汉语词典》"拥"字有"拥挤""拥塞"而无"拥堵"之意。"拥挤"释义：（1）（人或车船等）挤在一起。（2）地方相对地小而人或车船等相对地多。"拥塞"是指拥挤的人马、车辆或船只等把道路或河道堵塞。[①]从释义看，拥塞一词与现在人们习用的拥堵一词没有两样。汉字"挤"表达的不仅仅是人与人、动物与动物的同类贴近，也表达不同类物体的距离贴近。例如，人从狭窄空间穿过，说"挤过去"。抽屉里放满各种物品而没有多余空间，可以说"挤得满满的"。一个人的寝室，如果放置很多东西而使人感到局促、难以自由活动，可以称作"房间很挤"。人群因贸易、宴会等集会，或者运输工具在同一个地方集聚，往往会出现拥堵拥挤。

3.2.2 拥挤拥堵的本质是过度密集

当今的交通拥堵固然与机动车的普及和频繁使用密切相关，但机动车并不是交通拥堵的必要因素。以行驶速度定义拥堵，忽视了影响行驶速度的多重因素，仅仅把交通看作通过某个地点或者某个路段，将速度作为衡量交通质量的指标，忽略了交通行为的多重意义。

交通是人们为了实现自己的目的而产生的地理位置的移动。工业革命以来，大生产极大地提高了生产力，火车、轮船、飞机、汽车等的发明和普及，使货物运输效率大增，人的空间移动十分便利，交通运输发展成为十分重要的产业。另外，人类的地理位置移动，有时并非追求到达某个最终地点，而是享受移动的过程，例如散步、观光，是为了看沿途的风景，最终到达某个地点事先无法确定。有时快有时慢，走走停停，不追求移动的速度。这种情况下衡量旅行质量的主要因素不是速度，而是从沿途风景中获得的满足感。著名的旅游景点，因众多游客同时聚集，也会发生拥挤拥堵，不能因为这种拥堵现象不是发生在道路上、不是机动车造成的、与速度没有关系，就不称其为拥挤、拥堵。拥挤现象可出现于多种场合。《晏子春秋·内篇》云"临淄三百闾，张袂成阴，挥汗成雨，比肩接踵而在"，以夸张的文学语言描述了人口稠密的景象。宋代名画《清明上河图》使我们看到了宋代都市车水马龙的繁华景象，人的稠密也是显著特征。古代大宗货物的长途运输主要靠水运，在一些交通要冲的港口码头，常见船只拥挤的现象。几千人口的集镇，街道或者市场也常出现拥挤。

---

① 中国社会科学院语言研究所词典编辑室. 现代汉语词典：第 3 版[M]. 北京：商务印书馆，2002：1516.

考虑到拥挤、阻塞现象的多样性，我们把拥挤、拥堵定义为：在一定空间内人或物品过度密集，妨碍物品的正常搬运、使用，妨碍人的顺利移动；人因与其他人或物品距离过近而出现身体受压迫而无法自由活动；机动车等交通工具在密集条件下因安全考虑或顾虑影响他人而被迫缓行或者等待。交通拥堵（挤），是指一定空间内交通者（人或车、船等）同一时间过度密集，导致不舒适、无法自由移动的现象，包括车站（机场、码头）候车（候机、候船等）厅内、站台上，及汽车、火车等客运工具的车厢乘客过密；城市道路上行人、车辆过密；停车场车辆过密。本研究所指交通拥堵主要是城市道路上机动车过密造成车辆无法顺畅行驶的问题。

交通拥堵并非汽车社会特有的现象，在汽车社会到来之前也有拥堵、拥挤现象。交通运输是人或车辆在地理空间的移动。人或车都得占用一定空间，相互之间必须保持一定的间隔，才能安全、顺利地通过。当车厢里乘客过度密集，或者道路上人、车过度密集，造成相互之间的距离过近，人或汽车为了保持安全而不得不牺牲正常的交通速度，或者停下等待，于是出现了交通拥堵。

总之，过度密集是交通拥挤、堵塞的本质，也是根本原因。离开密度概念，笼统地以人口和机动车的数量作为拥堵与否的指标，无法解释我国许多人口数量不多、机动车总数不大的中小城市出现的交通拥堵现象，也难以解释国际上一些人口和机动车总数更大的城市为什么交通拥堵不严重，甚至没有交通拥堵现象。离开密度概念，无法理解在交通设施供给增加后，交通供需矛盾本该缓和，但交通拥堵依然不断发展的现象。

3.3 密度是定义城市的关键元素

城市社会学创始人芝加哥学派代表人物路易斯·沃斯从社会学角度指出，城市是规模较大、人口较为密集、各类有差异的社会个体的永久定居场所。人口数量、居住密度、异质化是都市生活的基本特征。[1]人类聚居学创始人道萨迪亚斯认为居住密度是组成社区的关键因素，是社区最重要的特性。[2]不仅学界重视人口密度在城市中的重要作用，行政管理中划

① 路易斯·沃斯. 都市作为一种生活方式[C]//张庭伟，田莉. 城市读本. 北京：中国建筑工业出版社，2013：101-104.
② 吴良镛. 人居环境科学导论[M]. 北京：中国建筑工业出版社，2014：247.

分区域、统计中分别城乡人口，也多把人口密度作为重要指标。

3.3.1　美国与城市相关概念

美国与城市相关的概念有多个，分辨它们十分重要。城市通常是指具备 2500 人以上的集聚人口、具有多功能的管理机构、选举产生的官员、城市议会或类似机构的区域。与乡村相比，城市"具有较高的人口密度、较拥挤的空间、较高层次的经济活动（不仅包括初级生产部门，还包括二产或三产）"。[①]

美国人口普查局（the U.S. Census Bureau）把所有生活于城市化地区和城市群的人口称为"城市人口"，2000 年美国总人口的 79% 属于城市人口。在人口普查局的多种地理区域定义中，人口统计数据的最小地理单位是普查街区（Census block），指全部边界上都有街道、河流或轨道等显著特征，或地理界线、行政边界等无形特征的地块。单个普查街区居民数量一般在十几人到近百人之间，大致相当于 300 人规模的方形区域。若干个连续的普查街区组成的地理区块称作街区群。所谓城市化地区，按照 2000 年修改后确定的统计标准，是指一般情况下核心普查街区总人口达到 5 万、人口密度达到每平方英里（1 平方英≈2.5899 平方公里，以下同）1000 人，并且周边街区的人口密度达到每平方英里 500 人（即每平方公里人口在核心区 386 人、周边相邻区 193 人）的区域。2000 年美国共有 464 个城市化地区。城市群可以看作是缩小了的城市化地区，是由若干普查街区组成，人口在 2500－50000 之间。2000 年美国有 3112 个城市群。由此可见，在美国，人口密度和人口总量是定义城市和城市人口的基本要素。美国城市经济学者阿瑟·奥莎利文（Arthur O' Sullivan）认为，城市是人口密度高于周边其他地区的区域。之所以把人口密度作为城市定义的基础，是因为城市经济的本质特征是不同经济活动的频繁接触，这只有在大量厂商和家庭集中于相对较小的区域内才能发生。[②]城市和都市区域可以从多种角度定义，与中国不同，美国行政建制上的城市范围与物理上人类聚居区的城市范围并不总是一致，有些从物理形态上是一个城市，但行政管理分属两个城市政府。

---

① 理查德·P 格林，詹姆斯·B 皮克. 城市地理学[M]. 中国地理学会城市地理专业委员会，译校. 北京：商务印书馆，2011：121.
② 阿瑟·奥莎利文. 城市经济学[M]. 周京奎，译. 北京：北京大学出版社，2008：2, 12.

3.3.2 日本城市相关概念

对于规模较大的聚落的称呼，现代汉语中习惯用"城市"一词。近代以前，常见的称呼是"都会""大邑"等，"都""会"两字含有汇集之义。日文中用"都市"两个汉字表达。"都"的日语发音"ミヤコ"中，"ミヤ"汉字写作"宫"，"コ"表示场所。"市"是众人集会的场所，在古代代表有高台、大树生长的神圣场所，人们在此进行公平的货物交易、公正的协商等，意味着经济的中心。日本学者牛岛正（牛嶋正）认为，中心性是都市的本质之一，人口的集中是都市的第一要件。人口集中产生集中的利益，又加强了城市人的吸引力，促进人口进一步集中。与此相对，村落的特征是几乎看不到人口的移动。在自然条件适宜的场所定居，经营农业，产品有剩余则与别处交换，因此是封闭的社会。都市的第二个要件是人口的移动，是开放性的社会。都市众多人口过着各自不同的生活，因此都市需要尽可能多的功能，例如居住、生产、商业、流通、金融、教育、休闲等。[①]

日本行政机构由都道府县和市町村两级构成。都道府县是一级行政区，相当于我国的省、自治区、直辖市，如1都（东京都）、1道（北海道）、两府（京都府、大阪府）、43县。市町村为基层行政区，也代表一种较小的聚落形态。在行政上，日本法律规定的设市标准是人口总数达到一定标准（不同时期有变化）并且具备"都市形态"。所谓"都市形态"是指毗连的住宅占60%以上、都市性职业人口占60%以上。[②]都市型职业人口是指在非农业部门就业的人口，住宅毗连是对密度的要求，没有数字标准。一般说来，居住密集和聚落人口总数是日本行政建制上设立市町的基本条件。

正如许学强、周一星等学者指出的，尽管世界各国都根据自己经济社会特点设定了并不一致的城镇定义，但城镇外观的共同特征是人口密度和建筑密度大于乡村，聚落规模较大，具备上下水、铺装道路、电力、通信、广场等。行政上设置城镇的标准各国不同，但多数有人口总量指标或者密度指标。[③]人口密集、建筑密集是城市的物理特征，密度是定义城市的核心或主要元素。

---

① 牛嶋正. 現代の都市経営[M]. 東京: 有斐閣, 1999: 2-4.

② 李燕, 顾朝林. 日本当代城市制度研究[J]. 日本研究, 2013（02）: 36.

③ 许学强, 周一星, 宁越敏. 城市地理学: 第二版[M]. 北京: 高等教育出版社, 2009: 20-21.

3.4 密集是市场经济和工业文明的产物

自古以来，自然界、人类社会都存在拥挤拥堵现象。只是，人类文明的大多数时间是农业社会，拥挤拥堵只是偶尔出现，没有成为严重的问题，甚至不成为问题，也就没有人关注，历史中极少记录。进入工业社会后，拥挤拥堵的现象多起来。机器大生产把众多人汇集一处，共同劳动、共同居住，形成了人口密集。社会的交往方式、组织形式也不同以往，音乐演奏、体育竞赛、宗教礼仪都以团队方式进行，普通人都可以成为演员、运动员、观众，数千人集中在一个场所互动的现象多起来了，像商品博览会、演唱会、体育竞赛等。市场经济带来货物、人员的集聚，企业对效益的追求使其向交通便利的城市集中，导致人口也向城市集聚的城市化。人们在城市居住，工作场所多数在建筑物内，多人近距离共同劳动或者各自独立但彼此协作，出现了众人在空间上的同一性。无论一个单位内的不同部门，还是一个城市的各个行业，由于相互联系，出现了作息时间的同一性。休假以国家名义规定，产生了法定节假日。因此，出现了现代工业社会特有的景象，城市居民每天差不多在上午同一时间离开家门，前往就业机构，下午或者晚上又在基本相同的时间返回住宅，道路上出现有规律的、潮汐般大规模移动的人群。密集现象自古就有，如密不透风、水泄不通、鳞次栉比、济济一堂等。但近代工业革命以来人类行为在空间上同一性和时间上同一性重叠，密集的规模非前工业社会可比。密集是人们追求工作效率的结果，具有集聚经济效益。但是密集超过一定的程度，就会出现种种不经济的现象，交通拥堵正是过度密集造成的不经济现象的典型表现。

3.5 小结：研究问题应从明确概念着手

培根说过"知识就是力量"。解决一切问题都依赖知识。无论什么问题长期得不到解决，可以归因为知识不足。而概念是建造知识大厦的砖瓦。

城市交通拥堵作为必须解决的影响经济社会的重大问题，与解决其他问题一样，首先必须准确地认识问题。而认识问题，首先应从明确概念着手。

从道路交通管理的角度来看，把交通拥堵定义为机动车在道路上行驶速度太慢，因此治理拥堵就采取提高通行速度为主要目标的政策，例如拓宽马路；道路渠化即把各类交通方式混合的道路，通过设交通岛、划线、竖栅栏等隔离出机动车、非机动车、行人等不同通道；大规模修建高架路、立交桥以减少平面交叉口，都是为了提高通行速度。长期以来，很多部门都是以加快行人、车辆流通速度为核心治理交通拥堵，虽然局部缓解了严重拥堵状态，但总体上没有解决拥堵问题。

城市密度的概念在中国没有得到充分重视，表现在相关的学术文章很少，缺乏相关的统计资料，在定义一个聚落是否属于"城市"时，一般不用密度指标。本书关于交通拥堵治理的理论，是以密度为核心概念展开的。

第4章 城市人口密度及其对交通的影响

空间结构上的密集是城市的显著特征。城市建筑密度、人口密度、路网密度、车站密度等，是决定城市空间功能、效益的关键因素，许多城市问题也是密度问题，交通拥堵更是城市人口密度过大的必然结果。但是城市密度在我国没有得到充分的重视和研究，即使学界，也有不少人认为中国城市人口密度不大，"摊大饼"式无序蔓延，主张城市化改变发展方式，走高密度紧凑节约式发展道路，这妨碍了对交通拥堵问题的认识和解决。中国城市人口密度究竟是多少，与交通拥堵究竟怎样关联，是被我国学界忽略但十分重要的问题。

4.1 中国城市人口密度的表与里

城市是在村庄或市集的基础上发展起来的聚落，它较一般村落规模大、人口更多。物质上的特征是建筑密集、交通便利，人口的特征是多数就业者在非农业领域工作，不再完全依赖土地为生。工业化导致人口集中，催生了城市化。作为行政管理区，城市不仅仅是连续的建筑覆盖着的地面，还包括其周边与城市生活密切联系的土地，如农田、花园、公园等。因此，城市行政区大于聚落的面积。

城市人口密度是指城市单位面积土地上的人口数量，是城市人口数量除以城市总面积得出的商，常用"人/公顷""人/平方公里""万人/平方公里"等单位表示。由于城市人口、城市面积的统计方式不同，同样的"城市人口密度"一词内涵则可能不同。

4.1.1 统计年鉴所见"城市人口密度"

根据官方统计报告计算出的以省级行政区为单位平均的"城市人口密度"如表4-1所示。

表 4-1　2014 年中国各省城市人口密度一览表

	面积 （平方公里）		人口数量 （万人）		人口密度 （人/平方公里）	
	市区	城区	市区	城区	市区	城区
北京	16410	12187.00	2151.6	1859.00	1311	1525
天津	7399	2363.05	832.8	642.91	1126	2721
河北	32490	6412.43	2856.6	1521.44	879	2373
山西	28763	2728.99	1635.7	994.52	569	3644
内蒙古	147096	6764.56	976.2	691.12	66	1022
辽宁	65715	14084.17	3069.6	2106.38	467	1496
吉林	106587	3462.86	1986.2	1058.30	186	3056
黑龙江	185864	2786.78	2243.3	1306.07	121	4687
上海	6341	6340.50	2425.7	2425.68	3825	3825
江苏	63363	14609.84	5342.0	2679.84	843	1834
浙江	54170	11094.63	3339.8	1503.45	617	1355
安徽	38397	5929.72	2413.6	1147.25	629	1935
福建	44148	4318.09	2015.7	850.75	457	1970
江西	32363	2114.76	1668.9	890.58	516	4211
山东	84964	21310.86	5623.9	2837.76	662	1332
河南	42145	4662.51	4070.9	1970.66	966	4227
湖北	80730	7680.61	3930.6	1636.75	487	2131
湖南	48577	4285.84	2608.3	1333.74	537	3112
广东	92641	17036.40	7631.8	3727.04	824	2188
广西	57090	5886.63	2003.3	799.98	351	1359
海南	17395	1276.68	598.8	199.82	344	1565
重庆	31849	6643.39	1952.1	967.22	613	1456
四川	61142	6426.21	3675.0	1760.04	601	2739
贵州	24434	2643.57	1056.5	536.93	432	2031
云南	58628	2903.33	1415.5	759.46	241	2616
西藏	16164	361.60	44.2	35.33	27	977
陕西	31435	1610.32	1555.0	838.16	495	5205
甘肃	87361	1554.78	890.1	517.78	102	3330
青海	165618	635.78	207.3	150.34	13	2365
宁夏	22380	2110.95	364.9	229.62	163	1088
新疆	234907	1691.75	908.0	598.58	39	3538

资料来源：中国住房和城乡建设部. 中国城乡建设统计年鉴 2014 年[M]. 北京：中国统计出版社，2015：24.

　　由表 4-1 可见，"市区人口密度"（人/平方公里）平均数最高的是上海，为 3825；最低的是青海，为 13；西藏、青海、新疆都不足 40。密度超过 1000 的有北京、天津、上海三市。对照美国 2000 年的"城市化地区"定义，核心区总人口达到 5 万、人口密度达到每平方公里 386 人（每平方英里 1000 人）并且周边街区的人口密度达到每平方公里 193 人（每平方英里 500 人）的区域，表中数据显示的内蒙古、吉林、黑龙江、西藏、甘肃、青海、宁夏、新疆"市区人口密度"都达不到美国的人口密度标准。如果对照核心区的指标即 386 人/平方公里，再加上广西、海南、云南三省，那么从统计年鉴的数据看，我国共有 11 个省级行政区"市区人口密度"达不到美国城市化地区的标准。换句话说，按照美国的城市化地区定义，我国 11 个省级行政区没有城市。显然，表 4-1 中的"市区人口密度"数据不能反映客观事实。

　　《中国城市统计年鉴 2019 年》的数据显示，2018 年中国"城市人口密度"全国平均是 2546.17 人/平方公里，这个数据可能只是实际状况的 1/10。

　　造成这种现象的原因是统计方法。我国关于城市的统计数据，由于部门不同、标准不同，可能差异较大。表 4-1 的"市区人口密度"是市区总人口除以市区总面积，"市区"与公众的认知不同，不是指建筑密集的建成区。根据有关部门规定，城乡建设统计中"市区面积"是指城市行政区域内的全部土地面积（包括水域面积）。地级以上城市行政区不包括市辖县（市）。城市行政区范围内往往建成区只占总面积的小部分，大部分是农田或者山地、河湖水面组成的非建成区。表 4-1 中"城区面积"也与公众观念中的概念不一致，统计中是指：（1）街道办事处所辖地域；（2）城市公共设施、居住设施和市政公用设施等连接到的其他镇（乡）地域；（3）常住人口在 3000 人以上的独立工矿区、开发区、科研单位、大专院校等特殊区域。连接是指两个区域间可观察到的已建成或在建的公共设施、居住设施、市政设施和其他设施相连，中间没有被水域、农业用地、林地等非建设用地隔断。对于由多个分散的区域组成的组团式和散点式城市，是把分散的区域都算作城区面积的。因此统计数据显示的"城区面积"大于实际的城市建成区面积，大于城市建设用地面积。"城区人口"是指"划定的城区（县城）范围的人口数"。[①]城市中的开发区、大学城等常住居民很少，只要达到 3000 人，就纳入城市统计。北京市行政区总面积 16410

---

　　① 中国住房和城乡建设部. 中国城乡建设统计年鉴 2014 年[M]. 北京：中国统计出版社，2015：205-206.

平方公里，其中山地面积占 62%，把这个面积计算在内，并由此得出的市区人口、市区人口密度，显然与一般公众观念相差甚远。有些研究者直接引用统计年鉴的数据，得出中国城市人口密度不高的结论。

我国统计中"城市"的定义与国外不同，似乎没有人口密度指标。我国设立城市行政区的标准，不同时期均有变化，主要是看聚落居民中非农产业人员在全体人员中的比重为 50% 以上，另外还有聚落人口总数要求。1986 年民政部颁布的设市标准主要是两条，一是非农业人口总数和比重，二是国民生产总值。1993 年调整设市标准时增加了一些量化指标，设立县级市的主要标准，除全县非农人口总数、比例之外，增加了财政收入数量和上解比例，以及总产值中工业产值的比例等。这样不少县成为市，而在聚落形态上与县没有任何差异，与公众认为的城市差别很大。反映在统计数据上，相邻两年的城市数据变化很大，而实质的聚落形态没有改变。在行政区划改革中，通过县改市、县改区或市改区，省会城市、地级城市在较短时间内扩大了行政边界。《中国城市统计年鉴 2010 年》显示，2009年底我国地级以上"城市面积"合计 471.18 万平方公里，几乎是国土面积的一半。《中国城市建设统计年鉴 2018 年》显示，全国"市区面积"合计是 223.0935 万平方公里，占国土面积的 23.2%。这里的"市区"当然不是一般公众观念中的市区，而是城市行政区范围。两种年鉴同一概念的数据差异甚大，源于统计标准的改变。对城市、城区等概念的定义存在不清晰之处，因此各省、城市的统计数据出现了与直观感受迥然不同的现象。例如，《中国统计年鉴 2014 年》显示，2013 年"城市人口密度"即每平方公里人口数是上海 3809、天津 2843、重庆 1847、北京 1498，北京的密度只有天津的一半略多，重庆的密度不足上海的一半，北京的密度比重庆还低，显然不符合事实。鉴于统计数据与客观实际的差距，如 1989 年数据显示我国城镇人口占比已经达到 51.7%，与实际状况相差甚远，联合国和世界银行等国际机构认为我国城乡有关统计数据无法采信，于是停止公布我国 1982 年以后的城镇人口统计资料。[①]

4.1.2　真实的中国城市人口密度

无论中外，都存在不同学科对城市定义不一致的现象。我们考察和比较人口密度的城市，是社会公众观念一般理解的城市，即聚落形态的城市，在我国只有城市规划中常用的"建成区"概念最接近。住房和城乡建设部

---

① 许学强，周一星，宁越敏. 城市地理学：第二版[M]. 北京：高等教育出版社，2019：31.

（以下简称住建部）关于建成区的定义是"城市行政区内实际已成片开发建设、市政公用设施和公共设施基本具备的区域"。

城市是建筑密集、人口密集的地区，由此能够带来集聚效应，即由于需求的集中，使商业活动因规模而容易产生和持续，成本降低使最终产品和服务价格较低，无论是生产者还是消费者，意味着以较少的支出获得较多的收益。在城市行政区内那些没有道路、建筑和人类活动的地面，没有人会认为是城市。而"城市化"或"城镇化"也是指聚落意义上城市，并不是仅仅把行政区名称从"县"改为"市"或者"区"，而是指建设铺装道路、上下水道、电力、通信、住宅区、公园等，让更多人能够在具备市政公用设施和公共设施的建成区内生产和生活。城市建设统计中"市区"含义与公众的认知不同，市区是指行政区，而建成区才是大众观念中的市区，建成区的人口密度才是真正的城市人口密度。但是我国统计一般都以行政区为单位，缺乏以聚落形态为单元的统计，类似于日本"人口集中地区（DID）"的概念，即没有准确的关于建成区人口密度的数据。在城市化快速发展过程中，我国行政区划调整比较频繁，20 世纪八九十年代撤县设市，21 世纪以来以土地为基本平台的"经营城市"理念流行一时，部分是城市化发展结果的体现，部分是进一步发展经济的措施，行政区面积扩张的现象在不少城市发生，尤其是原来处于城郊连接处的区、乡镇，通过行政区划调整，把面积较大的地区划入"市区"面积，而这些由区或乡镇改名而成的街道，可能大部分依然是未建成区。2014 年在 31 个省会城市的行政区中，建成区比重超过 10% 的只有广州、上海，5%－10% 有海口、武汉等 6 个城市，其余 23 个城市比重都在 5% 以下，其中 11 个城市不足 2%。可见，以行政区面积作为"城市面积"与真正的城市面积差距较大，不加思考直接援引一些统计数据，会得出偏离事实的结论。

为了解我国城市真实的人口密度状况，现以东部沿海几个大城市为例，揭示一般城市建成区的常住人口密度状况。这样做的理由，一是大城市中心城区的市辖区行政区与建成区范围一致，没有非建成区，有比较完整的统计数据可以利用；二是由于我国以土地为抓手的空间规划权力集中、标准统一，各地各类城市建成区在空间结构、外貌形态、人口密度方面高度近似。因此，几个大城市建成区人口密度数据基本上可以代表中国城市普遍状况。

本研究以广州、上海、天津、北京为例，揭示我国城市建成区人口密度状况，如表 4-2 所示。

表 4-2　东部沿海大城市主要建成区人口密度一览表

城市	市辖区	区面积（平方公里）	年末常住人口（万人）	常住人口密度（人/平方公里）
广州市	荔湾区	59.10	92.17	15596
	越秀区	33.80	115.68	34225
	海珠区	90.40	161.37	17851
上海市	黄浦区	20.46	65.86	32190
	长宁区	38.30	69.11	18044
	静安区	7.62	23.69	31089
	普陀区	54.83	128.80	23941
	闸北区	29.26	83.71	28609
	虹口区	23.46	80.94	34501
	杨浦区	60.73	131.52	21657
天津市	和平区	10.0	42.32	42317
	河东区	39.0	75.79	19124
	河西区	37.0	83.20	21888
	南开区	39.0	87.28	22641
	河北区	27.0	63.42	21410
	红桥区	21.0	51.66	24297
北京市	东城区	41.86	82.2	19637
	西城区	50.53	117.9	23333

资料来源：《2016 广州统计年鉴》《2016 上海统计年鉴》《2017 天津统计年鉴》《2019 北京统计年鉴》。

由表 4-2 可见，建成区人口密度普遍在 2.0 万人/平方公里以上。由于行政区划调整合并，一些区扩大了面积，包括部分居民不多的非建成区或者新建成区，因而把行政区的人口密度拉低，如上海的长宁区、天津的河东区。从传统市中心的行政区看，平均每平方公里的人口数量在 3 万或 4 万以上。例如广州越秀区 3.42 万人，上海黄浦区 3.21 万人、虹口区 3.45 万人，天津和平区 4.23 万人。北京在 2010 年行政区划调整中，将东城、西城、宣武、崇文四区合并为两个区即东城区、西城区，成为首都功能核心区。北京中心城区人口密度显得较天津、上海、广州等城市低，因为故宫、天安门广场及其四周都是非居民区，人口较少。地方中小城市的人口密度以江苏省扬州市广陵区为例，广陵区为扬州市老城区，2011 年区划调整前面积 2.6 平方公里、人口 6.9 万，人口密度是 2.65 万人/平方公里，超过了北京功能核心区。广陵区是老城区，住宅多平房，没有高层住宅楼。又如武汉 2020 年 1 月，武汉市常住人口 1100 多万，户籍人口 990 多万，流动人口将近 500 万。武汉总人口以 1500 万人计，如果摊到全部行政区（除去水域面积）则平均人口密度为 2334 人/平方公里。假设全部人口都居住在建成区，则武汉的人口密度平均为 23885 人/平方公里。中心城区的人口密度，如汉口硚口区面积 41.46 平方公里，人口 86.49 万人，计算得到密度为 20861 人/平方公里。江汉区是武汉市金融商贸核心区，全区面积 28.29 平方公里，常住人口 68 万人，人口密度是 24037 人/平方公里。

综合以上包括沿海城市和中部城市、特大城市和中等城市的调查样本看，我国各地城市不论大小，可以认为约 2.4 万人/平方公里或以上的人口密度是我国城市的普遍状况。

4.2　日本城市人口密度

4.2.1　都市行政区人口密度

与中国一样，日本也存在城市行政区面积大于实体城市面积的情况。行政区面积与实体城市面积之间的差距，也很不一样。我们先看日本各县级行政区都市人口密度平均数，如表 4-3 所示。

都市行政区平均人口密度以"人/平方公里"为单位，日本最低的秋田县仅 104，最高的东京达到 9312，超过 1000 的只有 8 个县。按照 2012 年 3 月 31 日数据，日本都市人口 11494.777 万人，占全国人口总数的 90.8%。全国都市总数 810 个，按照人口规模分类，10 万人以上占 35.3%、5 万－10 万占 33.2%、5 万人以下占 31.%。都市总面积 216599.33 平方公里，占国土面积的 57.31%，这里面积也是指行政区面积，其中既有市区也有郊区。市的行政区面积差异甚大，最大的高山市 2177.7 平方公里，面积最小的蕨市仅 5.1 平方公里。

表4-3 2013年日本各都道府县都市行政区人口密度表

序号	都道府县	密度（人/平方公里）	序号	都道府县	密度（人/平方公里）
1	北海道	239	25	滋贺县	366
2	青森县	229	26	京都府	634
3	岩手县	108	27	大阪府	5432
4	宫城县	417	28	兵库县	809
5	秋田县	104	29	奈良县	872
6	山形县	194	30	和歌山县	381
7	福岛县	259	31	鸟取县	359
8	新潟县	214	32	岛根县	148
9	富山县	295	33	冈山县	326
10	石川县	321	34	广岛县	401
11	福井县	253	35	山口县	242
12	长野县	256	36	德岛县	281
13	茨城县	533	37	香川县	669
14	栃木县	347	38	爱媛县	328
15	群马县	594	39	高知县	198
16	埼玉县	2393	40	福冈县	1204
17	千叶县	1366	41	佐贺县	353
18	东京都	9312	42	长崎县	353
19	神奈川县	4852	43	熊本县	392
20	山梨县	261	44	大分县	200
21	岐阜县	210	45	宫崎县	206
22	静冈县	557	46	鹿儿岛县	252
23	爱知县	1643	47	冲绳县	1144
24	三重县	405			

资料来源：全国市长会编. 日本都市年鉴2013年[M]. 東京：第一法规，2013：116-133.

由表4-3数据可见，以行政区面积计算的日本都市人口密度差异悬殊。这源于实体城市面积即建成区面积与行政区面积的比例差异，有些都市的行政区面积中山林地、河湖面积占比较大，平均的人口密度就很低。

4.2.2 人口集中地区（DID）人口密度

由于日本行政区的都市规模差异太大，为了真实了解人口聚居状况，创设了"人口集中地区（DID）"的概念，这一概念与我国学者周一星等人所说的"实体城市"、统计中的"建成区"含义接近，差别在于人口集中地区是以人为标准，建成区是以物为标准。人口集中地区人口密度才是真正的城市人口密度。

日本"人口集中地区"作为统计指标始于 1960 年的国势调查，用于区别城乡。现在"人口集中地区"定义的基本条件有两个，一个是密度基准，人口密度 4000 人/平方公里以上的基本单位区（一个调查员的工作范围，一个街区或者 50 户上下）毗连两个以上；另一个是规模基准，毗连的基本单位区合计人口达到 5000 人以上。但是像机场、港口、工业区、公园等，人口密度不足 4000 人/平方公里也算作人口集中地区。衡量都市化率或都市人口率，就是看人口集中地区人口占总人口的比重。有的市町村一个人口集中地区也没有，有的则有数个人口集中地区。有人认为，在表示城市化率方面，日本用人口集中地区表示的都市化率比其他发达国家严格。例如，2005 年，如果用日本国势调查中人口集中地区数据，都市化率为 66.0%；但如果采用英国标准则达到 100%，采用加拿大标准也达到 92.0%。

根据 2010 年统计数据，日本 786 个市有 13191 个人口集中地区，按照行政区计算的市部人口比率即城市化率为 90.7%，按照人口集中地区人口比率计算的城市化率为 67.3%。全国平均的城镇人口（人口集中地区人口）密度为 6758 人/平方公里。日本各都道府县人口集中地区情况如表 4-4 所示。

表 4-4　2010 年日本人口集中地区人口、面积及其全域比重一览表

都道府县	人口集中地区		人口集中地区在全域的比重		人口密度（人/平方公里）
	人口（千人）	面积（平方公里）	人口（%）	面积（%）	
全国	86121	12744.4	67.3	3.37	6758
北海道	4077	799.3	74.0	0.96	5101
青森	632	160.1	46.0	1.66	3950
岩手	394	84.1	29.6	0.55	4679
宫城	1407	242.9	59.9	3.33	5793
秋田	371	87.2	34.2	0.75	4256
山形	495	115.0	42.4	1.23	4308

都道府县	人口集中地区		人口集中地区在全域的比重		人口密度（人/平方公里）
	人口（千人）	面积（平方公里）	人口（%）	面积（%）	
福岛	811	184.0	40.0	1.33	4406
茨城	1107	242.2	37.3	3.97	4570
栃木	888	189.3	44.2	2.95	4691
群马	802	200.5	39.9	3.15	3997
埼玉	5730	687.0	79.6	18.09	8340
千叶	4529	634.0	72.9	12.29	7145
东京	12917	1074.4	98.2	49.12	12022
神奈川	8522	949.2	94.2	39.29	8979
新潟	1141	233.2	48.1	1.85	4894
富山	405	104.9	37.1	2.47	3864
石川	586	106.9	50.1	2.55	5478
福井	337	78.3	41.8	1.87	4308
山梨	281	60.3	32.6	1.35	4668
长野	749	176.4	34.8	1.30	4244
岐阜	808	178.7	38.9	1.68	4523
静冈	2243	425.9	59.6	5.47	5267
爱知	5693	921.4	76.8	17.84	6179
三重	782	186.2	42.2	3.22	4200
滋贺	659	107.7	46.7	2.68	6120
京都	2187	263.5	83.0	5.71	8300
大阪	8492	906.7	95.8	47.76	9366
兵库	4281	577.4	76.6	6.88	7415
奈良	907	143.1	64.8	3.88	6340
和歌山	396	91.0	39.5	1.93	4347
鸟取	208	48.2	35.3	1.38	4304
岛根	179	42.9	25.0	0.64	4174
冈山	887	203.0	45.6	2.85	4368
广岛	1820	304.2	63.6	3.59	5983
山口	699	210.7	48.2	3.45	3317
德岛	249	52.9	31.7	1.28	4708

续表

都道府县	人口集中地区		人口集中地区在全域的比重		人口密度（人/平方公里）
	人口（千人）	面积（平方公里）	人口（%）	面积（%）	
香川	326	78.1	32.8	4.16	4178
爱媛	750	154.0	52.4	2.71	4872
高知	327	55.8	42.8	0.78	5871
福冈	3598	566.6	70.9	11.38	6351
佐贺	253	54.3	29.8	2.22	4662
长崎	672	120.5	47.1	2.93	5574
熊本	848	155.8	46.6	2.10	5440
大分	541	114.9	45.2	1.81	4713
宫崎	521	114.0	45.9	1.47	4573
鹿儿岛	681	127.0	39.9	1.38	5364
冲绳	931	130.9	66.8	5.75	7109

资料来源：《日本统计年鉴 2014 年》。

　　由表 4-4 可见，日本人口集中地区总面积 12744.4 平方公里，占国土面积 3.37%，其中居住人口占总人口的 67.3%。人口密度最大的前三位分别是东京 12022 人/平方公里、大阪 9366 人/平方公里、神奈川 8979 人/平方公里。日本 47 个都道府县中，人口密度超过 8000 人/平方公里的有东京都、大阪府、神奈川县、埼玉县、京都府，面积共 3880.8 平方公里，占集中地区总面积的 30.5%，居住人口共 3784.8 万人，占集中地区总人口的 43.9%。也就是说，在日本人口集中地区总面积中，69.5% 的地区人口密度在 8000 人/平方公里以下。人口密度超过 10000 的只有东京都。日本人口集中地区平均人口密度，相当于我国城市建成区平均密度的 1/3。日本以人口稠密而闻名，但城市人口密度远低于中国。

　　一般而言，东京有两重含义，一是作为行政区的东京都，是与府、县并列的一级行政区，地理上划分为区部（23 区）、多摩地域（26 市及部分町）、岛屿部（指伊豆诸岛、小笠原诸岛，延展面积甚广但人口稀少）三大部分。2011 年初东京都总人口 1316.3332 万，面积 2187.65 平方公里。[①] 二是作为城市的东京，指东京都的核心部分即区部（23 区）。23 个区 2011 年总人口 894.9863 万人，面积 621.98 平方公里。区部平均人口密度为 14389

---

① http://www.metro.tokyo.jp/PROFILE/map_to.htm，2011-11-28.

人/平方公里，各区人口、面积及密度见表4-5。区部（23区）中，千代田区人口密度最小，它是皇室所在地，有占地很大的公园，比较特殊；人口密度最大的是丰岛区，达到21901人/平方公里；另外，中野、荒川两个区也超过了2万人/平方公里。人口密度在18000－20000人/平方公里的有文京、目黑、墨田三个区；16000－18000人/平方公里的有新宿、台东、板桥、北区、杉并、品川等六个区。其余11个区人口密度都在16000人/平方公里以下。

表4-5　2011年东京都心23区人口、面积、人口密度

序号	地域	面积（平方公里）	人口（人）	人口密度（人/平方公里）
1	丰岛区	13.01	284935	21901
2	中野区	15.59	313980	20140
3	荒川区	10.20	204815	20080
4	文京区	11.31	207227	18322
5	目黑区	14.70	268375	18257
6	墨田区	13.75	247702	18015
7	新宿区	18.23	326463	17908
8	台东区	10.08	176569	17517
9	板桥区	32.17	533890	16596
10	北区	20.59	334789	16260
11	杉并区	34.02	549042	16139
12	品川区	22.72	365858	16103
13	世田谷区	58.08	878071	15118
14	练马区	48.16	715683	14861
15	江户川区	49.86	678894	13616
16	涉谷区	15.11	204921	13562
17	足立区	53.20	684537	12867
18	葛饰区	34.84	443229	12722
19	中央区	10.18	123475	12129
20	大田区	59.46	693012	11655
21	江东区	39.94	461615	11558
22	港区	20.34	205580	10107
23	千代田区	11.64	47201	4055

资料来源：東京都>都内区市町村マップ：区市町村別　人口・面積（2011-11-28）[EB/OL]. http://www.metro.tokyo.jp/PROFILE/map_to.htm.

　　从表 4-5 可知，东京都人口密度在不同区之间差异较小，人口的空间分布较均衡。

　　与东京一样，大阪也有大阪府与大阪市之别。大阪府是与京都府、东京都并列的一级行政区，它包括大阪市和周围的一些城市。如表 4-6 所示，作为大阪府核心的大阪市人口密度为 11981 人/平方公里（2010 年数据），密度最大的是城东区 19695 人/平方公里。环绕大阪市四周、与大阪市相邻的有丰中、吹田、守口、东大阪、八尾、松原、堺市，它们的平均人口密度为 8560 人/平方公里。其中守口市、丰中市、门真市人口密度都在 1 万人/平方公里以上。

表 4-6　2010 年大阪府、大阪市人口密度

大阪府主要地域人口密度			大阪市各区人口密度		
序号	市名	人口密度 （人/平方公里）	序号	区名	人口密度 （人/平方公里）
1	大阪市	11981	1	城东区	19695
2	守口市	11524	2	阿倍野区	17755
3	丰中市	10702	3	东成区	17633
4	门真市	10609	4	都岛区	16964
5	吹田市	9853	5	住吉区	16657
6	寝屋川市	9632	6	西城区	16595
7	东大阪市	8244	7	生野区	15992
8	松原市	7479	8	西区	15973
9	藤井寺市	7443	9	旭区	14675
10	大东市	6981	10	天王寺区	14536
11	八尾市	6508	11	福岛区	14409
12	枚方市	6269	12	浪速区	14129
13	泉大津市	5848	13	鹤见区	13625
14	摄津市	5626	14	淀川区	13614
15	堺市	5613	15	东住吉区	13408
16	高石市	5249	16	东淀川区	13327
17	大阪峡山市	4910	17	平野区	13072
18	池田市	4718	18	港区	10753
19	忠纲町	4503	19	北区	10687

大阪府主要地域人口密度			大阪市各区人口密度		
序号	市名	人口密度 （人/平方公里）	序号	区名	人口密度 （人/平方公里）
11	八尾市	6508	11	福岛区	14409
12	枚方市	6269	12	浪速区	14129
13	泉大津市	5848	13	鹤见区	13625
14	摄津市	5626	14	淀川区	13614
15	堺市	5613	15	东住吉区	13408
16	高石市	5249	16	东淀川区	13327
17	大阪峡山市	4910	17	平野区	13072
18	池田市	4718	18	港区	10753
19	忠纲町	4503	19	北区	10687
20	羽曳野市	4451	20	中央区	8861
			21	大正区	7371
			22	西淀川区	6852
			23	住之江区	6125
			24	此花区	3996

资料来源：2010 国势调查，第 1 次基本集计结果，（2011-11-29）[EB/OL]. http://www.pref.osaka. jp/attach/1891/00039840/h22kokuchou1jikihon.pdf.

表 4-6 数据显示，2010 年大阪府共有 20 个市、町，人口密度最大的是大阪市，其次是守口市和丰中市。其中密度超过 8000 人/平方公里的有 7 个市，其余 13 个市密度在 8000 人/平方公里以下。大阪府平均人口密度为 11981 人/平方公里，最小的是羽曳野市，每平方公里 4451 人。大阪市共有 24 个区，其中密度最高的是城东区，为 19695 人/平方公里，密度 8000 人/平方公里以上的有 20 个区，4 个区密度在 8000 人/平方公里以下，最小的此花区是 3996 人/平方公里。

4.3 城市人口密度中日比较

4.3.1 平均值的比较

根据 2016 年 3 月 1 日发布的《2015 年国民经济与社会发展统计公报》，2015 年年末我国总人口为 137462 万人，其中城镇常住人口为 77116 万人，

占比为 56.10%。国土面积以 960 万平方公里计算，则人口密度为 143 人/
平方公里。根据《日本统计年鉴 2014 年》，2014 年日本国土面积为 377972
平方公里，由 6852 个岛屿组成。总人口为 12708 万人，平均人口密度为
341 人/平方公里。照此计算，全部国土平均的人口密度，日本为中国的
2.38 倍。

　　从城市行政区人口密度看，中国城市超过 1000 人/平方公里的只有 3
个（上海、北京、天津），明显比日本少。上海的人口密度只有东京的 41.1%。
原因在于实体城市即中国的建成区、日本的人口集中地区密度差异巨大，
中国密度远远大于日本密度。

　　大都市比较，我国城市中高密度的区域面积大、密度更高。中小城市
人口密度比较，日本比我国低得多。因为日本中小城市居住形态与大城市
显著不同，没有高层住宅，集合住宅比重也很低。例如东京都市圈北部的
埼玉县 2010 年平均人口密度为 1894 人/平方公里。县内 41 个市，人口密
度 5000 人/平方公里以上 13 个，其中 8000 人/平方公里以上的只有 4 个市，
最大的是蕨市 14020 人/平方公里。其余 28 个市密度都在 5000 人/平方公
里以下。[①]东京、大阪是日本人口密度最大的都市，此外的一般地方都市、
中小城市人口密度都比东京、大阪低得多。中国中小城市的人口密度，根
据土地利用结构、居民居住形态观察，建成区的人口密度跟大城市差不多。
平均看来，中小城市的人口密度，我国约为日本的 3—4 倍。

　　比较中国与日本大城市人口密度状况，可以看出平均人口密度中国高
于日本。中国三大城市人口密度的数据分别是天津 23896 人/平方公里、上
海 26969 人/平方公里、广州 15465 人/平方公里。东京和大阪是日本人口
密度最大的两座城市，东京（区部 23 区）人口密度 14389 人/平方公里、
大阪市人口密度 11981 人/平方公里。东京人口密度只是上海的 53.35%。
日本城市人口密度最大的是东京都的丰岛区，为 21901 人/平方公里，相当
于中国人口密度最大（仅限本研究案例）的上海市黄浦区（42869 人/平方
公里）的 51.1%。以东京人口密度为基准，天津市内 4 区（河北、红桥、
和平、南开）是东京的 1.84 倍，上海市中心 4 区（黄浦、卢湾、虹口、静
安）是东京的 2.45 倍，广州市中心的越秀区是东京的 2.14 倍。本研究仅以
天津、上海、广州为例证，事实上中国其他大城市人口密度近似，例如南

---

　　①《3—2　市区町村別国勢調査人口、人口密度及び世帯数》，《第 60 回埼玉県統計年鑑平成 25
年》，第 28 頁。

京，2002 年以明城墙为界的老城范围内，41.42 平方公里的地域居住人口为 133.5 万人，人口密度达到 32231 人/平方公里，与上海市密度最高的区黄浦、虹口相当。

4.3.2 高密度区域比较

日本城市密度最高区域情况如表 4-7 所示。

表 4-7 日本 2013 年政令指定都市、东京都高密度区一览表

区名		面积（平方公里）	总人口（人）	人口密度（人/平方公里）
横滨	西区	7.04	96753	13743
	南区	12.67	199160	15719
川崎	幸区	10.05	157349	15657
	中原区	14.70	233009	15851
	高津区	16.36	218242	13340
京都	中京区	7.38	102529	13893
大阪	都岛区	6.05	102618	16962
	福岛区	4.67	69163	14810
大阪	西区	5.20	84718	16292
	天王寺区	4.80	70566	14701
	浪速区	4.37	60041	13739
	淀川区	12.64	170943	13524
	东淀川区	13.25	172911	13050
	东成区	4.55	81199	17846
	生野区	8.38	130714	15598
	旭区	6.30	92114	14621
	城东区	8.42	166986	19832
	鹤见区	8.16	112280	13760
	阿倍野区	5.99	105961	17690
	住吉区	9.34	154350	16526
	东住吉区	9.75	131416	13479
	平野区	15.30	202609	13242
	西成区	7.35	112692	15332

区名		面积（平方公里）	总人口（人）	人口密度（人/平方公里）
东京都	丰岛区	13.01	284935	21901
	中野区	15.59	313980	20140
	荒川区	10.20	204815	20080
	文京区	11.31	207227	18322
	目黑区	14.70	268375	18257
	墨田区	13.75	247702	18015
	新宿区	18.23	326463	17908
	台东区	10.08	176569	17517
	板桥区	32.17	533890	16596
	北区	20.59	334789	16260
	杉并区	34.02	549042	16139
	品川区	22.72	365858	16103
	世田谷区	58.08	878071	15118
	練馬区	48.16	715683	14861
	江广川区	49.86	678894	13616
	涉谷区	15.11	204921	13562

资料来源：全国市长会编《日本都市年鉴 2013》之 "6. 政令指定都市の区の面積・住民基本台眎人口". 東京：第一法规，2013：131-133. 周建高，王凌宇. 城市人口密度的中日比较及对城市研究的反思[J]. 现代城市研究，2013（07）：79.

由表 4-7 数据可见，日本城市人口密度 13000 人/平方公里以上的面积分别为横滨市 19.71 平方公里、川崎市 41.11 平方公里、大阪市 134.52 平方公里、东京都 387.58 平方公里，全国合计共 582.92 平方公里。东京都人口密度最高的三个区分别是丰岛区 21901 人/平方公里、中野区 20140 人/平方公里、荒川区 20080 人/平方公里，大阪府人口密度最高的三个区分别是城东区 19832 人/平方公里、东成区 17846 人/平方公里、阿倍野区 17690 人/平方公里。

在关于城市人口密度统计中，日本有"昼间密度"和"夜间密度"之分，有的国家按照"就业密度"和"居住密度"区分。夜间密度相当于居住密度，昼间密度相当于就业密度。从就业密度看，2005 年东京都就业密度最高的是千代田区，为 73315 人/平方公里。人们经常从电视画面看到，或者作为旅游者观察到东京人口稠密的景象，大多数是白天就业人口集中时段和场所的现象。但是东京市中心的居住密度并不高，例如千代田区只有 3581 人/平方公里，为白天就业密度的 1/21。

我国各类统计年鉴中，有"城市人口密度""市区人口密度""城区人口密度"数据，"城市""市区"都是指城市行政区，包括面积广大的乡村地区；"城区"是指市辖区全部建成区面积，目前暂时没有看到关于中国城市中心城区建成区人口密度的数据。准确的、全国统一的城市人口密度数据既然缺乏，那么了解密度最大的区域在哪里、面积多大、密度多大就十分困难。为了便于认识中外城市密度方面的差异，这里只能粗略举例说明。

人口密度超过 1.8 万人/平方公里的区域，上海市有 8 个区共 289.44 平方公里的面积，而东京都同等密度的面积只有 78.56 平方公里。密度超过 2 万人/平方公里的面积，东京都是 38.8 平方公里，平均密度为 20207 人/平方公里；上海的面积为 251.14 平方公里，平均密度为 25272 人/平方公里。密度 2 万人/平方公里以上的面积上海为东京的 6.47 倍，而且密度高出东京 22%。

在中国城市中，比建成区尺度小、比居住区尺度大的地域是街道。在行政建制上，每个城市都有若干区（县级市可能不设区），每个区下设若干街道，每个街道下辖若干居民区（居委会）。而且，作为中国城市的基层行政机构，街道有基本的统计数据可用。看北京若干街道的居住密度情况，1996 年天坛街道 53772 人/平方公里、椿树街道 52101 人/平方公里、崇文门街道 46192 人/平方公里、前门街道 43925 人/平方公里、大栅栏街道 42852 人/平方公里。认识到人口过密带来诸多问题，北京市政府着力疏解市中心人口，至 2010 年，由东城区和西城区组成的首都功能核心区平均人口密度为 23487 人/平方公里。[①]西城区大栅栏街道面积 1.26 平方公里、人口 5.5 万，人口密度达到 43651 人/平方公里。[②]根据不完全的随机调查资料，2011 年前后北京市若干街道人口密度如表 4-8 所示。

由表 4-8 数据显示，2011 年前后北京街道层面的人口密度，西城区椿树街道 34862 人/平方公里、广安门外街道 28415 人/平方公里、月坛街道 29782 人/平方公里、白纸坊街道 40000 人/平方公里。

谢守红等人研究证明，在 1982 年至 2000 年间，广州市人口密度在以中山五路与北京路交口为中心、1.5 公里为半径的地域内，从 9.727 万人/平方公里下降到 5.353 万人/平方公里，而 5.5 公里半径范围内密度则从

---

① 数据来源：历年《北京统计年鉴》。

② 数字东城＞和平里街道＞社区概况＞正文[EB/OL]. http://www.bjdch.gov.cn/n5687274/n5723974/n8842346/8856863.html.

0.931 万人/平方公里上升到 1.950 万人/平方公里。①这些虽然是个别列举，鉴于中国东西南北城市空间结构、居住形态的高度一致性，可以认为上述例子很大程度上反映了中国大城市人口密度的一般状况，尽管广州、上海这样的城市比大多数城市密度更大些。

表 4-8　北京核心区部分街道人口密度一览

街道名	面积（平方公里）	辖区人口数（万人）	人口密度（人/平方公里）
西城区椿树街道	1.09	3.8	34862
广安门外街道	5.49	15.6	28415
月坛街道	4.13	12.3	29782
白纸坊街道	3.1	12.4	40000

资料来源：北京西城：首页>闪亮西城>街道风貌>信息详情（2015-05-01）[EB/OL]. http://www.bj xch.gov.cn/XICslxc/XICjdfm/XICjdfmxq.ycs?GUID=557471. 数据时间为 2011 年前后。

4.4 人口密度与交通拥堵的关系

城市建成区单位面积上常住人口过多即人口密度过高是交通拥堵的必要条件。同时，交通拥堵程度还与交通方式相关，不同的交通方式所需要的人均交通空间不同，影响到交通密度。在建成区常住人口密度一定的条件下，私家车普及率提高会导致交通密度增大，易发生交通拥堵。

4.4.1 自行车时代交通拥堵的分析

在私家车普及之前，自行车是中国家庭的主要交通工具，通勤高峰期城市街道上潮水般的自行车流蔚为壮观。机动车很少，或者说机动车普及率很低的社会，为什么会有严重的交通拥挤堵塞？我们从密度的角度分析。

1. 停车空间需求与供给的矛盾

在机动交通工具（摩托车、小汽车、电动车等各类机械动力车辆）普及前，百姓的交通方式主要是步行或骑自行车。《城市道路设计规范》和《城市道路交通规划设计规范》规定的自行车等非机动车的设计车辆外廓参考尺寸，自行车总长 1.93 米、总宽 0.6 米、总高 2.25 米。城市交通规划设计中为了计算的便利，非机动车以自行车的外廓尺寸为 1，三轮车、板车、畜力车都根据一定系数换算为标准计量单位。我国城市自行车停车场设计

① 谢守红，宁越敏. 广州市人口密度分布及演化模型研究[J]. 数理统计与管理，2006（05）：520.

的单位停车面积计算方法如表 4-9 所示。

表4-9　自行车停车场设计的单位停车面积（平方米/辆）

停放方式		单排一侧停车	单排两侧停车	双排一侧停车	双排两侧停车
斜列式	30°	2.20	2.00	2.00	1.80
	45°	1.84	1.70	1.65	1.51
	60°	1.85	1.73	1.67	1.55
垂直式		2.10	1.98	1.86	1.74

资料来源：建设部城市交通工程技术中心. 城市规划资料集 10：城市交通与城市道路[M]. 北京：中国建筑工业出版社，2007：80.

根据经济适用的原则，我国城市交通规划设计规范中，关于自行车停车场设计参数，每辆自行车停车面积依停放方式而不同，在 1.51－2.20 平方米之间，各种方式综合平均需要 1.82 平方米。

北京市平均每百户家庭拥有自行车的数量高峰，城镇居民家庭是 1996 年 249 辆，农村居民家庭是 1994 年 254 辆。随着交通机动化的发展，此后自行车家庭拥有率下降。2000 年，北京市平均每百户家庭自行车拥有量，城镇居民家庭 230.7 辆，农村居民家庭 220 辆，全市家庭户平均每户人数 2.9 人，即城镇居民人均 0.8 辆自行车，需要停车面积 1.46 平方米。20 世纪 80 年代建成的居住区，如果没有专用的停车空间，大部分人均道路面积不足以停放本住区居民的自行车。按照 1993 年《城市居住区规划设计规范》（简称 1993 年《规范》），在一个由多层和高层住宅楼组成的居住小区，人均居住用地面积取上限为 14 平方米，用地平衡指标道路面积比重也取上限为 13%，则人均道路面积为 1.82 平方米，正好是一辆自行车所需平均停车面积。按照 2000 年北京市城镇居民自行车普及率计算，如果居民家庭自行车全部停放在小区道路上，需要占去道路面积的 80%。

由于我国城市住宅都是集合住宅，没有属于每个住宅独用的停车空间。表 4-9 中的自行车停车面积是公共停车场设计参数，考虑了复数的自行车同时停放时的摆放方式。但需注意的是，作为公共停车场设计标准的自行车停放面积，假设自行车都是紧密排列状态，这是最低标准。现实生活难以按照理论设计运行，平均每辆自行车占地会大于设计数值。

2. 行驶空间需求与供给的矛盾

根据北京市有关部门 1983 年秋季在西城区西长安街街道办事处所做的居民出行试点调查，居民平均出行频率为 2.02 次/人·日，在各类交通方式平均出行次数中,自行车占比最大,为 37.03%。①以西城区为例,1983 年面积为 30.0 平方公里,人口密度为 25473 人/平方公里,道路面积为 316.4 万平方米,自行车密度为 12190.1 辆/平方公里,由此计算得出西城区平均 每平方公里每天有 51455.46 次出行,其中自行车出行量为 19038.52 次。

按照道路工程设计规范的标准,一般自行车设计车速为 11-14 公里/小时,路段每条车道的通行能力为 1500 辆/小时,平面交叉口每条车道规划通行能力为 1000 辆/小时。自行车道路每条车道宽度通常按照 1 米设计,双向行驶的最小宽度为 3.5 米,混有其他非机动车时,单向行驶的最小宽度应为 4.5 米。同向行驶的车队中,前后相邻两车安全行驶的最小车头时距一般采用 4 秒。②北京市西城区平均每平方公里面积内每天有 19038.52 次自行车出行量。假设自行车行驶速度为 12 公里/小时即每秒 3.33 米,前后相邻两车的车头距离是最小安全间距 4 秒,则行驶中的自行车前后两辆的间隔距离(车头至车头)需要 13.32 米,平均一辆自行车安全行驶所需最低面积为 13.32 平方米,那么西城区每平方公里面积内每天需要的自行车行驶面积为 25.36 万平方米,而西城区每平方公里道路面积率只有 10.55 万平方米。可见当时自行车交通对于道路空间的需求与道路供给能力之间的差距巨大,街道上自行车的拥挤堵塞很难避免。

交通拥堵是交通空间需求量超过了道路提供的通行能力产生的结果。道路通行能力与交通工具的数量、结构、行驶速度相关。平均每辆交通工具需要的面积,行驶中大于停泊时,而且行驶速度越快需要的平均面积越大。每条道路设计的通行能力总是有限的,无论是某个交叉口还是某个路段,实际通行能力根据气候、路面质量、汽车质量和司机的技术而千差万别。交通量最大值是个定量,在此前提下,行车速度与车流密度成反比。在城市道路、出行频度和出行结构、机动车保有率和使用率等其他条件相同的情况下,城市人口密度与交通密度成正比。人口密度大则道路交通密度大,行车速度不得不降低,容易产生堵塞。

4.4.2 汽车社会的交通空间需求

因汽车制造技术和工厂管理技术的进步带来汽车价格大幅下降,国民收入提高带来私家车的普及,小汽车代替自行车成为人们日常交通工具。

① 城市规划管理局交通规划处交通组. 北京市居民出行试点调查报告[C]//北京市哲学社会科学规划领导小组办公室. 城市交通问题. 北京,1986:234-236.

② 建设部城市交通工程技术中心. 城市规划资料集 10:城市交通与城市道路[M]. 北京:中国建筑工业出版社,2007:66-67.

学界把平均每百户家庭汽车拥有量 20 辆称作汽车社会。汽车社会发展使人均交通空间需求增大，本来可以舒适生活的城市空间，随着私家车数量不断增加，显得日益拥挤局促。日本等国家的城市通过中心城区人口密度下降维持了交通空间的供需平衡。我国城市建成区人口密度较高，乘用车快速普及后，城市居住密度没有相应地改变（降低），导致人均交通空间需求与供给的矛盾，即严重的交通拥堵。

按照我国城市停车场（库）规划设计的指标，机动车停车面积：轿车25.2－34.7 平方米、公共汽（电）车 62.9－92.0 平方米，因停放方式而异。北京市 2015 年末常住人口 2170.5 万人，机动车保有量 561.9 万辆，其中私人小客车保有量为 424.3 万辆，① 小客车普及率为 195.5 辆/千人。仅私人小客车需要停车面积平均以 30 平方米/辆计，则北京市需要的人均停车面积为 5.9 平方米。根据 1993 年《规范》的指标，各类居住区的人均居住用地、用地平衡中道路用地比重均取上限，则人均道路面积如表 4-10 所示。

表 4-10　1993 年《规范》居住区人均道路面积表（单位：平方米）

居住规模	层数	大城市		中等城市		小城市	
		人均用地	人均道路面积	人均用地	人均道路面积	人均用地	人均道路面积
居住区	多层	21	3.15	22	3.3	25	3.75
	多层、中高层	18	2.7	20	3.0	20	3.0
	多、中高、高层	17	2.55	17	2.55	17	2.55
	多层、高层	16	2.4	16	2.4	16	2.4
小区	低层	25	3.25	25	3.25	30	3.9
	多层	19	2.47	20	2.6	22	2.86
	多层、中高层	18	2.34	20	2.6	20	2.6
	中高层	14	1.82	15	1.95	15	1.95
	多层、高层	14	1.82	15	1.95	—	
	高层	12	1.56	13	1.69	—	
组团	低层	20	2.4	23	2.76	25	3.0
	多层	15	1.8	16	1.92	20	2.4
	多层、中高层	15	1.8	15	1.8	15	1.8
	中高层	14	1.68	14	1.68	15	1.8
	多层、高层	13	1.56	13	1.56	—	
	高层	10	1.2	10	1.2	—	

资料来源：1993 年《城市居住区规划设计规范》。

---

① 北京交通发展研究院. 2016 年北京市交通发展年度报告[R]. 北京，2017：2.

由表 4-10 可见，按照 1993 年《规范》建设的居住区内人均道路面积，大城市 1.2－3.25 平方米、中等城市 1.2－3.3 平方米、小城市 1.9－3.9 平方米。在北京市 2015 年私家车普及率水平下，按照这个规范设计建设的居住区内道路全部用来停放车辆也根本无法容纳，因此普遍出现在居住区外城市道路上占道停车现象。

当居住区内道路面积的 50% 用于停车并且私家车都是小型客车、全部停放于居住区内的时候，以平均占地面积 30 平方米/辆计算，按照 1993 年《规范》居住区可以允许的私家车普及率如表 4-11 所示。

表 4-11　1993 年《规范》居住区人均道路面积与私家车普及率上限

居住规模	层数	大城市		中等城市		小城市	
		人均道路面积（平方米）	私家车普及率（辆/千人）	人均道路面积（平方米）	私家车普及率（辆/千人）	人均道路面积（平方米）	私家车普及率（辆/千人）
居住区	多层	3.15	52.5	3.3	55	3.75	62.5
	多层、中高层	2.7	45	3.0	50	3.0	50
	多、中高、高层	2.55	42.5	2.55	42.5	2.55	42.5
	多层、高层	2.4	40	2.4	40	2.4	40
小区	低层	3.25	54.2	3.25	54.2	3.9	65
	多层	2.47	41.2	2.6	43.3	2.86	47.7
	多层、中高层	2.34	39	2.6	43.3	2.6	43.3
	中高层	1.82	30.3	1.95	32.5	1.95	32.5
	多层、高层	1.82	30.3	1.95	32.5	—	—
	高层	1.56	26	1.69	28.2	—	—
组团	低层	2.4	40	2.76	46	3.0	50
	多层	1.8	30	1.92	32	2.4	40
	多层、中高层	1.8	30	1.8	30	1.8	30
	中高层	1.68	28	1.68	28	1.8	30
	多层、高层	1.56	26	1.56	26	—	—
	高层	1.2	20	1.2	20	—	—

按照 1993 年《规范》设计居住区，在人均用地面积、道路用地比重都取指标上限的情况下，居住区内能够容纳的私家车最大比率是每千人 62.5 辆，以平均每个家庭 3.2 人计，合百户家庭 20 辆，这恰好是"汽车社会"的最低门槛。事实上居住区建设中人均居住用地平衡表中道路用地比

重很少取上限，人均道路面积无法达到这么大，即小区无法满足 62.5 辆/千人小客车的停放需求。而且，北京市 2015 年末 195.5 辆/千人是私家小客车，而道路行驶的有各种机动车，机动车的普及率为 259 辆/千人。城市规划建议的包括绿化、出入口通道、附属管理设施用地的停车场用地指标是小汽车 30－50 平方米、大型车辆 70－100 平方米。①因此实际需要的人均停车面积远不止 5.9 平方米。出于节省用地的考虑，1993 年《规范》指标保持了较高居住密度，使人均道路面积过低，与现实居民对于交通空间的需求存在尖锐的矛盾。而且，居民使用交通工具，无论自行车还是机动车，需要停放空间，也需要行驶空间。停放空间不止于居住区，职场、商场、体育馆、旅游景点等都需要，1988 年公安部、住建部颁布了《停车场规划设计规则（试行）》，随着经济与社会形势的变化，各个城市也制定过停车场建设标准，但是总体来看，与日新月异的社会需求相比，20 世纪 90 年代的规范和标准，即使 2000 以后修订过的标准，包括停车场在内的交通空间供给标准总是滞后，因此产生各种现实的交通问题。

4.5 小结与对策：治堵须以解决过密为核心

过密是指过度密集。密集是城市的基本特征，城市是建筑密集、人口密集的地方。密集有显著的利益，但如果密集超过合理的度，就导致各种问题，交通拥堵拥挤就是过密的必然结果。

国土平均人口密度，日本比中国高得多，是中国的 2.38 倍。城市常住人口密度中国普遍高于日本，大致是日本城市的 3 倍。假设中日两国汽车普及率、汽车使用频率、城市道路面积率和路网密度等条件一致，中国城市道路上汽车的密度也将是日本的 3 倍左右，自然更容易拥堵。因为密集是拥堵的必要条件，要减少或缓解拥堵，首先要降低城市人口密度。迄今为止，关于交通拥堵原因的观点众多，拥堵治理方案也是百家争鸣，但是把拥堵治理与城市人口密度联系起来的比较罕见。这可能正是城市交通拥堵持续、全力解决拥堵却始终没有根本解决的根源。

可喜的是，关于中国城市过密的问题，已经受到政府部门的关注，并且被纳入国家中长期发展战略中思考。习近平总书记 2020 年 4 月 10 日在中央财经委员会第七次会议上的讲话，关于"完善城市化战略"中指出，

---

① 吴志强，李德华. 城市规划原理：第四版[M]. 北京：中国建筑工业出版社，2010：374.

"长期来看，全国城市都要根据实际合理控制人口密度，大城市人口平均密度要有控制标准"。[①]北京市 2020 年 2 月提出，在疏解北京非首都功能时，要切实把人口密度、建筑密度、商业密度、旅游密度这"四个密度"降下来。2013 年至 2017 年北京市中心城区人口密度已经开始有所下降，东、西城区构成的首都功能核心区人口密度降低了 6.4%，朝阳、海淀、丰台、石景山四区的人口密度也都有不同程度的下降。[②]其实，交通拥堵在各类城市普遍存在，暂且不谈城市人口过密对其他方面的不利影响，仅仅为了治理交通拥堵，必须改变城市人口过密的状态。需要降低密度的不仅仅是北京，各地大中小城市，都需要降低人口密度。至于究竟多大的密度合适，则是另外一个需要专门研究的课题。

交通拥堵是复数的人或车等交通工具在相同时间、相同地点过度密集的结果。生产劳动的协作需要人们作息时间一致，因此错峰出行、错时工作等，通过改变人们时间上的一致性作为拥堵治理对策难以大规模推行，因此缓解拥堵只宜从解决场所的同一性入手，即改变人们空间集聚方式、减少集聚密度，这是减少交通拥堵的可行途径。

① 习近平. 国家中长期经济社会发展战略若干重大问题[J]. 求是，2020（11）：4-7.
② 北京要求降低核心区人口、商业等"四个密度"［N］. 新京报，2020-02-23.

第5章　住宅形态、住区密度和规模对交通的影响

居住区是构成城市空间的主要部分之一，也是主要城市交通源，其结构和规模对交通影响甚巨。我国城市居住形态与国外显著不同，住宅建设集中，人均用地控制和集中连片开发形成住宅集合化、高密度、住区大型化，这是导致交通拥堵的重要因素。

5.1　集合住宅的中国城市

住房作为人类生活必需品，其生产、交易、使用、继承，在现代世界早已不纯粹是私人事务，尤其在城市，住房相关事业不仅与经济直接相关，而且成为社会问题，是政府公共事务管理工作的重要内容之一。把集合住宅作为城市标准住宅，可谓城市化的中国特色，对城市交通有重要影响。

5.1.1　住宅的分类

我国城市住宅类型，在住户调查中分为单栋住宅（或称别墅）、普通楼房、单元房、平房及其他。其中普通楼房是指仅有房间与公共走廊，无家庭专用厨房、餐厅、厕所等的居民楼。单元房是指住宅建筑中有卧室、餐厅、厨房、厕所等分区功能比较完备的居住单元。

集合住宅是学术名词，我国社会生活中人们通常称作公寓。住宅研究主要在建筑工程和房地产开发，住宅的分类、定义似乎缺乏充分的研究。就公寓概念来说，汉字"寓"首先是寄居的意思，《晋书·谢安传》说谢安曾"寓居会稽"。寓居房屋一般是租赁的或者借用的，从房屋产权来说不是居住者本人的，从居住时间上说一般是有限时间，临时的、非永久的意思，可以与永居一词相对。"公寓"从字面上说是供租住的公共住房。各种公私机构提供给职员居住的房屋，例如学校、企业的宿舍等，都属于公寓。中国城市住房曾经有段时间基本是公有制，市民交纳低廉的房租就

可以居住，私人没有所有权，把这种公房称作公寓是名副其实的。改革开放以后推进城市住房制度改革，现今存量住宅中产权私有的占了绝大部分，还称作公寓似乎不太合适。住房制度已经发生了根本性变化，但是学界似乎并没有创造出能够表达新事物的新概念。民间乃至政府统计部门，依然称作"公寓"。当代中国城市的集合住宅，从每套住宅讲，房屋产权是私有的，但从一栋完整建筑讲，又是几户或几十户居民共有的。像楼梯、屋顶、道路等，每户都支付了一定的代价，因此作为共用部位在房屋交易时称为"公用面积"或"公摊面积"。从这个意义上讲，在没有更确切的名词被提出并获得公认之前，继续称作公寓也没有多大违和感。作为城市住宅的主要形式，集合住宅在当今城市化时代对社会影响很大，是公共管理的对象之一。

　　日本对住宅的分类，不同学科、不同场合有不同方法。根据建筑风格分为和风住宅、洋风住宅、欧风住宅等几类。按照所有权关系分为"持家"（自有住宅）和"贷家"或"赁贷住宅"（出租住宅）之别。住宅统计上一般根据建筑结构方法，分为"一户建""长屋""共同住宅""其他"。"一户建"是一栋一户的独户住宅。"长屋"是日本传统的城市住宅形式，是两户及以上住宅并立连结为一栋，相邻住宅共用山墙，各户有分别通向外部的出入口。长屋有平房，也有二层全五层的低层楼房。"共同住宅"是指复数的住宅，共用走廊、楼梯等，两家以上的住宅重叠建成的房屋；楼下商店、二层及以上有两户的住宅也作为共同住宅。"其他"是指工厂、事务所中用于居住的非住宅建筑物，包括公司和学校的宿舍、医院和疗养所、宾馆、旅店、临时应急房屋等。日本学界一般把法规上的共同住宅、长屋这类"复数的家庭居住于一栋建筑物中的住宅形态"统称为集合住宅。集合住宅是相对于独户住宅而言，一栋住宅建筑中包括二套以上的住宅、生活着复数的家庭，邻居之间的距离压缩至极限，部分共用山墙、屋顶、楼梯或走廊，各户有独用的通向外部的出入口（即一套房屋只住一户）。集合住宅近代以前罕见，随着以机器生产为特征的大工业的发展而首先作为工人宿舍在工厂、矿山出现，因人口向城市的集中，集合住宅逐步在近代城市多起来。集合住宅带来的人口密集有节约土地和建材等资源、提高公共设施效率的长处，比较受房地产投资者、开发商青睐，因此成为城市住宅的典型形式。在有些国家的城市中甚至占据了住宅的主体地位。

5.1.2 集合化的中国城市住宅

在国际比较中，中国城市住宅呈现出与众不同的面貌。

据统计，2009 年我国城镇存量住宅总数中，单栋独户住宅占 3.5%，平房及其他占 7.2%，单元房占 84.1%，普通楼房占 5.2%。[①]单元房、普通楼房、学生宿舍、工厂矿山等职员宿舍，相对于一户一栋的住宅来说，都属于集合住宅。单元房和普通楼房合计占住宅总量的比例，全国城镇平均为 89.3%。在 35 个大中城市存量住宅中，单栋住宅、单元房、普通楼房、平房及其他所占比例分别是 1.0%、93.4%、3.8% 和 1.8%，合计集合住宅占总量的 97.2%。集合住宅在住宅总数占绝大多数。

几户、几十户人家共同居住在一栋建筑内的集合住宅，除了福建的土楼外，在我国传统建筑、传统住宅形式中比较罕见，近代以来首先在沿海城市的外国租界地出现，在城市住宅总数中只占极小部分，因长期处于外忧内患中，工业化、城市化发展缓慢，集合住宅建设也极少。中华人民共和国成立后，为适应工业化的发展，一些重要工业城市、矿山兴建了一批工人新村。工人新村有些是两三层的楼房，有些是平房，建筑标准较低，居住密度很高。总体上讲直到改革开放之前，城市里人口急剧增多而住房建设很少，极度供不应求。改革开放以来随着经济发展，城乡面貌发生巨大改变，尤其是 20 世纪 90 年代末开始的住房制度改革，在城市改造中，拆旧建新的房地产业蓬勃发展。城市住宅建设中，为了节省土地，起初平房变楼房，21 世纪以来高层住宅在各个大中城市涌现。集合住宅在城市住宅总数中的比重越来越大。2010 年上海市 5.264 亿平方米住宅总面积中，带有独立院子的"花园住宅"仅占 3.92%。北京市 2018 年全市城镇居民家庭居住形式中，单栋楼房占 2.5%，单栋平房占 8.8%，四居室及以上单元房占 0.9%，三居室单元房占 22.4%，两居室单元房占 50.7%，一居室单元房占 9.8%，筒子楼或连片平房占 4.8%，合计单栋楼房和单栋平房占 11.3%，其余都是集合住宅。因此，我国城市住宅已经集合化了，而且在当前城镇化、新农村建设中，许多地方正在推进农民居住集中化，就是把独户住宅拆除，让农民住入集合住宅楼。

我国城市规划、城市居住区规划设计原则和方法诞生于计划经济时期，体现了那个时代的特点。曾长期影响我国城市规划的 1956 年《城市规划编制暂行办法》规定了单套住宅面积、居住区建筑密度、人口密度、用

① 刘琳等. 我国城镇居民住房问题研究[M]. 北京：中国计划出版社，2011：40-41.

地定额等一套指标。这种计划安排定额指标布置空间元素的做法为 1973 年的《城市规划居住区用地控制指标》、1980 年的《城市规划编制审批暂行办法》《城市规划定额指标暂行规定》因袭。①改革开放以后政府开始重视城市住宅建设，为了规范居住区的规划设计，主要是为防止过多占用土地，住建部会同有关部门共同制定的《城市居住区规划设计规范》1993 年 7 月 16 日发布，1994 年 2 月 1 日起施行。作为居住区规划设计的国家标准，此后经过了若干次局部修改。正是这些规划设计标准，加上资本追逐利益的动机，形成大型住宅楼。

5.1.3　美国、日本的城市住宅形态

美国把住宅定义为在特定的一块土地上建造的长久性的建筑物及其服务，是一个或多个家庭居住的场所。住宅由三个基本的产品包及其服务构成：（1）建筑构架部分（即我国建筑界常称的住宅单体），为家庭日常生活提供遮风避雨的空间；（2）地块，为固定附着在其上的住宅单体提供室外环境，包括车库、停车场、车道、人行道、天井、阳台、游泳池、网球场及其他娱乐场所和设施；（3）社区服务（街坊邻居），提供公共便利和社区服务。美国的住房不仅包括单个的住宅，还包括住宅的室外环境和配套设施，以及社区服务。

美国住宅形式有高层住宅、中高层住宅（主要形式是租赁公寓和产权公寓）、联排式多层住宅（两户联立或四户联立）、联立式低层住宅、独户住宅等。根据统计数据，2001 年美国总计有 1.19 亿套住宅，平均每 2.4 人拥有一套，人均住房面积 60 多平方米。住宅总数中独户住宅占 76.8%，7 层及 7 层以上的集合住宅只占 1.8%，其余为联立式低层住宅、联排式多层住宅、一栋内 2－4 套房屋的集合住宅。美国人普遍认同的标准是，如果一套住宅中平均每个房间的使用者超过 1 人就算拥挤。②

根据日本 2008 年内阁府总务省的《住宅·土地统计调查》和国土交通省住宅局《住生活综合调查》数据，日本共有 4997.31 万个家庭、5758.6 万套住宅。日本全国共有住宅建筑 3302.51 万栋，其中独户住宅 3012.78 万栋，占总数的 91.23%。独户住宅占住宅建筑数量的绝大多数，这在大都市圈也不例外。在三大都市圈，独户住宅在住宅建筑总数中所占比重，关东大都市圈为 86.9%，中京大都市圈为 91.5%，近畿大都市圈均为 90.8%。

① 董鉴泓. 中国城市建设史：第三版[M]. 北京：中国建筑工业出版社，2004：407-408.
② 刘美霞. 中美住宅形式对比研究[J]. 中国建设信息，2004（10）：41-42.

在东京都总共 593.99 万栋住宅建筑中，独栋住宅为 168.65 万栋，占 28.4%；长屋为 9.37 万栋，占 1.58%；共同住宅为 413.49 万栋，占 69.6%。东京都中心城区的 23 区，在总数 308.26 万栋共同住宅（集合住宅）中，1—2 层占 21.1%，3—5 层占 37.5%，6 层以上占 41.4%，即集合住宅多半是 5 层以下的楼房。①

根据住宅建筑的类型分，一家一栋的独户住宅在美国、日本住宅建筑总数中占大多数，日本独户住宅的比重比美国还高。非独户住宅，即两套以上住宅构成一栋建筑的集合住宅，在美国每栋集合住宅的住宅数量较少，如两户一栋或四户一栋，联立式低层的较多，几十户甚至超过 100 户集聚一栋的住宅楼比重很小。日本虽然土地资源与美国无法相比，但住房形式也是以独户住宅为主。美国城市住宅有很多是平房，日本以两层小楼为主。日本城市的集合住宅，每栋建筑规模也不大，东京都区部集合住宅中 5 层以下的占 58.6%。美国和日本的城市居住形式，以独户住宅为主，从交通影响看，起点、终点分散，即使集合住宅也规模不大，人们在空间上的集聚规模很小，不容易产生交通拥堵。

5.2 居住密度

居住区与交通拥堵的关联主要表现在两个方面，一是居住区密度，二是居住区规模。大型居住区因就业岗位不足，容易成为"睡城"。居住地点与就业地点的空间远隔产生交通流量，这点已经为学界认识并且提出"职住混合"或称"职住平衡"方案，以缓解交通拥堵。现有的居住区是在不同时期、不同经济社会条件下陆续建成的，居住区人口密度反映不同历史阶段的观念和技术手段。

5.2.1　20 世纪 70 年代居住区密度

城市空间形态是在历史发展过程中产生的。最近 20 年是我国城市空间形态变化最快的时期，但现存建筑、住区是各个时期逐步积累起来的，以前规划建设的住区依然在发挥作用，不能忽视其存在。

我国的城市住宅建设，以节约用地、节省建设成本为第一原则，尽可能在有限的土地面积上安置更多的居民。因此各个城市的居住区，成排楼

---

① 総務省. 平成 20 年住宅・土地統計調査報告[R].

房之间的距离达到了技术标准范围内的最小。我们考察了在中国城市住宅存量中占据主体地位的 20 世纪 70 年代以来建设的住宅区的密度情况，如表 5-1 所示。

表 5-1 20 世纪 70 年代城市居住区密度指标

类别	居住区名	人口总数（人）	生活居住用地面积（公顷）	居住用地占比·(%)	平均层数	居住区人口密度（人/公顷）	人口净密度（人/公顷）
独立工人村	安徽铜陵新桥新村	5954	10.03	48.7	3.95	594	1220
市郊居住区	北京石化总厂迎风新村一区	3500	5.35	58.9	5.2	654	1111
市区居住区	北京市劲松居住区	25568	27.30	62.1	7.5	937	1509
旧居住区改建	上海市新肇周路 991 弄	4148	2.24	84.9	5.8	1852	2183
	桂林市滨江北路住宅组	1278	0.98	77.6	6.09	1304	1682
	北京市前三门大街	32500	—	—	11.28	—	3057

资料来源：国家城市建设总局城市规划设计研究所. 城镇居住区规划实例 2[M]. 北京：中国建筑工业出版社，1981：316.

表 5-1 中，概念名称、计量单位等保留了 20 世纪 70 年代的用法，以便读者了解我国建筑学的历史演变。其中"生活居住用地"现在称为"居住区用地"，当时由居住用地、公建用地、道路用地、绿化用地四类构成。"居住用地"现在称为"住宅用地"，1993 年《规范》定义为"住宅建筑基底占地及其四周合理间距内的用地（含宅间绿地和宅间小路等）的总称"。以生活居住用地为单位计算的人口密度叫作"毛密度"，以居住用地为单位计算的人口密度叫作"净密度"。由表 5-1 数据可见，居住区人口密度（毛密度）少者如安徽铜陵的新桥新村 594 人/公顷，多者如上海市新肇周路 991 弄达 1852 人/公顷，差异悬殊。安徽铜陵新桥新村属于独立工人村，与我们讨论的城市居住区不完全一致。从市区居住区看，北京市劲松居住区毛密度达到 937 人/公顷，桂林市滨江北路住宅组达到 1304 人/公顷。从净密度看，无论是独立工人村、市郊居住区还是市区居住区，均在每公顷千人以上。北京市劲松居住区达到 1509 人/公顷，前三门大街达到 3057 人/公顷。

20 世纪 70 年代后期至 80 年代初，北京开始普遍建设高层住宅楼。这一时期规划建设的居住区密度参考表 5-2 数据。

表 5-2　北京市 1976 年后部分住区人口密度一览表

住区名称	用地（公顷）	住宅平均层数（层）	每人公共绿地面积（平方米）	人口毛密度（人/公顷）	规划年份（年）
团结湖（一期）	24.66	6.9	0	862	1976
团结湖（二期）	15.14	6.53	0	833	1977
文慧园	10.98	5.24	0.62	697	1978
刘家窑	23.65	6.96	0.63	819	
左家庄	43.88	8.2	1.16	729	1979
蒲黄榆北	12.20	8.5	1.32	950	
莲花河	33.00	8.8	1.29	655	
樱花园	9.36	7.9	0.38	815	1981
黄庄南	12.93	9.9	1.01	907	

资料来源：北京市规划委员会，北京市城市规划设计研究院编志办公室.《北京城市规划志》资料稿[C]. 北京，2004：253.

由表 5-2 数据可见，20 世纪 70 年代后期至 80 年代初，北京建设的居住区人口毛密度低者（莲花河小区）655 人/公顷，高者（蒲黄榆北小区）950 人/公顷。

5.2.2　20 世纪 90 年代以后住区人口密度

尽管我国各城市发展速度不同，总体上大规模的城市改造和建设是 20 世纪 90 年代以后开始的，各类经济技术开发区建设在先，住房制度改革后房地产业蓬勃发展，城市面貌日新月异。

北京市建委和规划局曾在 1982 年做出规定，居住区毛密度控制在每公顷 600－800 人，城区、近郊区、小区取上限，居住区、远郊取下限。根据 1993 年《规范》计算出的居住区人口密度，在大城市，不计低层住区，每公顷土地居住人数最低为 476 人，最高为 1429 人。多层混合型居住区为每公顷 714－909 人。从实际情况看，北京 90 年代开始建设的居住区，如东方雅苑、融泽府、星河湾、沿海·赛洛城等，人口毛密度为 580－755 人/公顷。1990－2010 年前我国若干城市规划建设的居住区用地、户数、住区人口密度等指标如表 5-3 所示。

表 5-3　20 世纪 90 年代以后若干城市住区规划指标一览表

住区名称	规划用地面积（平方米）	总建筑面积（平方米）	容积率	总户数（户）	建筑密度（%）	住区密度（人/公顷）
北京　东方雅苑	50583.079	204570	2.75	1193	21.74	815.8
北京　沿海·赛洛城	250981	863700	2.64	4983		686.9
成都　融创·蓝谷地	70905	177079	2.0	1100	22.7	536.1
东莞　理想	328998	493488	1.5	6503	20	683.9
合肥　国建·香榭水都	96992	176698	1.882	4398	28.1	1568.8
上海　雅洲花园	223645	322824	1.14	1974	20.90	304.9
石家庄　顺驰·蓝郡	196000	369696	1.65	1631	26	287.9
武汉　光谷坐标城	291400	390500	1.34	2600		308.7
西安　紫薇馨苑	194000	560100	2.88	5069	27	904.1
郑州　中义阿卡迪亚	119565	233399	1.75	1360	25.5	393.6

资料来源：武勇，刘丽，刘华领. 居住区规划设计指南及实例评析[M]. 北京：机械工业出版社，2009：189-282.

表 5-3 所列我国北京等城市新建住区的规划设计主要指标，时间为 1990—2007 年。住区案例的选取是随机的，根据原来数据的完整程度，主要是有户数指标。根据 2000 年我国第五次人口普查，我国家庭户的平均规模为 3.46 人。土地面积按照规划用地面积计，居民数量按照设计户数乘以 3.46，算得表中各住区人口密度，见表 5-3 最右列。按照平均每公顷居民人数看，最低是石家庄蓝郡 288 人，最高是合肥香榭水都达到 1569 人，差别甚大，密度 500 人/公顷以上的住区占多数。

北京市西城区白纸坊街道 2010—2013 年各社区人口密度如表 5-4 所示。

表 5-4　北京市西城区白纸坊街道各社区面积、人口与密度表

社区名称	面积（公顷）	常住人口数（人）	人口密度（人/公顷）
平原里	33	14875	451
建功北里	7.3	8130	1114
樱桃园	25	7626	305
菜园街	4	7962	1991
里人街	10.5	5500	524

续表

社区名称	面积（公顷）	常住人口数（人）	人口密度（人/公顷）
双槐里	4.2	5779	1376
新安中里	15	6789	453
半步桥	12	6487	541
清芷园	17	15792	929
右北大街	30	3960	132

资料来源：北京市西城区人民政府白纸坊街道办事处[EB/OL]．http://bzf.bjxch.gov.cn/index.ycs. 社区信息发布时间为2010—2013年，部分社区信息缺乏。

由表 5-4 可见，北京西城区白纸坊街道的社区人口密度，大多数在 450 人/公顷以上。其中，建功北里社区为 1114 人/公顷，双槐里社区为 1376 人/公顷，菜园街社区高达 1991 人/公顷。这里以白纸坊街道为例子是随机的，事实上这个街道的居住密度并不特殊，同时的东城区和平里街道二区社区 15 公顷面积内常住居民为 16559 人，人口密度达 1104 人/公顷。[①]在中国其他城市，还有密度更大的社区也未可知。我国 1993 年《规范》规定的人口密度参考值为 270 人/公顷，事实上超过该数值的住区占多数。

5.2.3 住区密度的中外比较

国外计算居住密度的方法与我国略有不同，通常按照每间居室的人口数，或者按照每公顷土地上的住宅单位（栋、套）计算。例如英国居住区的密度，1924 年住宅法提倡的是每公顷土地上 20—30 户。首都伦敦 18 世纪工业革命以后吸引大量产业和人口涌入，19 世纪人口增加很快，由市区向郊外蔓延，地价上涨带动房租高昂，工人阶级支付得起的住宅严重不足，大量工人拥挤在贫民窟，居住过密带来一系列问题。20 世纪 30 年代伦敦各种矛盾激化，政府在 1940 年《巴罗报告》（Barlow Report）中提出疏散伦敦工业和人口的计划。1943—1947 年相继制定了伦敦市（City of London）、伦敦郡（County of London）和大伦敦（Greater London）的整顿计划，主要目标是从中心市区迁出 41.5 万人，把中心区居住用地净密度降低至每公顷 190—250 人，近郊居住用地净密度不超过每公顷 125 人。1947 年开始规划，1952 年开始建设的距离伦敦 37 公里的哈罗（Harlow）新城，城市用地 2560 公顷，规划人口 8 万人，居住用地净密度 125—175 人/公

① http://www.bjdch.gov.cn/n5687274/n5723974/n8842346/8856863.html.

顷。①1962 年住宅和地方政府部（MoHLG）提倡的城市住区密度是每公顷土地上住宅（指 house，独户住宅）30－75 户、公寓 115 户以下。1999 年布莱尔政府顾问机构"城市课题研究小组"提倡的是每公顷 35－40 户。2000 年政府《规划政策指南·住宅》中推荐采用的最低户数密度是每公顷 30－50 户。②在世界各国城市住区规划建设中影响深远的"邻里单位"住区规划原则中，一个住区的居民总数是与一所合理规模的小学相适应，即3000－5000 人，占地约 160 英亩（1 英亩≈0.404 公顷），③折合居民密度约为 46.3－77.2 人/公顷。

对于居住密度"高"或"低"的评价，不同国家、不同人的认识并不一致，中等住宅密度在南非是每公顷 40－100 个住宅单位，在新西兰是 30－66 个住宅单位。④以平均每个住宅单位居住 3 人计，把居住区的住宅密度换算成人口密度，英国是 90－150 人/公顷，为政府提倡的低限，南非把120－300 人/公顷、新西兰把 90－178 人/公顷视作中等密度。每公顷土地住宅栋数英国多于 60 栋、美国多于 110 栋就被认为是高密度开发。按照纽约每套住宅 1.7 人的平均数折算成人口，每公顷土地上英国 102 人、美国187 人就被认作高密度。一般说来，到达交通站点的最长步行时间大约是10 分钟即 800 米的距离，因此一个交通站点服务其周边半径约 800 米的范围。根据研究，在美国，达到开通每小时一辆公共汽车的人口密度标准，在建成区是 21 人/公顷，在居住区为 30 人/公顷。如果要达到每小时两辆公共汽车，则需要的最低人口密度标准在建成区是 31 人/公顷，在居住区是 44 人/公顷。开通轻轨的密度要求是，在建成区至少达到 37 人/公顷，在居住区至少达到 53 人/公顷。美国都市区人口密度很少达到开通公交的最低标准，⑤即建成区人口密度大部分在 21 人/公顷以下，居住区人口密度大部分在 30 人/公顷以下。

我国20世纪六七十年代建设的居住区，净密度没有低于1000 人/公顷。市郊居住区，例如北京石化总厂迎风新村一区为 1111 人/公顷，广州黄浦新港生活区为 1433 人/公顷；市区居住区，例如北京团结湖居住区 1444人/公顷，长沙市朝阳二村 1609 人/公顷，渡口市炳草岗二号街坊 1378

① 罗小未. 外国近现代建筑史[M]. 北京：中国建筑工业出版社，1982：154-156.
② 海道清信. 紧凑型城市的规划与设计[M]. 苏利英，译. 北京：中国建筑工业出版社，2011：68-69.
③ 吴志强，李德华. 城市规划原理：第 4 版[M]. 北京：中国建筑工业出版社，2010：492.
④ 联合国人居署. 致力于绿色经济的城市模式 城市密度杠杆[M]. 周玉斌，应盛，译. 上海：同济大学出版社，2013：25.
⑤ 阿瑟·奥莎莉文. 城市经济学[M]. 周京奎，译. 北京：北京大学出版社，2012：233.

人/公顷；旧居住区改建的，例如上海明园新村 1985 人/公顷，常州市东风新村 2350 人/公顷。①从历史数据比较看，我国城市居住区的人口密度没有多大变化。

以建成区为单元的比较中，我国城市人口密度远大于国外，居住区亦是如此。尽管具体的计量方法和标准可能有差异，但从数据比较来看，中外住区的人口净密度差异悬殊。假设密度的计算方法相同，则北京居住区的人口毛密度约为英国的 4—7 倍、南非的 2—5 倍。居住区人口净密度，北京前三门大街是二战期间伦敦市规划标准上限的 12 倍余。中国无论是大城市还是中小城市，居住密度都比较高。

5.3 独户住宅与集合住宅对交通的影响

我们研究城市人口密度，目的是了解人均可用城市空间资源，主要是交通空间资源及其与交通拥堵的关系。

独户住宅是一个家庭专用的住宅，住宅除了外围墙壁以内的空间为家庭专用的之外，住宅外壁之外的一定范围，也是住宅的一部分，即宅基外围边线向外一定面积，是与室内空间密不可分的专享空间。出入住宅的通路，即住宅大门到公共道路之间的一段路，除了来访客人外，也是家庭专用的路面。这段路面即门径，是由外部公共空间连接到宅门里面的过渡空间，具有半公半私的性质。宅门里面是私人空间，宅门外面是可以行走的公共空间，连接宅门到公共道路的门径，从家庭专用角度看可以说是私人空间，但是门径毕竟在宅门外面，在门径上可以与邻居说话，个人行为可以被公共道路上的过路人看到，又具有公共空间的性质。在独户住宅组成的住区，各户住宅在一个平面上并立，相互之间保持一定距离，每户都有自家单用的门径。各户门径有间隔距离，居民外出或者回来的时候，通过自己的门径，不会产生集聚的问题。

集合住宅又称多户住宅。在中国城市住宅中，以常见的没有电梯、6 层到顶的住宅楼为例，一栋楼大约有 30 多户。如今大城市一些住宅楼，多为高层塔式住宅楼，几百个居住单元在一栋建筑里，相当于把同一地面上并立的独户住宅叠加在一起。仍以一栋 6 层到顶、没有电梯的住宅楼为例，

① 国家城市建设总局城市规划设计研究所. 城镇居住区规划实例 2[M]. 北京：中国建筑工业出版社，1981：316.

一个单元每层两户，6 层共 12 户。楼道就是各户出入住宅的门径，从公共空间进入宅门的最后一段路径。12 个家庭如果都住独户住宅，共有 12 条各家独用的门径，邻居间互相没有交集。现在一个楼道代替了 12 条门径，12 户人家共用一段到达宅门的路径，这段路径可能 10 米或 20 米。由于每人作息时间同一或相近，出入家门时，很容易与人碰面。如果搬运体积较大的物件，在楼梯上会妨碍别人。假设从 1 层到 6 层的楼梯长度是 70 米，则 6 层住户必须与邻居共用 70 米的门径。假设一栋楼有 4 个楼道共 48 户人家，则 48 户在整栋住宅楼前必须共用一段路。一个住宅区 1000 户，共用一个小区出入口。住宅楼、住区规模越大，有限甚至唯一的出入家门的道路的共用者越多，同一时间使用同一空间造成高度集聚，拥堵就不可避免。这就是集合住宅、集合住宅区容易造成拥挤、拥堵的道理。

5.4 大型居住区及其负面交通影响

与外国城市（如东京、纽约等）差异显著而且对城市交通影响显著的，不仅是居住区人口密度高，全部是集合住宅楼，还有城市居住区规模超大。这点在城市规划、管理、研究者中几乎没有受到关注，因此中国各地城市大型居住区越来越多，交通拥堵也如影随形。

5.4.1 北京超级住区——"望天回"

我国各地城市居住区单体规模较大，特别是在一些大城市，其中以北京市的望京、天通苑、回龙观三个从东往西连续分布的超级居住区为典型，本研究把三个住区简称为"望天回"。

在 1993 年《规范》中，城市居住区依人口数量多少设定为"居住区""居住小区"和"组团"三级，对应的居住人口规模分别是居住区 3 万－5 万人、居住小区 0.7 万－1.5 万人、组团 1 千－3 千人。各级居住区不仅有显著的物理特征，例如小区是"被居住区道路或自然分界线所围合"，而且有"与居住人口规模相对应的、能满足该区居民基本的物质与文化生活所需的公共服务设施"。三级划分是满足居民基本生活的三个不同层次的需求，例如小区规模应设一所小学，居住区应有百货商场、门诊所、文化活动中心等。一定的人口规模是为适应配套设施经营的经济性要求，也为与城市行政管理体制相协调，例如 1 千－3 千人与居委会相应、3 万－5 万人与街道办事处相应。1993 年《规范》作为城市规划建设行业的国家标准，既是此后城市居住区规划设计的指南，又是在大量调查研究基础上对于既成事实的认可。1993 年《规范》颁布之前，在不少大城市和工矿区已经建成一批大型居住区。例如 1959－1967 年上海市彭浦新村 3 万人、1958－1969 年马鞍山市雨山居住区 4.5 万人、1976－1978 年北京市前三门大街 3.3 万人。①北京市 1976－1977 年间规划的劲松居住区用地 53.9 公顷，可居住 3 万－5 万人。1982 年规划的五路居居住区用地 85.81 公顷，容纳 6.6 万人。80 年代中期方庄新区规划总建筑面积 278.66 万平方米、居住 8.2 万人。②方庄居住区位于北京市东南二环，是北京第一个整体规划的住宅区域，现有十条主要大街，分芳古园、芳城园、芳群园、芳星园、紫芳园、芳城东里 6 个小区，占地总面积 5.53 平方公里，建筑面积 268 万平方米，居民 6.9 万人，有公交线路 23 条，是配套设施比较齐全的新区。

从 20 世纪 90 年代开始，北京市乃至全国陆续在城市周边建设大型居住区、卫星城等。住房制度改革以后，房地产业发展迅速，大型居住区在全国各城市如雨后春笋般涌现。许多居住区的规模远远超过了 1993 年《规范》设定"居住区"的定义。位于北京东北四环和五环以及京承高速围合区域的望京居住区，90 年代初开始建设，现有常住人口约 30 万人，总建筑面积达 350 万平方米。总规划占地 1600 公顷，总居住人口设计达到 50 万－60 万人，相当于一个标准的中等城市。位于北京市北郊的天通苑是 1999 年开始建设的大型居住区，占地面积 1000 公顷，常住人口 28 万。③有人称天通苑为"中国最大的小区"，或称"亚洲最大的小区"，人口规模超过欧洲的一些城市，建筑面积 490 万平方米，一共有 690 多栋楼，居民约 60 万人，共有 16 个分区，645 栋住宅楼。另一个大型居住区回龙观位于天通苑西、八达岭高速路东侧，始建于 1999 年，规划总建设用地约 1127 公顷，总建筑面积约 850 万平方米，居住人口约 30 万人。现在回龙观和天通苑两个社区并称为"回天"，常住人口约 84 万。天通苑在北京北五环外，周边配套设施比较完善，可以满足居民日常消费。但是，天通苑的交通是令居民和政府头疼的大难题。这么大的一个居住区，进出主路只有一条立汤路，外加旁边两条支路，早晚交通高峰时汽车在道路上如蜗牛

① 国家建委建筑科学研究院城市建设研究所. 城镇居住区规划实例 1[M]. 北京：中国建筑工业出版社，1979；国家城市建设总局城市规划设计研究所. 城镇居住区规划实例 2 [M]. 北京：中国建筑工业出版社，1981：316.

② 北京市规划委员会，北京市城市规划设计研究院编志办公室. 北京城市规划志资料稿. 北京，2004：252.

③ 天通苑："冷热不均"的超级社区[EB/OL]. http://www.bbtnews.com.cn/2016/1129/171260.shtml.

般缓行。一个人口超过 50 万的大型社区，附近只有天通苑、天通苑北、天通苑南三个地铁站。居民反映天通苑的地铁站基本上每天都像是在春运，进出地铁口至少需要半个小时。[①]不仅北京市有超级居住区，贵阳市南明区名为"花果园"的住区，整个小区投资 1000 亿元，共有 26 个片区，由 300 多栋 40 层以上的高楼组成，建筑总面积达 1830 万平方米，常住人口超过 40 万，有时候一天的客流量就达到百万。[②]

一般来说，把总建筑面积大于 50 万平方米的居住区称作大型居住区。北京居住区的规模经历了街坊邻里、居住小区、居住区、大型住区这一演变过程，建设位置也从最初二环边的复外邻里到三环的方庄居住区，20 世纪 90 年代初的城市东郊的望京新城，到 90 年代末位于昌平的回龙观住区。城市边缘大型住区的开发始于 80 年代，经 90 年代的进一步发展，2000 年进入了建设高潮。1949 年后北京的住宅建设，总体特征是占地规模越来越大，住宅层数由低到高，生活服务设施配套逐步完善。50 年代住宅区面积是几公顷、十几公顷，90 年代开始几十公顷、上百公顷乃至几百公顷。"中国地产大盘开发研究中心"对 2004 年单体项目建筑面积排名前 100 位的住宅类大型楼盘统计分析表明，建筑面积在 50 万平方米以上的全国前 100 位大型居住区中，北京大型居住区的数量最多，有 43 个。[③]

5.4.2 大型居住区与交通拥堵的关系

居住区规模大，对于规划、建设、管理部门来说，统一规划、统一管理具有经济合理性。对于开发商而言，大规模的开发可以降低单位成本，提高住宅产品的市场竞争力。服务于居民生活的公用设施、生活配套设施如商业、教育、医疗、公交等，只有居民达到一定数量和密度时才有规模效益。规划部门、行政部门、开发商推动了居住区大型化，但是从居民生活角度看，大型住区的弊端没有得到充分的研究和讨论。

大型居住区一般是在郊区新建，离老城区较远。由于规模巨大，建设只能分期进行，配套设施也是逐步完善。一个大型居住区从开始到建成，少则 5－10 年，多则 10－20 年，这给早期入住的居民造成许多不便，例如

① 中国最大的小区，七百多栋住宅楼，人口规模超过欧洲城市，叹为观止. 千古军史[EB/OL]. https://www.360kuai.com/pc/9d692047ded042afd?cota=4&tj_url=so_rec&sign=360_57c3bbd1&refer_scene=so_1.

② 亚洲"最大小区"诞生：造价 1000 亿元，人口超过 40 万，就在贵州！生活故事营[EB/OL]. https://www.360kuai.com/pc/99c5ac5e764d5e171?cota=4&kuai_so=1&tj_url=so_rec&sign=360_57c3bbd1&refer_scene=so_1.

③ 张群. 回龙观居住区建设现状分析及其问题思考[D]. 北京：北京工业大学，2007：2.

可能有线电视未通、燃气未通、供热没有开始，以及没有公交、没有医院、购物不便、物业管理服务不到位等。

大型居住区不具备城市的完整功能。城市规模不论大小，一般都具备就业、教学、医疗、交通等功能，可以满足市民日常生活的大多数需求。但是我国规划的城市居住区功能比较单一，首先缺少的是就业岗位，居住区只能满足吃饭睡觉，就业岗位集中于市中心，通勤距离较远，大型居住区数万人甚至数十万人每日往返于市区与居住区，在相同或相近的时间上班、下班，造成潮汐交通流，在私家车越来越多的现代社会，必然造成交通拥堵。北京快速环线交通流量、拥堵状况明显反映了居住区规模、布局对于城市交通的影响。调查显示，北京中心城区连接望京、天通苑等大型居住区道路上的交通流量高于其他方向（见表 5-5）。连接天通苑居住区与中心城区的南北向干道立汤路被称作北京拥堵最严重的道路。

2010 年，北京市东侧环线交通流量与西侧环线相比较，除了东四环线高峰小时流量小于西四环线外，各环路段全天、高峰期平均流量都大于西侧环路。东四环、东五环全天流量显著高于西四环、西五环，特别是东二环的高峰小时交通量是西二环的两倍多。北侧环线交通流量都高于南侧环线，尤其是三环线、四环线。

表 5-5　2010 年北京快速环线交通量比较表

路段	路段平均流量（辆）		路段	路段平均流量（辆）		东环：西环	
	全天	高峰小时		全天	高峰小时	全天	高峰小时
东二环	218450	21841	西二环	207808	10829	1.05	2.02
东三环	262655	16763	西三环	226858	13567	1.16	1.24
东四环	278391	16942	西四环	220933	18382	1.26	0.92
东五环	198269	12000	西五环	143387	10975	1.38	1.09
合计	957765	67546	合计	798986	53753		
						北环：南环	
						全天	高峰小时
南二环	167886	11670	北二环	206953	11643	1.23	1.00
南三环	202605	12856	北三环	237179	16163	1.17	1.26
南四环	237019	12886	北四环	346995	19792	1.46	1.54
南五环	172628	8046	北五环	197497	11938	1.14	1.48
合计	780138	45458	合计	988624	59536		

注：作者根据《2011 年北京市交通发展年度报告》表 7-1 "2010 年道路核查线交通流量数据" 计算编制。

2015 年，路段交通流量在东西环线的差距缩小了，四环、五环东侧流量小于西侧，南北环线的交通量差距也有所缩小，如表 5-6 所示，比起 2010 年，路段平均全天流量东、南、北环线有所减少，但是高峰时段交通流量却大幅上升，西侧环线、南侧环线都增加了约 1 倍，东侧环线、北侧环线分别增加了 65%、86%。北京环线道路上全天交通流量的减少应与轨道交通、共享汽车等的发展相关，[①]高峰时段交通流量的上升表明通勤、通学为主的本地居民的交通量增大，而且在全部交通量中占比增加。在高峰时段东四环、东三环、东二环、西四环、北四环流量较大，早高峰时段（点）超过 3 万辆标准车。这是较 2014 年交通量有程度不等的下降后的数据。根据《2016 年北京市交通发展年度报告》，全日交通量较上年降幅分别为东二环 2.7%、东三环 7.0%、东四环 28.1%、东五环 4.6%、北二环 1.8%、北三环 11.7%、北四环 12.2%、北五环 12.5%，其中降幅最大的为东四环、南三环、北四环、北五环。正是由于中心城区东北方、北方存在望京、天通苑、回龙观几个超大型居住区，才造成城市主干道的东侧、北侧环线交通量特别大、拥堵特别严重的现象。

表 5-6　2015 年北京快速环线交通流量比较表

路段	路段平均流量（标准车）		路段	路段平均流量（标准车）		东环：西环	
	全天	高峰时段（7—9 点）		全天	高峰小时（7—9 点）	全天	高峰时段
东二环	228863	30389	西二环	216498	28775	1.06	1.06
东三环	242967	30203	西三环	216168	27034	1.12	1.12
东四环	248012	30463	西四环	283561	34484	0.87	0.88
东五环	164305	20435	西五环	167537	21415	0.98	0.95
合计	884147	111490		883764	111708		
与 2010 年比	0.92	1.65		1.11	2.08		
						北环：南环	
						全天	高峰时段
南二环	176032	23066	北二环	198325	24745	1.13	1.07
南三环	187949	21615	北三环	209494	26805	1.11	1.24
南四环	245664	27222	北四环	249214	32465	1.01	1.19
南五环	156315	17214	北五环	190345	24127	1.22	1.40
合计	765960	89117		847378	108142		
与 2010 年比	0.98	1.96		0.86	1.82		

注：作者根据《2016 年北京市交通发展年度报告》表 7-2 "2015 年道路核查线交通流量数据"计算编制。

---

① 2010—2015 年北京市轨道交通继续大幅度增长，运营线路从 14 条增加到 18 条，运营里程从 336 千米增加到 554 千米，运营车辆从 2463 辆增加到 5024 辆，客运量从 18.46 亿人次增加到 33.2 亿人次。

天通苑、回龙观从开始建设至今已经 20 多年，配套设施依然不全。住区缺少就业岗位、娱乐社交场所等，人们白天进城上班，晚上回来睡觉，居住区被称为"睡城"。2003 年 10 月 29 日回龙观社区网上论坛居民抱怨居住区交通拥堵、治安混乱、医院和学校配套不足，业主权益屡受侵害。① 以天通苑北站为起点往年通往中心城区的地铁 5 号线，设计初期日均客运量预计为 40 万人次左右，据 2009 年 11 月最后一周数据统计，达到 65 万人次左右。早高峰时段，列车在经过天通苑北、天通苑两座车站后，满载率就已达极限，造成大屯路东站、惠新西街北口站乘客无法上车，出现大量乘客滞留站台的情况。5 号线列车运行间隔为 2 分 50 秒，高峰时段 39 组列车全部上线，已是当时车辆配备的运营极限，因此 2009 年 12 月不得不在天通苑站、天通苑北站采取限流措施，设置迂回的围栏，早高峰进站人员分隔成几股细流，使乘客进站的路程变长，进站速度放缓，不仅乘客需要提早出门候车，为了维持限流秩序，地铁公司也增加了服务人员。② 2017 年 7 月 23 日，北京市委书记蔡奇就加强回龙观、天通苑地区综合整治，优化城市服务功能配套到昌平区进行了专题调研。报道称"回龙观、天通苑地区的发展面临一系列管理难题，其中最突出的就是公共配套设施跟不上、公共服务不能全面覆盖等问题，城市建设与管理的压力与日俱增，公共服务设施领域存在的短板日益显现"。昌平区正在会同属地政府配合编制了"回龙观、天通苑地区公共服务提升三年行动计划（2018－2020）"。③

流动人口数量因受季节（旅游）、重大活动（展会、体育赛事等）、节假日等因素影响而起伏较大，常住人口的日常通勤、通学、休憩娱乐等是决定城市交通量的基本因素。居住区规模大，有限地域内人口高度密集，人们作息时间差不多，在相同或相近的时间段往返，造成潮汐般的交通流，即上午通勤时道路上都是从居住区往中心城区的交通流，马路上半边拥挤半边空闲，下午下班时呈现相反方向的单向交通流。针对潮汐交通现象，交通管理部门设计出潮汐式可变车道，例如双向六车道的道路，早上把进城方向的三车道变为四车道，就是多征用对面出城的一条车道，晚高峰则

---

① 北京回龙观居民区业主的艰辛维权路[EB/OL]. http://finance.sina.com.cn/20050622/0833143609.shtml.

② 北京地铁重点站进入限流高峰期建议乘客早出门（图）[EB/OL]. http://news.sohu.com/20091203/n268638135.shtml.

③ 落实蔡奇书记调研昌平指示精神加快提升回龙观天通苑地区公共服务配套水平[EB/OL]. http://www.beijing.gov.cn/zfzx/qxrd/cpq/201708/t20170818_1335315.htm.

反过来。我国城市设置潮汐车道以上海为早，是 2003 年开始的，后来 2012 年乌鲁木齐、石家庄，2013 年杭州、北京，2014 年深圳等相继开辟了。潮汐车道是应对潮汐交通的技术措施，产生潮汐交通的根源是"职住分离"（就业地与居住地的分离）。潮汐交通现象未必是问题，东京、伦敦等国际大都市都存在潮汐流现象。职住分离也是现代城市普遍现象，人们决定居住地点时，受到个人收入、喜好等多种因素影响。我国城市潮汐交通成为问题，表现在居住区规模过大导致在同一时间段内同一方向的交通量过大。

鉴于交通空间的有限性，有人认为私家车人均占用空间较大必然拥堵，发展公共交通可以高效利用城市土地，这是解决交通拥堵的根本途径。但是目前中国城市许多线路上公共汽（电）车、地铁车厢内拥挤，如北京地铁运营里程在世界上名列前茅，地铁网密度达到较高水平，高峰时段发车间隔已经缩短至 2 分钟，依然难以解决问题，市民的乘坐体验很差。这说明仅仅改变交通运输工具和运输组织方式，不足以解决人们在不同地点之间顺利、舒适移动的问题。其根源在于，在城市空间中，固定两个地点之间，例如居住区与中心城区之间，最短距离的连通路径空间是有限的，私家车固然使道路不堪负担，即使全部用最节省土地的公共交通工具运输，公共交通运力用到最大，由于居住区人口规模过于庞大，交通需求量超过了连接两个地点的运载工具的最大承载量。相反的例证是，日本、美国等国外城市虽然也有职住分离现象，但是没有像我国这样大规模的居住区，同一方向、同一时间的交通量有限，交通量空间分散，因此没有类似这样严重的拥挤、拥堵现象。

5.5 小结与对策：降低住区人口密度，缩小住区规模

交通拥堵的根源在于人口过密，道路上汽车过密也是人口过密的表现。城市人口过密主要体现在中国特色的城市居住方式——大规模集合住宅区。如果城市建成区平均人口密度是每平方公里 2 万人、居住区的面积占建成区面积的 1/3，那么居住区的人口密度就是 6 万人/平方公里。事实上中国城市市区面积中，居住区面积占比大部分不足 1/3。单个居住区的人口密度，每平方公里甚至高达 30 万人，达到了现有建筑技术下的极限密度。即使完全不考虑交通工具，在楼梯、电梯、住区出入口等处，人与人之间距离过近，常有拥挤的感觉。

城市交通拥堵不仅存在于路面、公交（含地铁）站台和车厢里，还大

量存在于居住区。治理城市交通拥堵，不仅要总体上降低城市人口密度，更要降低居住区的人口密度，缩小单个居住区规模。住区是城市交通主要需求源。由于"城市人口密度"是大范围数据，把极限密集的住区与无人居住的公园、郊区地块混合计算，会显得人口密度不高，掩盖了住区极限密集的问题。以城市、建成区之类大范围的密度论述，往往失之空泛。缓解交通拥堵，必须改变城市居住区规划设计思路、技术标准、开发建设机制，主要表现在两个方面，即降低住区人口密度和缩小住区规模。

1. 降低住区人口密度

集合住宅是邻居的间隔被缩小到极限的住宅形态，从房地产开发者角度看，集合住宅具有节省土地、节省建设成本的好处，从居住者角度看，集合住宅总体上不如独户住宅。在不同城市或者国家，住宅总数中集合住宅的占比差异很大。一般来说，集合住宅的比重在大城市较高，在中小城市较低或者没有集合住宅。

为了缓解城市交通拥堵，应降低居住区人口密度，降低全体住宅数量中集合住宅的比重，增加独户住宅的比重。中国具备比日本好的土地资源，有条件创造与日本比肩或者超过日本的人居环境，让百姓居住得更舒适些，缓解交通拥挤堵塞，宜设立最高密度的上限。密度计算以较小面积为单位，例如公顷，不是把一个区、一个街道作为整体计算总体的人均用地、人口密度，而是以每公顷的土地为单位，限定每块土地的最大人口密度。

2. 缩小住区规模

邻居共用墙壁和过道的集合住宅，是居住密度达到极限的住宅形式，在美国、日本的城市只是住宅中的少数，而在中国城市几乎是唯一的样式。

鉴于超大规模高密度住区容易造成的拥堵，即使用轨道运输系统也难以解决拥堵问题。因此，应该修改相关的规划设计，设定单个居住区人口规模的上限。以此保障居民生活质量，为居民出行创造良好环境条件。住区规模太大产生许多问题，特别是早期居民，因为公共设施配套未跟上，生活麻烦很多。其中存在一个恶性循环：公共设施为了达到经济性，需要以居民达到一定数量为前提。在住区的初期，居民较少，公共设施不会立即建设。这样居民生活不便，会促使他们转卖或者出租小区住宅，导致居民减少，这反过来又延缓公共设施的建设，由此陷入恶性循环。因此，在我国城市居住区规划建设中，把小区建成大而全的做法应该认真总结与反思。住宅应围绕现有公共设施建设，例如公交线路、大型超市、公园、学校等，少建或不建规模庞大而功能单一的居住区。

第6章　城市道路网的问题

当今城市交通拥堵问题，主要表现为机动车与道路的矛盾。交通路线网是构成城市空间的基础，从空间结构思考拥堵问题，除了人口密度外，是关于道路网的结构问题，包括城市面积中道路面积所占比重（面积率）、道路网密度、道路与路边设施的连接方式等。

我国城市道路交通规划建设管理中，重视道路的通行量、通行速度，忽视了道路的可达性。道路面积率低使人均交通空间较低，交通量集中；路网密度低使人均道路长度低，沿街人口过度集中。事实证明，像日本交通者起讫点分散是治理拥堵较好的途径。

道路网的功能优劣应以旅行者可达性为首要指标，而不是以通过的速度为衡量指标。

6.1　以通畅为首要目标的城市路网

城市道路是指作为城市市政设施统计对象的道路，即城市建成区内用于机动车和行人交通运输使用的宽度 3.5 米以上的铺装道路。虽然交通拥堵严重，但长期以来我国对城市道路网规划设计的反思和改进仍不足，直到近年来观念上有所改变。

6.1.1　以通行速度为目标的道路规划建设

我国城市规划设计者对城市道路的规划理念，主要重视的是交通者快速通过。

在对城市交通问题的思考中，道路通行速度慢、堵塞被视为严重问题，于是提高速度被作为主要目标。1984 年 11 月北京市委研究室城建调研处完成的《关于北京交通问题的调查研究综合报告》指出，"北京交通的基本矛盾是路网结构和客量以及交通结构和客量不适应交通发展的需要。机动车和自行车的盲目膨胀，加剧了这个矛盾，有形成恶性循环之势"。该报告提出了北京交通发展的战略目标是"建立以公共交通和公用运输企业为主、多种运输方式协调发展，高效率、高效益的综合客货运交通体系，利用先进的技术手段进行科学管理，基本上建立起迅速、方便、安全、经济、低公害的现代化的交通体系"。其中"高效率"的基本要求之一是运输速度快，"迅速"被置于现代化交通体系的首位。关于道路系统，该报告提出的战略目标是到 2000 年基本建成适应城市发展需要、布局合理、实行三分离（人与车、机动车与非机动车、快车和慢车分离）的道路系统和枢纽设施。[①]三分离是针对不分离的混合道路而言，主要目标是提高道路通行效率。

1993 年经国务院批复的《北京城市总体规划》提出，北京城市交通建设规划的基本目标是"在 20 年或更长的时间内，逐步完善城市道路网和轨道交通网，建立一个以公共交通运输网络为主体，以快速交通为骨干，功能完善，管理先进，具有足够容量和应变能力的综合交通体系"。"以快速交通为骨干"的表述，说明在规划人员心中，综合交通体系的核心要素是"快速"。

以交通"快速"作为道路系统基本目标体现的是，道路系统建设中以干路、快速路为中心。在我国道路分类中，按照投资管理主体可分为国道、省道、县道等；按照道路工程技术标准可分为高速公路、一级公路、二级公路等；按照功能和作用可分为干线公路、支线公路、专用公路等。对城市道路分类，我国一般分为快速路、主干路、次干路、支路。快速路是机动车专用道路，为长距离机动车交通提供安全、快速、高效的服务。快速路不直接为道路两侧的用地服务。城市交通规划设计人员工作手册《城市交通与城市道路》关于道路系统规划设计一般规定第一条就是"城市道路系统规划应满足客、货车流和人流的安全与畅通"，在通用技术要求中首先是"城市道路网规划应适应城市用地扩展，并有利于向机动化和快速交通的方向发展"。城市交通规划界把畅通、快速作为城市道路网设计的首要目标。[②]

1992 年《北京城市总体规划》确定了北京市区道路网是棋盘式路网与环路、放射路相结合，由 4 条环路、10 条主要放射路、15 条次要放射路，以及贯通旧城区的 6 条东西方向干路、3 条南北方向干路，并辅以次干路

---

① 中共北京市委研究室城建调研处. 关于北京交通问题的调查研究综合报告[R]. 城市交通问题，北京，1986：3-4.

② 建设部城市交通工程技术中心. 城市规划资料集 10：城市交通与城市道路[M]. 北京：中国建筑工业出版社，2007：52-54.

和支路所组成的系统。以若干环路和主要放射干线组成的市区快速路系统，是供汽车以时速 80 公里以上连续快速行驶的专用道路。为了达到或保持通行速度，快速路均采用了全封闭形式，消除平面交叉口，此后北京出现了修建立交桥、地下隧道、人行过街地道和天桥等。1992 年《北京城市总体规划》还确立了"积极发展快速轨道交通"的方针，规划市区轨道交通网由总长约 300 公里的 12 条线路组成。轨道交通，除了曾经在城市里流行过、后来纷纷拆除的有轨电车，还有地铁、轻轨或者单轨铁道，相对于路面交通工具，轨道交通本身都是快速的。轨道交通前面又加上"快速"作为修饰词，也反映了规划者对交通速度的追求。

　　以追求通行速度、通行量为中心的交通规划建设，表现在城市道路网络结构上，高速公路、快速路、干路里程在总里程中占比较大，降低路网密度以减少交叉口，大力建设立交桥、人行天桥、地道、隧道。2019 年底，北京市公路总里程 22365.9 公里，其中高速公路 1167.6 公里、一级公路 1494.1 公里、二级公路 4023.7 公里。在城区城市道路里程 6156 公里中，快速路 390 公里、主干路 1006 公里、次干道 657 公里，合计 2053 公里，占总长度的 33.3%。在公路总里程中，高速公路、一级公路、二级公路里程合计 6685.4 公里，占 29.9%。而美国洛杉矶 1996 年城市道路中一级主干路（major arterial）、二级主干路（principal arterial）、次干路（secondary arterial）合计长度 5977 公里，在城市道路总长度 33115 公里中占 18.0%。[①]相比较而言，北京城市道路中以快速通行为目标的干路所占比重高于洛杉矶。把平面交叉道口改为立体交叉道口，目的是便于交通流的快速通过。北京市立交桥数量，城 8 区及 14 个县城的合计，1982 年只有 9 座，10 年后 1992 年达到 55 座，2002 年达到 180 座。2003 年改变了统计方法后，城 8 区和北京经济技术开发区合计的立交桥数量，2003 年为 119 座，到 2010 年达到了 411 座，尤其是 2004 年一年新增立交桥 152 座。2005 年、2006 年继续保持高速增长，分别比上年增加 33 座、72 座。2018 年，城 6 区城市道路有立交桥 435 座、过街天桥 545 座、城市地下通道 214 条。[②]立交桥、过街地道、过街天桥，都是为了避免平面交叉口带来的不同方向的交通者汇集而产生交通拥堵，方便交通者更快地通过。另外，我国在道路管理中，经常可见用隔离设施把道路与道路两旁土地、建筑分隔开来的现象，目的也是为了道路畅通，减少来自路边的干扰。

---

　　① 陆锡明等. 城市交通战略[M]. 北京：中国建筑工业出版社，2006：134-135.
　　② 数据来源：《北京统计年鉴 2019 年》。

6.1.2 国家畅通工程——以畅通为目标的城市道路管理

在城市交通中重视通过速度，不仅表现在道路系统的规划建设上，还表现在道路交通管理方面。

21世纪初，随着私人汽车数量的增加，我国一些城市交通拥堵严重，交通秩序较乱，交通事故不断上升，加重了环境污染，制约了城市经济与社会的发展。为大力解决道路交通的突出问题，提高全国地级以上城市及GDP300亿元以上县级市的城市道路交通管理水平，从2000年开始，在国务院统一领导下，以公安部、住建部、交通运输部和教育部联合开展了以提高道路交通管理水平为中心的"畅通工程"。畅通工程在直辖市、省会市、自治区首府、经济计划单列市（以下简称36个大城市），各省、自治区确定的两个地级市和两个县级市实施，目标是根据城市道路交通管理现状，将城市道路交通管理水平分为模范管理（一等）、优秀管理（二等）、良好管理（三等）和合格管理（四等）四个等级。实施范围内所有城市争取在一年内达到四等管理水平，其中部分城市争取达到三等、二等管理水平；每个城市中心城区都要建成一个"严管街（区）"。计划经过2年至3年的努力，36个大城市力争全部达到三等以上管理水平。

这项工程由群众、专家及管理部门共同组成班子，从交通有序畅通、管理科学高效、执法严格文明、服务热情规范、宣传广泛深入、设施齐全有效6个方面进行评价，每个方面设若干项指标，涉及道路交通综合协调机制、交通安全责任制、交通设施、安全教育、交通组织、道路建设和改造、发展公共交通等。这项以提高城市道路交通管理水平为宗旨的工程被总称为"国家畅通工程"，包括6个方面的评价体系，把"交通有序畅通"置于第一位。有序畅通的要求是交通秩序达到公安部行业标准的要求；交通阻塞率明显下降，平均时速提高到一个新的标准；车辆和行人通行有序，交通违章行为明显减少，机动车和行人遵章率达到标准；违章停车、占路等静态交通秩序明显改观，即提高平均时速是重要内容。可见在城市道路交通管理中，"畅通"是最迫切的要求。

不仅国家层面的交通管理如此，地方城市在交通管理中显示了同样的特征。2012年11月在全国率先启动省域治理城市交通拥堵工程的浙江省，2017年全省治堵工作会议提出的工作目标是到2020年浙江为"基本畅通省"。2018年4月26日再次开启新一轮五年治堵行动，吹响全面建成"畅通交通示范省"的攻坚号角。相比前五年致力于"堵"的缓解与改观，治堵新五年，要进一步达成"畅"的城市出行期待。到2022年，浙江治堵工作要全面实现"1345"总目标，其中"1"就是全面建成"畅通交通示范省"。[①]
西安市把城市交通拥堵治理总称为"缓堵保畅工作"，制定了《西安市缓
解城市交通拥堵三年行动方案（2012—2014）》，列出治堵的四类措施分
别是科学编制城市交通规划、大力发展公共交通、着力推进工程建设、不
断加强城市交通综合管理。

　　在我国城市道路规划、建设和管理中，"畅通"是对道路网络的首要
诉求。但是城市道路的功能究竟是什么，路上的交通参与者是否都以快速
通过为唯一目标或者主要目标，城市发展过程中修建了众多干道、快速路、
立交桥等，对于城市交通带来了哪些后果，这些都需要深入思考。

6.2　道路面积率低及其影响

　　从交通工具运行的基础看，现代城市交通方式主要是道路交通和轨道
交通。轨道交通基本上专用于旅客运输，道路不仅用于客运，还用于货运，
以及消防、避难、交际等多重功能，具有门到门的优势，因此道路成为最
主要的交通空间，道路面积率对于城市交通效率影响很大。

6.2.1　理论上的道路面积率标准

　　道路面积率是指城市建成区内道路用地总面积占建成区用地总面积
的比率。它是反映城市建成区内城市道路拥有量的重要指标，也是影响交
通运输效率的因素之一。

　　根据我国《城市用地分类与规划建设用地标准》（GBJ137-1990），
道路广场用地包括"市级、区级和居住区级的道路、广场和停车场用地。
道路用地是指支路以上各级道路和交叉口用地，以及其他专用道路用地，
如步行街、自行车专用道路用地，不包含居住用地、工业用地等内部的道
路用地。广场用地是指公共活动广场用地，不包括单位内的广场用地。停
车场用地是指供公共使用的各种交通工具的停车场和停车库用地，不包括
各类用地配建的停车场库用地"。[②]

　　我国《城市道路交通规划设计规范》（GB50220-1995）中，关于道路

---

　　① 治堵靠"智慧"　出行更畅通　浙江启动新一轮五年治堵行动[EB/OL]. http://zj.people.com.cn/n2/
2018/0427/c186806-31513094.html.
　　② 建设部城市交通工程技术中心. 城市规划资料集 10：城市交通与城市道路[M]. 北京：中国建筑
工业出版社，2007：50.

面积率的指标如表 6-1 所示。

表 6-1 城市道路交通规划设计规范中道路面积指标

指标类别	道路面积率（%）	人均道路广场面积（平方米/人）			
		总计	道路	广场	公共停车场
指标数值	8－15	7－15	6.0－13.5	0.2－0.5	0.8－1.0
	15－20（人口 200 万以上城市）				

资料来源：《城市道路交通规划设计规范》（GB50220-1995）。

表 6-1 的指标制定于 1995 年，即在人口 200 万以下的大中城市，道路面积率为 8%－15%。人均道路广场面积总计 7－15 平方米，其中人均道路面积 6.0－13.5 平方米、广场面积 0.2－0.5 平方米、公共停车场面积 0.8－1.0 平方米。如果是人口 200 万以上的特大城市，人均道路广场面积指标不变，只是总体的道路面积率的指标提高到 15%－20%。

无论是用地标准还是交通规划标准，都是根据既有的经验，加上对未来估计而做出的安排。道路面积率决定城市空间的框架，一旦落实建成就无法轻易改变，成为固定的物质形态。但是改革开放中的中国，经济社会的发展、城市化的进展很快，常常超出预料。经济社会的发展必然伴随着高频率的人员往来与货物交易，交通运输量日益增加，相应的交通运输用地、城市道路面积率都随之增加。事实上，《城市道路交通规划设计规范》（GB50220-1995）关于道路面积率的指标实行 10 多年后，规划界普遍认识到指标数值偏低。

6.2.2 实际道路面积率

规划设计标准、规范反映了一定时点交通规划界对于理想道路状况的认知，但现实情况复杂多样。根据北京市政工程局 1983 年的统计资料，北京市各区城市道路面积率如表 6-2 所示。

表 6-2 北京市 1983 年城市道路面积率

名称	土地面积(平方公里)	道路面积(万平方米)	道路面积率（%）
东城区	24.7	296	11.98
西城区	30.0	316.1	10.53
崇文区（原）	15.9	105.6	6.64
宣武区（原）	16.5	125.8	7.62
朝阳区	470.8	500.6	1.05

续表

名称	土地面积(平方公里)	道路面积(万平方米)	道路面积率（%）
海淀区	426	430.7	1.01
丰台区	304.2	252.2	0.83
石景山区	81.8	75.9	0.93

资料来源：北京市哲学社会科学规划领导小组办公室. 城市交通问题（内部资料）. 北京，1986：2
24.

注：道路面积率数据原表为4位小数，作者改为2位小数。

表 6-2 内容反映了 20 世纪 80 年代初期北京城市道路面积率，道路面积率最高的东城区为 11.98%；第二是西城区，为 10.53%；第三是宣武区（原），为 7.62%；第四是崇文区（原），为 6.64%。当时北京中心城区，只有东城区和西城区合计 54.7 平方公里的道路面积率超过 10%，其余都低得多。鉴于 80 年代北京城市交通拥堵状况，住建部 1990 年制定的城市建设用地标准中，对道路广场用地的比重已经有所提高。对照《城市道路交通规划设计规范》（GB50220-1995）要求的人口 200 万以上大城市道路面积率 15%－20% 的指标，北京的道路面积率有很大差距，或者说 1995 年道路设计规范制定时已经考虑到未来经济社会发展对于城市空间的需求，道路面积率标准已经比现状高山不少，给未来预留了发展空间。

即便在城市建设用地标准、城市道路规划设计规范颁布以后，由于道路面积率指标并非强制标准，社会各界对于道路面积率价值的认识不一致，构成城市空间的路网结构由多种因素影响形成，于是各个城市的道路面积率差别很大。2018 年我国 36 个主要城市建成区道路面积率如表 6-3 所示。

表 6-3 2018 年我国主要城市建成区道路面积率等一览表

序号	城市	建成区道路面积率（%）	人均道路面积（平方米）	建成区路网密度（公里/平方公里）	
				年鉴数据	监测报告数据
1	北京		7.57		5.59
2	天津	9.53	11.67	5.56	6.04
3	石家庄	19.95	21.77	7.63	5.15
4	太原	15.21	16.55	7.75	5.17
5	呼和浩特	10.55	12.50	3.50	4.24
6	沈阳	10.59	14.68	4.85	4.74
7	大连	14.61	15.52	8.32	6.03
8	长春	2.24	16.38	0.84	5.33

续表

序号	城市	建成区道路面积率（%）	人均道路面积（平方米）	建成区路网密度（公里/平方公里）	
				年鉴数据	监测报告数据
9	哈尔滨	17.32	15.74	7.71	4.94
10	上海	8.96	4.58	4.30	7.10
11	南京	11.18	24.20	7.52	5.55
12	杭州	13.33	13.59	6.01	6.90
13	宁波	8.43	10.35	5.52	6.67
14	合肥	16.38	18.80	5.95	6.61
15	福州	13.80	13.44	8.05	6.81
16	厦门	14.51	25.86	7.07	8.45
17	南昌	9.69	13.13	4.15	6.12
18	济南	16.90	23.33	9.13	4.68
19	青岛	13.71	19.24	8.03	5.35
20	郑州	10.96	9.77	3.94	6.22
21	武汉	16.70	13.16	8.62	5.77
22	长沙	13.50	13.17	3.79	6.27
23	广州	10.02	14.25	6.02	7.02
24	深圳	7.15	9.10	3.89	9.50
25	南宁	15.84	13.87	4.94	6.57
26	海口	17.84	15.21	15.69	5.41
27	重庆	13.52	13.52	6.20	6.49
28	成都	12.18	14.20	4.83	8.02
29	贵阳	7.76	10.00	3.78	6.07
30	昆明	7.26	8.53	4.16	6.72
31	拉萨	7.70	13.17	4.28	3.78
32	西安	9.73	18.7	4.04	5.49
33	兰州	9.20	21.51	6.08	4.04
34	西宁	17.26	12.30	6.62	5.04
35	银川	14.47	15.31	3.89	4.76
36	乌鲁木齐	7.35	11.76	4.12	3.41
全国平均		12.66	16.70	6.32	5.89

　　资料来源：2018年城市建设统计年鉴，北京数据缺。"检测报告数据"是指来源于住房和城乡建设部城市交通工程技术中心、中国城市规划设计研究院、北京四维图新科技股份有限公司完成的《2018年度中国主要城市道路网密度监测报告》，2018年4月。就道路网密度数据精确性来说，监测报告数据可能更好。

表 6-3 中 36 个全国主要城市，除了拉萨等个别城市外，都是人口 200 万以上的大城市。由表中数据可见，城市建成区道路面积率达到交通规划设计规范标准即 15% 以上的城市只有 9 个，占统计城市总数的 1/4。大多数（3/4）城市的道路面积率达不到规划设计规范的建议标准。道路面积率最高的城市是石家庄，为 19.95%；其次是海口，为 17.84%。36 个主要城市中的 12 个城市建成区道路面积率在 10% 以下，处于较低水平。

"百度地图" 2018 年选取全国 100 座主要城市就交通拥堵、居民出行、公共交通等进行了观察研究，指标包括严重拥堵路段里程占比、区域间拥堵不均衡指数、常发性严重拥堵路段里程占比、严重拥堵持续时间、高峰车速波动系数、高峰拥堵指数。根据其发布的《2018 年度中国城市交通报告》，2018 年第四季度交通拥堵排名前 10 位城市及其道路面积率依次是哈尔滨 17.32%、北京（数据缺）、重庆 13.52%、呼和浩特 10.55%、长春 2.24%、贵阳 7.76%、济南 16.90%、乐山 14.16%、南京 11.18%、合肥 16.38%。北京数据缺乏暂且不论，2018 年最拥堵的 10 个城市的道路面积率，只有哈尔滨、济南、乐山、合肥在我国的城市道路规划设计规范推荐的标准内，长春、贵阳两个城市的道路面积率很低，尤其是长春。

在一定的地理空间范围内，用于交通的面积占比，可以反映该范围内的交通容量。2013 年我国包括港口、机场、铁路、公路、管道在内的各类交通用地仅占国土面积的 0.35%，同年日本的交通用地占国土面积的 5.2%（其中道路用地占 3.6%，铁道、变电所等用地占 1.6%），差距悬殊。而且，就在机动车拥有量高速增长的最近 20 年，交通用地在国有土地利用结构中的比重还在下降。2003－2010 年我国使用的国有土地中交通用地只占 7.64%。就城市层面来说，交通运输用地在行政区面积中的比重：北京为 2.82%，东京为 11.1%。交通用地在城市建设用地中的比重，2014 年全国平均为 13.4%，北京为 15.35%，东京则是 21.8%；北京仅比全国平均水平略高。而一些国际大都市，城市中交通用地的占比都较大，如纽约曼哈顿为 37.6%，纽约地区为 30%；伦敦中心区为 26.2%，中心加外围为 20.6%。[①]与国外比较，无论是从国土空间层面，还是城市建设用地层面，交通用地所占比重，我国都较低。

从道路面积率看，根据 2013 年的数据，北京建成区内城市道路面积共 93.59 平方公里，道路面积率仅为 7.11%，而东京都区部（23 区）为

---

① 边学芳，吴群，刘玮娜. 城市化与中国城市土地利用结构的相关分析[J]. 资源科学，2005（03）：74.

18.85%。从中心城区的道路面积率比较来看，北京只是东京的 37.9%。即使北京由东城区和西城区组成的首都功能核心区，道路面积率也只有 12.03%，仅达东京都区部平均水平的 64.2%。[①]2018 年我国城市建成区道路面积率全国平均达到了 12.66%，进步是显著的。

中国城市道路面积率低，同等地域范围内可以容纳的交通量小，即使市区常住人口密度、活动人口密度相同，道路上也会出现比日本城市更加密集的行人与车辆，更易形成拥堵。

6.2.3 人均道路面积

道路是交通的主要承载体。步行、自行车、私家车、公交车，无论哪种交通方式，必定需要一定的土地面积。一个城市道路面积率高，则可以承载较多的交通量，但是不意味着不产生拥堵。交通拥堵是交通密度过大即人均交通空间过低。人均交通空间影响因素包括道路面积、道路长度、公共汽（电）车和地铁车厢乘客人均面积等。一个城市人均交通空间的需求量，与交通参与者的体型、交通方式、交通工具相关。从步行、自行车到摩托车、私家乘用车，人均交通空间的需求越来越大。

改革开放以来城镇化高速发展，我国人均城市道路面积有了巨大增长。1981 年仅 1.8 平方米，2018 年达到了 16.70 平方米，增加了 8.3 倍。20 世纪 90 年代初我国大城市人均道路面积最大的是济南，为 10.4 平方米，其次是深圳 7.4 平方米；面积最小的是贵阳市，仅 2.4 平方米，其次是昆明和南昌，为 2.9 平方米。北京、天津、上海的城市道路人均面积分别是 4.8 平方米、7.1 平方米、3.2 平方米，人均 5 平方米及以上的城市 14 个。[②]对照表 6-3 所示 2018 年我国主要城市的人均道路面积数据，各大城市的人均道路面积普遍有了较大增加，但各城市增加幅度差异很大。人均道路面积的差异与各城市交通基础设施的建设水平、城市常住人口的增减幅度相关。衡量城市道路系统的合理性，理论上人均面积大有利于减少拥堵，但是还需要考虑道路网与居住人口在地理空间的匹配性，还需要考虑人均道路面积与市民交通方式的匹配性。如果机动车的普及率、使用率较高，人均道路面积的增加不能适应社会对交通空间的需求，交通拥堵依然难免。

---

① 周建高，王凌宇. 城市空间结构与城市交通关系探析——基于东京与北京的比较[J]. 中国名城，2015（03）：49-50.

② 李晓江等. 中国城市交通发展战略[M]. 北京：中国建筑工业出版社，1997：373.

6.3 道路网密度及其对交通的影响

　　路网密度是指单位土地面积上道路的长度，是评价城市道路网是否合理的基本指标。

　　在城市空间结构对交通影响的多种因素中，道路面积率和人均道路面积是指标之一，而道路网密度和人均道路长度是更加重要的指标。尽管早有业内专家指出路网稀疏是城市交通拥堵诸多原因之一，在 2001 年"十五"规划中，城镇化发展重点专项规划提出"以提高城镇路网密度为重点"建设面向现代化的综合交通运输体系，但是在城市规划建设实践中并没有得到认真贯彻，这反映了路网密度的价值在我国城市规划建设界没有得到充分认识，没有形成共识。在多种城市统计和评价指标体系中，常见道路面积率，而缺乏路网密度一项。最近几年人们对路网密度的价值认识有了提高，意识到道路网密度低是导致城市交通拥堵的重要原因之一，开始提倡稠密路网。[①]2016 年 2 月《中共中央　国务院关于进一步加强城市规划建设管理工作的若干意见》中明确提出"窄马路、密路网"的城市道路布局理念，优化街区路网结构，这显示了我国关于城市空间结构观念上的重要变化。

6.3.1 日本《世界统计 2018》有关生活富裕的指标

　　日本总务省编撰的《世界统计 2018》，有关生活富裕的指标包括人均国内生产总值、平均寿命、制造业每周劳动时间、人均每日营养摄取量、人均能源消费量、每千人乘用车数量、每平方公里面积内道路长度、电视机家庭普及率、每百人电话线数量、每百人移动电话数、每百人上网数、每千人病床数。其中把每平方公里面积内道路长度即我国城市建设统计中的"路网密度"作为生活富裕指标之一，可能出乎一些人的意料，路网密度与生活富裕有关吗？能够表示生活内容丰富程度吗？因为我国各类城市统计中，或者一些学者研究的生活质量、城市质量等的评价指标体系中，一般用道路面积率或人均道路面积而不用路网密度或人均道路长度，可见对路网密度的价值认识还不足。

　　日本列出的几个主要发达国家 2014 年路网密度（公里/平方公里）数据是：日本 0.91、美国 0.68、英国 1.73、德国 1.80、法国 1.95。这是以国

---

　　① 公安部道路交通安全研究中心. 中国大城市道路交通发展研究报告——之一[M]. 北京：中国建筑工业出版社，2015：16.

土空间为对象的全国平均数。各国人口密度、地理环境不同，总体而言，路网密度按照从高到低的顺序，分别是法国、德国、英国、日本、美国。美国数据虽然比日本低，如果联系到美国国土广大、全国人口密度比日本低得多这一情况，可见美国的路网密度非常高。

6.3.2 城市路网密度的中日比较

1. 规划标准的差异

日本城市空间与中国城市重要差异之一是路网稠密。在日本城市，看不到中国的大型居住区，集合住宅一般都是 5 层以下的建筑，一栋或两栋的规模。走出家门就是铺设的道路，开放的道路网四通八达，很少有住宅被包围在一个院子里。在路网结构上，路幅较窄的低等级道路市町村道占总里程的大半，一条道路与平行的另一条道路的间隔距离，大多数是 70 米左右。日本干线道路规划标准如表 6-4 所示。

表 6-4 日本城市干线道路网间距规划标准

区域分类	路网间距（米）	人口密度（人/公顷）	车辆交通密度（辆/公顷）
高密度居住区	500—700	300—400	400
中密度居住区	700—900	200—300	200
低密度居住区	1000—1300	200—100	100
市中心办公区	400—700	(1000—3000)	800
住商工混合区	500—1000	300—400	400

注：市中心办公区人口密度数据带括号表示日间就业人口。

数据来源：日笠端，日端康雄．城市规划概论：第 3 版[M]．祁至杰，陈昭，孔畅，译．南京：江苏凤凰科学技术出版社，2019：150．略有修正，"车辆交通密度（辆/公顷）"原文为"运行车辆（辆/公顷）"。

两条平行道路间隔距离，亦即路网密度，是根据道路经过地域的性质与人口密度确定的。基本原则是人口密度高的平行道路间距小、路网密度高，例如每公顷 300—400 人的高密度居住区，干线道路的平行间距为 500—700 米，而每公顷 100—200 人的低密度居住区，则干线道路的间距应设计为 1000—1300 米。在居住、商业、工业混合的地域，人口密度与高密度居住区相当，路网间距比居住区大，可设计为 500—1000 米之间。

规划设计标准的道路宽度、间距影响道路网密度，进而决定道路网的通行能力和可达性。日本城市道路的路幅、路网密度、道路面积率如表 6-5 所示。

表6-5　日本城市道路网密度及道路面积率

分类	名称	路幅（米）	路网密度 （公里/平方公里）	道路面积率（%）
干线道路等	干线道路	25	2.00	5.0
	辅助干线道路	16	1.95	3.1
	小计		3.95	8.1
	主要区划道路	9、12	8.10	8.0
	统计		12.05	16.1
区划道路等	区划道路	6	9.23	5.5
	步行专用道	4	4.30	1.7
	小计		13.53	7.2
合计			25.58	23.3

资料来源：日笠端，日端康雄. 城市规划概论：第3版[M]. 祁至杰，陈昭，孔畅，译. 南京：江苏凤凰科学技术出版社，2019：152-153.

在城市规划、交通工程学界，对于城市道路的分类与规划设计标准，中国与日本不尽一致。中国城市道路规划设计规范对于道路宽度、密度等的要求如表6-6所示。

表6-6　中国人中城市规划道路宽度和路网密度

单位：宽度米，密度公里/平方公里

城市规模与人口 （万人）		快速路		主干路		次干路		支路	
		宽度	密度	宽度	密度	宽度	密度	宽度	密度
大城市	>200	40—45	0.4—0.5	45—55	0.8—1.2	40—50	1.2—1.4	15—30	3—4
	≤200	35—40	0.3—0.4	40—50		30—45		15—20	
中等城市		—		35—45	1.0—1.2	30—40		15—20	

资料来源：建设部城市交通工程技术中心. 城市规划资料集 10：城市交通与城市道路[M]. 北京：中国建筑工业出版社，2007：51，54.

比较中国与日本城市道路规划标准发现，尽管名称不完全一致，干路宽度标准，中国以上限计，200万人口以上大城市主干路55米、次干路50米，200万以下人口的大城市干路宽度则减少5米。日本道路宽度标准，主干路25米，次干路16米，主干路宽度只是中国的一半，次干路宽度则是中国的1/3。中国大中城市支路宽度最小15米，日本城市支路宽度最小6米，最大12米。在中国的城市道路设计标准中，道路宽度远大于日本标准，在道路面积率一定的情况下，势必造成路网稀疏。比较路网密度的规划标准，中国城市取规划标准的上限，快速路、干路、支路合计为 7.1 公里/平方公里；日本城市为 23.3 公里/平方公里，密度标准为中国城市的 3.28 倍。

可能是意识到道路规划设计标准存在的问题，以中国城市规划设计研究院为主，联合同济大学、东南大学等机构，根据住建部要求完成的最新《城市综合交通体系规划标准》（GBT51328-2018），对原有标准做了修改，其中关于道路宽度规定是，"城市道路红线宽度（快速路包括辅路），规划人口规模 50 万及以上城市不应超过 70 米，20 万－50 万的城市不应超过 55 米，20 万以下的城市不应超过 40 米"。同时规定对于城市公共交通、步行与非机动车，以及工程管线、景观带等无特殊要求的城市道路，红线宽度取值应是：双向 8 车道的红线宽度最大值，快速路 40 米，主干路 50 米；次干路双向 4 车道的红线最大宽度 35 米；支路红线最大宽度 20 米。对照旧标准，快速路、主干路的最大宽度缩小了 5 米，次干路最大宽度缩小了 15 米，支路的最大宽度缩小了 10 米。

2. 城市道路网密度现状比较

上述关于城市路网密度规划标准的比较，反映了中日两国城市研究界关于城市空间理想状态的认知差异。但是现实世界不可能与法律、规范完全一致，而且影响因素复杂多样。城市道路网密度差异是理解交通状况差异的重要线索，更值得关注和深入研究。

如表 6-3 所示，住房和城乡建设部城市交通工程技术中心、中国城市规划设计研究院等机构以 36 个全国主要城市为对象，以中心城区的建成区和建设用地重叠区域为计算范围，统计出建成区路网密度数据，发表了《2018 年度中国主要城市道路网密度监测报告》，与以各城市住建部门上报数据为基础编制的《城市建设统计年鉴》数据有较大差异，看上去前者更加翔实可靠。根据监测报告，36 个全国主要城市路网密度，总体平均为 5.89 公里/平方公里，深圳、厦门、成都、上海、广州路网密度较高，为 7.0 公里/平方公里以上，乌鲁木齐、拉萨、兰州、呼和浩特 4 个城市路网密度低于 4.5 公里/平方公里。在全部城市中，路网密度达到 8 公里/平方公里这一住建部倡导标准的只有深圳、厦门、成都。根据以秦岭－淮河为地理分界线的南北方划分标准，南方城市路网密度总体平均为 6.62 公里/平方公里，高于北方城市平均的 5.07 公里/平方公里。2018 年中国 36 个主要城市路网密度（公里/平方公里）最低的前 10 位城市排名是：①乌鲁木齐 3.41；②拉萨 3.78；③兰州 4.04；④呼和浩特 4.24；⑤济南 4.68；⑥沈阳 4.74；⑦银川 4.76；⑧哈尔滨 4.94；⑨西宁 5.04；⑩石家庄 5.15。路网密度最高的前 10 位城市排名是：①深圳 9.50；②厦门 8.45；③成都 8.02；

④上海 7.10；⑤广州 7.02；⑥杭州 6.90；⑦福州 6.81；⑧昆明 6.72；⑨宁波 6.67；⑩南宁 6.57。在"百度地图"的 2018 年第四季度城市交通报告中，拥堵排名前 10 位的城市，大多数路网密度非常低，例如贵阳 3.78，呼和浩特 3.50，长春 0.84（可能统计有误）。道路面积率北京远低于东京。在路网密度上，北京与东京的差距更大。城市行政区全域平均路网密度，东京都为 11.13 公里/平方公里，而北京市仅 1.73 公里/平方公里，北京市是东京都的 15.5%。从建成区路网密度看，北京仅为 4.85 公里/平方公里，东京都 23 区为 19.04 公里/平方公里，北京是东京的 25.5%。北京首都功能核心区路网密度较高，达到 10.86 公里/平方公里，也仅为东京都 23 区平均水平的 57.04%。2018 年我国城市建成区路网密度平均为 6.32 公里/平方公里，不足东京都 23 区密度的 1/3。

关于中外城市路网密度的差异，我国规划界已经普遍认识到。而西方发达国家城市道路网密度普遍较高的原因，有人分析认为，它们城市道路一般不设非机动车道，而且人行道普遍较窄，在统一道路面积率下，路网密度比中国高。国外城市 5 米－7 米宽的街巷较多，居住区的道路也算入城市道路统计中，占地较大的院校、机关等大院较少。尽管城市道路统计口径中外有差异，但是与西方发达国家比较，我国城市道路网密度普遍较低是客观事实。①

6.3.3　对宽阔大路的偏好

北京的路网密度与东京的差距为什么比道路面积率差距大得多？原因在于路网结构不同，北京平均路幅远大于东京，在面积率一定的情况下，宽度牺牲了长度，造成路网稀疏。

城市交通拥堵是人均交通空间小、交通参与者过度密集造成的。影响人均交通空间的因素，一是常住人口密度；二是建成区交通用地比重；三是路网结构。在交通用地比重同等的情况下，交通用地内部的结构对交通效率的影响非常大。交通用地结构指轨道、机动车、非机动车、步行等不同交通方式各自用地的比重和组合形式，这是值得深入讨论的问题。就铺装道路而言，在城市道路面积率一定的情况下，道路宽度与路网密度成反比。作为影响城市交通的基本条件，东京与北京的路网密度差异远远甚于道路面积率的差异，根源在于东京城市道路普遍比北京狭窄。首都功能核心区道路宽度（未计人行道），东城区平均 10.93 米，西城区主干道 44.27

---

① 李朝阳. 城市交通与道路规划[M]. 武汉：华中科技大学出版社，2013：202.

米、次干道 21.1 米、街坊路 9.9 米，包括小区道路在内的北京城市道路平均宽度为 14.64 米。从北京市道路历史来看，近数十年来道路越修越宽。

1. 道路窄被视作问题

在城市中，每当遇到某个路段车多拥堵，人们直观地认为道路太窄，是车辆集聚造成的。拓宽道路，可以同时让更多车辆通过，就不会拥堵。这种思路不仅一般市民有，我们的交通管理者、规划师也常有。

道路窄是个缺点，这种观点常见于对老城区的批评。自 2002 年开始，联合国开发计划署援助中国政府开展"21 世纪城市规划、发展与管理"研究项目，选择贵阳、太原、柳州、眉山、三门峡 5 个城市进行了试点，由中国城市规划设计研究院组织专家归纳出当前我国城市发展中最突出、最紧迫且带有共性的问题为自然资源短缺、人居环境脆弱、形象工程盛行等七种。城市交通问题是六类城市人居环境存在的主要问题之一，表现为机动车快速发展、城市道路设施建设滞后、公共交通发展缓慢。"目前中国城市道路设施水平与实际需要有比较大的差距，2002 年全国城市人均道路面积仅为 7.87 平方米，城市道路网密度也只有 7.37 公里/平方公里，城市道路面积率为 9.1%，城市中心区道路普遍比较狭窄，没有形成结构合理、功能匹配的道路网络"。[①]道路狭窄，被视作道路网不合理的表现。

2. 中国城市道路平均宽度是日本的 3 倍

正因为把道路窄看作问题，因此北京市在进行交通规划建设、在治理交通拥堵时，常常把拓宽道路作为改善的措施之一。

1982 年 3 月编制的《北京城市建设总体规划方案》中关于市区道路网的内容，继承了过去方案的思路，提出了要逐步修建由环路和放射路组成的快速路系统，并规划城市地下隧道。在此基础上，1993 年获得国务院批复的《北京城市总体规划》关于市区道路系统的规划，对 1983 年方案做了补充和完善，保持了原来的道路红线宽度没有改变；规划了由快速路、主干路、次干路、支路 4 个层次组成的总长 2534.76 公里的市区道路网；各类道路的红线宽度，快速路不小于 70 米，主干道 60 米－80 米，次干道 40 米－50 米，支路 30 米左右，东西长安街宽度 120 米。

在近 30 多年城市化过程中，城市道路越修越宽。北京城市道路里程 2010 年为 6355 公里，是 1978 年 2078 公里的 3.06 倍。而城市道路面积 9395 万平方米，是 1978 年 1611 万平方米的 5.83 倍。面积比长度增加了更多倍

① 邵益生，石楠等. 中国城市发展问题观察[M]. 北京：中国建筑工业出版社，2006：47-48.

数，说明道路宽度比过去扩大了。道路平均宽度从 1980 年 7.62 米增加到
1995 年 10.94 米、2013 年的 17.1 米，即经过 30 多年建设，北京城市道路
平均宽度增加了一倍多。[①]我国其他城市的道路宽度与北京差不多，例如
2013 年道路平均路幅天津 18.1 米、上海 20.5 米、重庆 21.1 米。改革开放
以来我国城市道路越来越宽，但是人均道路长度增加很少，数据如表 6-7
所示。

表 6-7　1979－2018 年中国城市道路发展情况

年份	总长度（公里）	总面积（万平方米）	平均宽度（米）	城市人口（万人）	人均面积（平方米）	人均长度（米）
1979	26966	24069	8.93	8451.0	2.85	0.32
1984	36410	33019	9.07	17969.1	1.84	0.20
1989	96078	100591	10.47	31205.4	3.22	0.31
1994	111058	137602	12.39	35833.85	3.84	0.31
1999	152385	222158	14.58	37590.0	5.91	0.41
2004	222964	352955	15.83	34147.4	10.34	0.65
2009	269141	481947	17.91	34068.9	12.79	0.79
2014	352333	683028	19.39	38576.5	15.34	0.91
2018	432231	854268	19.76	42730.0	16.7	1.01

资料来源：《中国城乡建设统计年鉴 2014》表 1-1-12 全国历年城市道路和桥梁情况，北京：中国
统计出版社，2015：17；《中国城乡建设统计年鉴 2018》。道路宽度、城市人口数据原表没有，系作者
根据表中数据推算出来的，可能与别处数据不同。

　　表 6-7 的数据告诉我们，从 1979 年到 2018 年，全国城市道路长度增
长了 15.03 倍，面积增加了 34.49 倍。人均道路面积增长了 4.86 倍，而人
均道路长度仅增长了 2.16 倍。城市道路全国平均宽度从 1979 年的 8.93 米
增加到 2018 年的 19.76 米，人均道路面积从 2.85 平方米增加到 16.7 平方
米，而人均长度仅从 0.32 米增加到 1.01 米。

　　日本全国道路车道与人行道合计的平均宽度为 6 米，其中车道只有 4.2
米。车道宽度在 13 米以上的 4 车道道路只占日本道路总长度的 1.51%，包
括人行道在内的日本道路宽度，国道 13.0 米－15.8 米，都道府县道 8.7 米－
10.6 米，市町村道为 5.2 米；不包括人行道的道路宽度，国道 6.9 米－8.0
米，都道府县道 5.7 米－6.7 米，市町村道 3.8 米。在日本全国道路总里程
中，市町村道长度占 84.66%。而且，这种路幅较窄、市町村道占主体的路

---

① 周建高，韩宇. 北京城市交通拥堵解决策略[J]. 经济要参，2015（29）：35.

网结构特点没有城乡差异。例如东京都 2009 年市町村道道路长度占当年道路总长的 88.91%，这比它西边相邻的山梨县的 81.19% 还高出一截。东京都的道路中有 10575.1 公里、平均宽度（包括人行道）6.52 米的村道。[①]东京都各类道路平均路幅如表 6-8 所示，各类道路的平均宽度是国道 16.1 米，都道（相当于我国的省道）13.2 米，市町村道约 5.9 米。

表 6-8　2011 年东京都各类道路路幅一览表

	区部	市部	郡部	岛部	一般国道	一般都道	区市町村道
面积（平方公里）	101290	69218	4912	7123	1197	10613	126334
延长（公里）	11841	10218	807	1476	75	801	21603
路幅（米）	8.55	6.77	6.09	4.83	16.06	13.24	5.85

资料来源：《東京都統計年鑑 2010》"表 4-1　地域、種類別道路の延長及び面積（平成二十三年）"[EB/OL].http://www.toukeimetro.tokyo.jp/tnenkan/2010/tn10q3i004.htm.

东京都区部道路里程中，路幅 13.0 米以上只占 8.8%，5.5 米－13.0 米占 32.9%，5.5 米以下占 58.4%，因此区部道路平均路幅 8.55 米。2013 年，北京城市道路中快速路 269 公里、主干路 953 公里，两者合计占总里程 6295 公里的 19.4%。截至 2019 年底，北京市城区[②]城市道路总长 6156 公里，其中快速路 390 公里、主干道 1006 公里、次干道 657 公里。快速路和干道里程合计 2053 公里，占城市道路总里程的 33.35%。[③]从路网结构看，以高速通行为目的的大路的比重，北京远高于东京，而干路比重较大、支路比重不足的问题，长时期内没有多少变化。

2018 年东京都各类道路总里程 24269.2 公里，其中一般国道、都道府县道、市町车道的里程分别是 347.9 公里、2349.2 公里、21572.0 公里，[④]三类道路在总里程中的比重分别是 1.43%、9.68%、88.89%。宽阔大路比重很小，而平均宽度不足 6 米的市町村道占绝大部分。由表 6-7 与表 6-8 的数据对比发现，中国城市道路平均宽度 2018 年达到了 19.76 米，是东京都区部道路平均宽度 8.55 米的 2.31 倍。2019 年北京市城区城市道路总长度 6156 公里，其中快速路 390 公里、主干道 1006 公里、次干道 657 公里、支路及以下 4103 公里；郊区的城市道路总里程是 2151.44 公里，其中主干道 525.12 公里、次干道 724.5 公里、支路及以下 901.82 公里。从路网结构看，在北

① 道路統計年報 2009（抜粋）[EB/OL]. http://www.mlit.go.jp/road/ir/ir-data/tokei-nen/past-data.html.
② 在进行城市道路数据的历史比较时需注意统计标准的变化。2020 年报告中城区指北京市中心的东城、西城、朝阳、海淀、丰台、石景山六个区。
③ 数据来源：《2020 北京市交通发展年度报告》。
④ 资料来源：《日本道路统计年报 2019》。

京市城区城市道路里程中，支路及以下的比重为 67%，与东京都的 89% 有
较大差距；郊区城市道路里程中，支路及以下道路比重为 41.9%。北京的
城市道路，无论是城区还是郊区，比较宽阔、以快速通过为主要目的的快
速路、主干路、次干路的比重远高于东京，而直接连接到家门口的支路比
重较低。

6.3.4 宽路的弊端

　　城市交通拥堵最常见的是机动车与非机动车在某个交叉口或路段出
现阻塞，只能缓慢移动或者静止不动。看到这种现象，大多数人认为道路
太窄，要消除拥堵应该把道路加宽。但是如果更全面地思考，就会发现宽
阔道路实际上不利于道路拥堵的解决。

　　人们通常认为，道路越宽，能够通行的交通量就越大，就不容易堵塞。
从道路网的整体效率看，宽阔道路也存在以下弊端：

　　第一，道路两边对面交通比较困难。行人从马路一边到另一边，费时
较多。

　　第二，宽阔道路造成路网稀疏。北京城市道路平均宽度约为东京的 3
倍，在面积率一定的情况下，道路越宽则长度越短，造成道路延长不足，
路网密度低，路网稀疏，过去有人认为交叉口少有利于提高路网通行速度，
实际上从路网整体看降低了可达性。路网稀疏使交通量在空间上更加集中，
增加了道路拥堵。道路因工程需要、发生意外事故、恶劣天气导致的交
通困难，对交通参与者而言，可选择的替代路径有限，会影响人们的出
行。郭继孚的研究表明，北京市区机动车出行动态非直线系数为 1.56，
远高于方格路网通常最大系数 1.414，北京的绕行现象严重，存在大量无
效交通。[①]

　　第三，道路宽阔、路网稀疏，减少了土地的临街空间，也就是减少了
商业机会。商业、服务业的货物输送、人员往来都依赖道路。城市道路与
普通道路不同的特点是功能较多，不仅是交通的媒介，还是市场的一部分，
与路边商店、企业共同构成营业空间，因此自古以来给城市道路一个另外
的名称——街。路网稀疏不利于商业气氛的形成，难以发挥城市的集聚效
应。城市道路还是消防空间、避难空间以及观光的对象，宽阔导致人均道
路长度缩短，也就是观光等各种机会的减少。

---

　　① 郭继孚. 从行车路径看城市路网功能结构问题——以北京市为例［J］. 城市问题，2007（06）：
77-80.

第四，降低了路网可达性。道路宽阔，截面交通量增大、车辆行驶速度提高，却降低了居民到达目的地的机会。陈锦富等人从土地使用、交通系统等角度分析可达性，把交通可达性解释为与机动车的通过性相反的机动车到达目的地的能力。[①]

认识到路网稀疏的弊端，学界在城市交通的规划研究中，关于道路网与交通效率的关系，除了历史形成的空间格局难以改变外，主张加密中国城市现有道路网的声音经常可以听到。20 世纪 80 年代初北京市政工程局道路专题调研组在分析北京城市道路问题时，第一点就指路网稀。当时北京老城区范围内道路长度 747 公里，占规划市区现有道路的 36.1%，路网密度达到 12 公里/平方公里，但是宽度 7 米以上能够通行汽车的道路密度只有 2.84 公里/平方公里，二环与三环之间主、次干路密度才 2.11 公里/平方公里。干路间距大，干路与支路之间缺乏连接线，造成交通拥堵。[②]90年代初，北京市政府与首都规划委员会在向中央上报城市总体规划后，立即开始做道路加密计划，当时以东城区为试点加紧推进。由于 90 年代北京市机动车数量迅速增加，1990－1998 年全市民用机动车保有量年均增加16.7%，大大超出道路系统规划时的预计，使路网系统不堪重负，出现严重的拥堵现象。规划部门积极应对，修改道路网设计方案，经过几年努力，完成"北京市区道路网系统功能调整及加密规划方案"。新方案把三环内干道平均间距由 800 米减小为 600 米，道路网密度由 4.64 公里/平方公里提高到 6.43 公里/平方公里。三环路以外至公路一环之间的路网密度由 2.12公里/平方公里提高到 3.48 公里/平方公里。1999 年 11 月市长办公会议原则通过该方案。但是，密路网的价值并没有被社会普遍接受，全国各地新建的市区、新修的道路网，路网密度依然较低。直到前几年，城市规划界普遍认识到中国城市路网结构的弊端，于是提倡窄路密网，并且把这一理念纳入了政策。如果观察近年的交通拥堵排行榜中名列前茅的城市，不难发现它们多数是路网密度较低的城市。

在高德地图等机构对 2019 年第三季度我国主要城市的交通分析报告中，拥堵程度排名前 10 位城市中，中心城区建成区城市路网密度及在 36个城市中的排名如表 6-9 所示。

① 陈锦富，卢有朋，朱小玉. 城市街区空间结构低碳化的理论模型[J]. 城市问题，2012（07）：14.

② 市政工程局道路专题调研组. 北京城市道路调研报告[C]//城市交通问题，北京，23.

表 6-9 2019 年拥堵前 10 位城市路网密度及排名表

拥堵排名	城市名	城市路网密度（公里/平方公里）	路网密度排名
1	哈尔滨	4.94	28
2	重庆	6.49	12
3	长春	5.33	25
4	贵阳	6.07	16
5	大连	6.03	18
6	北京	5.59	20
7	济南	4.68	32
8	呼和浩特	4.24	33
9	西安	5.49	22
10	广州	7.02	5

由表 6-9 可见，路网密度及其在 36 个主要城市中的排名是（路网密度/位次，路网密度单位：公里/平方公里）：哈尔滨市 4.94/28，重庆市 6.49/12，长春市 5.33/25，贵阳市 6.07/16，大连市 6.03/18，北京市 5.59/20，济南市 4.68/32，呼和浩特市 4.24/33，西安市 5.49/22，广州市 7.02/5，拥堵城市排名前 10 中有 7 座位于北方，路网密度排名处于中间线即第 18 位以上的城市，只有广州、重庆、贵阳、大连 4 个。由表 6-9 中显示的对应关系可见，路网密度越低，交通拥堵越严重，路网密度与交通拥堵程度呈反比例关系。

与道路宽阔而路网稀疏的路网系统相比，在交通量一定的情况下，窄路密网使每条道路上的交通量减少，在城市空间分布较均衡，避免了路网稀疏造成的交通量的过度集聚，有利于缓解拥堵。

6.4 可达性是路网的首要价值

道路上来来往往的交通参与者，绝大多数朝着既定目标而去。道路是前往目的地的媒介，只有有利于交通参与者到达目的地的道路网络才是社会需要的。畅通只是交通的过程而非目的，路网稠密因容纳了更多门到门的目的地而具有更高交通效率和价值。

6.4.1 日本建筑的"接道义务"

城市道路不仅提供日常通行，还是密集建筑群中的消防通道，以及地震等灾害发生时市民的避难场所，节庆游行、群众性活动的场所，也是旅游观光的对象等。日本《建筑基准法》规定，在都市计划区域、准都市计划区域，建筑物地基原则上必须连接宽度 4 米以上道路，而且连接部分必须超过 2 米，这被称作"接道义务"。之所以规定连通的道路宽度必须 4 米以上，在 1938 年修改《市街地建筑物法》时，考虑到汽车来往、火灾消防车进入、防止延烧、采光通风的需要。《市街地建筑物法》二战后经过修改成为《建筑基准法》。道路 4 米以上是最低标准，地方政府可以根据当地气候的特殊性或土地状况，在认为必要的区域内，例如多雪地区，考虑到道路两侧积雪需要，指定道路宽度 6 米以上。[①]换句话说，建筑物宅基地如果没有 2 米以上宽度与路幅 4 米以上的道路连接，就是违法。统计显示，2008 年在日本 4960 万户有人居住的住宅中，与道路相连的占 97.6%。连接的道路宽度 2 米以下的占 4.7%，2—4 米占 26.6%，4—6 米 占 35.3%，6—10 米占 22.4%，10 米以上占 8.7%。不仅绝大部分住宅与道路直连，而且住宅到商店、学校、车站等功能点距离较短。[②]

道路作为带状的多功能空间对各种公共设施的设置有一定影响，如道路沿线的商业开发能促进经济的发展。日本城市干线道路网的间距，根据1933 年内务省次官通告的《街道规划标准》，包括轨道和马车等交通在内的主要干线街道的间距，住区大体为 500—1000 米，其他地区为 500 米以下。根据 1946 年 10 月复兴院次长通告的《街道规划标准》，包括轨道、地下铁路、机动车等交通在内的主要干线道路的间距，商业区为 500 米以下，住区为 500—1000 米；辅助干线街道的间距，商业区为 200 米以下，住区为 250—500 米。日本城市道路路幅都很窄，双向八车道的道路宽度为42 米、40 米，每个车道宽度定为 3.25 米和 3.0 米，车道宽度最小的只有2.75 米左右。把城市道路轨道化，是为了使驾驶员控制行驶速度，不能随意超车等。城市居民反对道路加宽的理由之一是，四车道以上的、有相当大交通量的干线道路沿街市区受机动车的噪声、尾气等不良影响。[③]

6.4.2 道路长度比面积更重要

1. 交通运输的目的是到达

许多城市在交通拥堵治理中存在一个令人困惑的现象，因道路窄而造成拥堵，但是建了很多宽阔的快速路、干路后，交通依然拥堵。

---

① 伊藤雅春. 都市計画とまちづくりがわかる本[M]. 東京：彰国社，2011：50.
② 周建高，王凌宇. 日本住宅统计调查的内容、特点与启示[J]. 中国名城，2013（11）：27-28.
③ 洪铁成. 日本的城市道路规划[J]. 规划师，2005（07）：118-122.

城市人口稠密，产业活动、文化生活种类丰富，人们互动频繁，社会交往频率很高。道路被各种人使用，有的人只是穿城而过前往另一个地方，有的人是为了欣赏街道景致，有的人是为了到街边的某个建筑内工作或者居住，有的人把街道作为买卖、表演的场所。社会分工越多，城市道路被赋予的功能越多，对于道路数量、质量的要求与日俱增。但道路的基本功能依然是交通运输，对大多数城市居民来说，道路是前往住宅、学校、职场等城市功能点的空间媒介，到达才是目的。省时、便利是交通的基本需求，衡量城市路网的优劣，主要看路网是否有助于人们以较少的时间到达目的地，即可达性。

就城市道路的平均宽度而言，我国远大于日本。自出现交通拥堵问题后，各城市纷纷对原有道路网进行改造升级，拓宽是常见的措施之一。但是从实际效果观察，城市道路拓宽以后对于改善交通堵塞的作用似乎有限，有些业界人士就用当斯定律来解释。其实，单纯加宽道路对于缓解拥堵作用有限的原因在于，道路加宽后，只是使道路横截面扩大，瞬时通过道路切面的交通量增加了。如果城市居民的目的仅仅是从道路穿越通过，那么道路拓宽后，通过量增加，更好地满足了居民需求，道路服务交通者的水平提高。但事实上，除了过境交通或者旅游城市外，构成城市交通主体的是本市居民，他们的主要目的是借助道路在住宅与学校、商店、企业之间移动。这需要住宅、学校等满足人们某种需求的功能点尽可能多地与道路连接，道路里程越长，可以连接的功能点越多。在道路面积率一定的条件下，道路宽阔使得路网稀疏，道路长度变小，道路两侧连通的商店、住宅等功能点减少，也就减少了交通者到达目的地的机会。因此，拓宽道路对缓解路网局部拥堵有效，但是对于整个城市交通效率的提高作用较小。从整个城市看，路网密度小使任意两地之间的交通途径选择性小，而封闭性大院割据的空间使路网通过性差，可达性较低。

相对我国城市道路而言，日本城市道路路幅较窄，同等道路面积率可以获得更多长度。我国城市道路规划建设的指导思想是重视通过速度而忽视到达性。事实证明，宽阔大路对于整个城市的交通效率来说反而不高。

2. 长度决定到达机会

道路作为公共设施，人均拥有量是城市宜居与否、影响交通运输效率的重要因素。我国城市建设统计指标中常有"人均道路面积"一项。城市人均道路面积从 1981 年的 1.81 平方米上升到 2018 年的 16.70 平方米，有了很大提高。2018 年 4 个直辖市的人均道路面积分别是北京 7.57 平方米、天津 11.67 平方米、上海 4.58 平方米、重庆 13.52 平方米。人均面积过小不利于交通、工程作业和举办活动，因此人均道路面积的扩大提高了城市功能和居民福利。从满足人们交通需求的角度来说，道路面积的价值不如长度。因为能够提供人的行走、货物堆放、车辆停泊所需要的面积，除了道路还有广场、仓库、堆场等。从面积的角度来看，道路的功能与广场一样，面积大可以容纳更多的人与车。停车场是静态的，它的面积与可以停放的车辆数成正比，而且停车场的功能单一，就是用于车辆停泊。随着交通运输机动化的发展，机动车日益增多，对于停车场的需求不断扩大，我们建设更多停车场（库）就可以解决问题。但是道路具有与停车场不同的性质，它是连接不同空间位置的物理媒介，是供行人、车辆通过的空间。人们在不同位置间的移动形成了交通量，道路越长，能够连接的住宅、学校、企业等城市元素越多，能够容纳的交通量越大。只有道路长度才能满足交通与运输的需求，运输企业是以人公里或者吨公里作为客货运输量指标的，即交通运输量与道路里程相关，而与面积无关。对于以到达为目的的交通参与者而言，长度才有意义。长度决定了道路两侧土地容纳商店、医院、公园、车站等功能点的数量，长度越长，道路直接连接的功能点越多。路网稠密、人均道路长度大，则道路可以连通更多的住宅、学校、商店等设施，交通参与者获得更多到达的机会。道路长可以使功能点在平面上并列，不会因空间的垂直重叠造成过度集中。城市功能点如果垂直重叠，例如公寓住宅、高层写字楼等，复数功能点共用一个接道口，容易出现交通者因过度集中而拥堵的现象。因此，道路长度对交通参与者而言具有根本的价值。[①]

与北京相比，东京居住密度低而路网密度高，人均道路资源较多。东京都区部道路总延长 11841.1 公里，人均道路面积 11.32 平方米，人均道路延长 1.32 米。而北京首都功能核心区（东城区与西城区）人均道路面积为 5.12 平方米，人均道路长度 0.46 米，分别为东京的 45% 和 35%。到了 2019 年末，北京城区（城六区）合计人口 1123.6 万人，城市道路长度 6156 公里，面积 10459 万平方米，人均道路长度 0.55 米，人均道路面积 9.31 平方米。与历史数据比较可见，北京城区人均道路面积增长较多，但是人均道路长度增加很少。以东京都区部人均数据作基准的话，北京的人均道路面积相当于东京的 82.24%，人均道路长度相当于东京的 41.67%。造成这种现象的根源在于路网结构的差异，东京街道网络细密，某个地点因工程或者事故交通中断的话，行者可以走旁道，选择多样。吕剑等人研究也显示，

① 周建高. 长度比面积更重要[N]. 中国城市报, 2015-08-03 (05).

在人口规模、交通需求相同的情况下，较高的路网密度有助于降低绕行系数（Circuity Factors，起点与终点之间实际旅行距离与直线距离之比），改善可达性。[①]

6.4.3 封闭性大院对城市交通的影响

路网的可达性是指道路直接到达最终目的地的难易程度。日本城市建筑密度较大，但是楼层普遍不高，东京建筑平均层数为 2.6 层。特别是住宅楼极少有高层建筑，集合住宅总数中五层以下者占九成，东京居住人口密度远低于北京。加上路网密度高，使日本城市人均道路里程多，更多住宅、商店等建筑可以沿路布置。道路直接连通到住宅、学校、企业等目的地的机会多，可达性高。

中国城市道路网可达性不足，城市人口密度很高而道路面积率、路网密度低，人均道路里程少，因此临街建筑较少。大量建筑在校园、医院、工厂、居住区等大院里，交通参与者通过唯一的或者有限的出入口进入道路。城市空间被一个个单位分割，每个单位都修筑了围墙或栅栏。20 世纪 90 年代末住房制度改革以来，城市建设快速发展，无论是企业、校园还是居民区，大多数由围墙或栅栏合围形成大院，宛如独立的小型城市。大院内的道路主要供本单位、本小区的人利用，每天除了上下班时间外，大部分时间没有作为交通媒介利用，效率很低。虽然从现有的统计数据中无法得知城市道路总量中大院内的道路占多大比重，但显然远大于日本城市。大院内地块是公共交通的空白点。数十户乃至数百户共栖一栋的集合住宅是我国城市住宅的标准形态。集合住宅是复数的住户上下重叠居住的形式，只有一楼住宅可以比较轻易地直达道路，大多数住宅不接触地面，不能直通道路。越是高层住宅楼，居民由住宅直达道路的比重越小。从道路与住宅等建筑的连接方式看，我国城市路网的可达性很低。

1985 年东京都的居住环境现状评价体系，采用了世界卫生组织（WHO）1961 年提出的人类基本生活的四个理念，即安全性、保健性、便利性和舒适性作为指标。1996 年日本第七期住宅建设五年计划提出的便利性要求是：（1）保证住宅尽量接近教育、医疗、福利、购物等日常生活服务设施。（2）较为便利地利用健康文化与交流休闲设施。（3）可以在城市郊区以及城市以外地区较为便利地使用交通工具。住宅的便利性要求，很大程度上是道路网的便利性要求。

---

① 吕剑，沙云飞，史其信. 城市路网模式对交通方式分担的影响研究[C]//交通与物流·第六届（2006）交通运输领域国际学术会议论文集. 2006：339–343.

6.5 小结与对策：建设高可达性城市道路网

我国学界在论及城市交通拥堵相关概念时，常用的是交通速度、交通延误、道路通行能力、饱和度等。交通速度又分为地点车速、行程车速、行驶车速、运营车速、临界车速、设计车速、时间平均车速、空间平均车速等，这些概念都未关注交通者的最终目的地，只是关注道路上的交通现象，如道路状况、汽车运动状况等。在讨论拥堵治理时，大多数人都注意到了城市道路网络合理与否。正如美国学者里德·尤因所说，我们不应该过于强调机动车的速度，应该更多地强调人们的交通需求得到了多大程度的满足。①在拥堵治理中，人们关注的"畅通"，是道路上交通流的迟缓、阻塞现象。其实，畅通或阻塞是道路交通过程中的现象，到达才是交通参与者的最终目的。提高路网的可达性对于治理拥堵具有根本的作用。为缓解交通拥堵，改善城市道路网可从以下方面着手：

（1）道路网规划以增加市交通参与者到达机会为宗旨

拥堵治理主要盯住拥堵的地点、路段，通过拓宽道路、修建立体交通设施、发展公共交通等途径，想方设法让道路具备更大的通行力，让机动车更快地通行。这只注意到问题的现象，把改善道路上的拥堵现象作为目标，注重的是交通的过程，对于交通参与者如何到达最终目的地关注不够。

近年来，研究者提出的以人为本，主要是以车为本的道路规划设计理念，主张城市道路规划管理中，给行人、非机动车保留足够空间，限制机动车主要是私家车的行驶机会。在既定的人口密度、道路面积率下，在道路总交通量中减少机动车的比重，实质上等于一定程度上恢复到私家车普及以前的状态，也许会减轻道路上的交通拥堵程度，但是牺牲了使用汽车给生活带来的便利。何况，"城市病"的历史告诉我们，道路上没有机动车不等于没有拥堵拥挤。

解决问题首先是满足人们的交通需求。交通规划中的以人为本，是尊重交通参与者的主体性，增加各种交通方式的选择机会，增加最终到达场所的机会，即尽量增加进入建筑物的出入口，如日本的建筑"接道义务"。城市道路规划设计的指导思想或城市路网设计的宗旨，应该从主要追求最大交通流量、追求畅通，改变为增加可达性，给市民提供最大的到达机会。城市道路规划设计中应充分考虑人的多种需求，发挥街道的多种功能，使

① 里德·尤因. 交通与土地利用的创新——寻找交通堵塞的解决之道[M]. 李翅，译. 北京：中国建筑工业出版社，2014：71.

城市道路利益最大化，而不仅仅是提供通行。贝弗利·沃德说过，"机动性真正指的是到达目的地的能力。换句话说，可达性是关键，而不是所使用的交通工具"。美国所有的交通入门课程都强调，交通需求是一种派生需求，交通主要是手段，而非目的。人们出行的目的是参加活动、回家等。[①]这是城市交通规划设计时首先应有的理念。

（2）修改道路设计规范，提高路网密度标准

现有的城市空间，基本上是在各种规划设计规范、标准下形成的。过去的道路规划设计中，忽视了城市道路网的根本宗旨应是为交通参与者提供更多、更便利的到达机会，因此路网密度较低，而且不适应社会发展实际的标准长期因袭，没有及时更新。即使在交通工程技术界，对于路网密度的价值也并非都有充分认识，或者认为城市道路布局规划和平面设计问题是我国道路交通拥堵的主要原因，由此提出的城市道路优化设计是指平面交叉口、指路标志、公交停靠站、信号灯控制等；[②]或者提出的路网结构优化方案是主次干道要宽阔、减少横向干扰，优化平面交叉口设计，[③]都没有关注路网密度。

东京都 594 万户住宅中，到最近公交站 500 米以内者达 61.9%。与日本比较，我国不仅城市道路网密度较低，从国土层面比较看，全国路网密度也比日本低得多。2018 年，日本全国道路实际长度 1224765.6 公里，平均路网密度达到 3.24 公里/公里平方。[④]我国 673 个城市、1519 个县城、1.83万个建制镇、1.02 万个乡、245.2 万个村庄道路里程，合计 4083031 公里，全国平均路网密度为 0.425 公里/平方公里（参见表 6-10），相当于日本的13.12%。即使考虑到两国人口密度的差异、统计标准不尽一致，在国土空间层面的路网密度差异仍然是显著的。

表 6-10　2018 年我国道路情况表

	统计数量（个）	人口（万人）	道路长度（万公里）	建设用地面积（平方公里）	人均道路长度（米）	路网密度（公里/平方公里）
城市	673	42730.0	432231（公里）	56075.9	1.01	7.71
县城	1519	15695	14.48	19071	0.92	7.59

[①] 里德·尤因. 交通与土地利用的创新——寻找交通堵塞的解决之道[M]. 李翅，译. 北京：中国建筑工业出版社，2014：10-11.

[②] 周蔚吾. 城市道路交通畅通化设计技术[M]. 北京：知识产权出版社，2013：40-51.

[③] 王晓宁，王健，王乐，等. 城市道路交通拥堵治理实践与新技术[M]. 北京：人民交通出版社，2018：37-40.

[④] 日本《道路统计年报 2019 年》。

	统计数量（个）	人口（万人）	道路长度（万公里）	建设用地面积（平方公里）	人均道路长度（米）	路网密度（公里/平方公里）
建制镇	1.83 万	建成区户籍人口 1.61 亿	37.7	建成区 405.3 万公顷	2.34	9.3
乡	1.02 万	建成区户籍人口 0.25 亿	8.1	建成区 65.39 万公顷	3.24	12.39
村庄	245.2 万	户籍人口 7.71 亿；常住人口（0.27）	304.8	1392.2 万公顷（2016 年）	3.95	21.89
全国合计	—	—	4083031（公里）	261435.9 占国土 2.723%	—	0.425

资料来源：《2019 年城乡建设统计年鉴》。

本研究建议，应该把增加交通参与者到达机会作为首要目标，重点建设支路网，增加支路里程在道路总里程中的比重，参照国外城市标准，研究修订现有城市道路规划设计规范，提高现有路网密度标准。

第7章 巨型高密度功能点的交通影响

城市因满足人们多种功能需求而吸引人前往生活。住宅、职场、医院等是满足人们某种需求的功能点，交通就是在多种功能点之间的移动。功能点的单体规模、总体数量及空间分布是影响交通的重要因素。我国城市中的功能点单体规模庞大而总体数量较少，一般集聚于中心城区，无论是私人交通还是公共交通，要提供舒适的客运服务都存在障碍，这也是交通拥堵的重要根源之一。

7.1 功能点的定义

人们为什么都愿意聚集城市？简言之，城市能够满足人们多种欲望。西方经济学常用的一个概念是"效用"。被视作边际效用理论先驱的德国经济学家赫尔曼·海因里希·戈森（Hemann Heinrich Gossen）在19世纪中叶就指出，"人们希望得到生活享受，他们的生活目的是把自己的生活享受提到尽可能高的水平""必须把享受安排得使一生中的享受总量成为最大值"。[①] 作为经济学概念，经济学家用它来解释有理性的消费者如何把他们有限的资源分配在能给他们带来最大满足的商品上。效用的概念最初似乎是尼古拉斯·伯努利在解释圣彼得堡悖论[②]时提出的，目的是挑战以金额期望值作为决策的标准，后来发展出效用理论，以数学方式计算欲望、利害、幸福等。在英国维多利亚女王时代，哲学家和经济学家曾经将效用当作一个人的整个福利指标。效用是对主体的人而言的，指货物或服务满足人们欲望的程度。从客体的货物或者服务来说，

---

① 赫尔曼·海因里希·戈森. 人类交换规律与人类行为准则的发展[M]. 陈秀山，译. 王辅民，校. 北京：商务印书馆，2000：5.

② 圣彼得堡悖论是决策论中的一个悖论，是尼古拉斯·伯努利（Nicolaus Bernoulli）在1738年提出的一个概率期望值悖论，它来自一种掷币游戏，即圣彼得堡游戏。

就是功能。城市由于人口密集降低了交易成本，分工发展提高了劳动效率，产品、服务选择余地大且经济。不用说建筑，仅仅人的集聚，其活动就是可看、可听、可说的戏剧，城市每天都有不一样的生动戏剧出现，这是乡村无法拥有的功能。古代城市有保卫城内居民生命和财产安全的城池，有市场、作坊、学校等，如今城市功能日益丰富，不但可以低成本的解决衣食住行，而且可以学习各种知识与技能，参观展览，参与各类群体活动，找到体现自己价值的舞台。正因为城市功能越来越多，能够满足人们的需求，才使城市化成为不可阻挡的潮流。

由城市历史可知，城市大体上都有一定的功能差异，如唐代长安、宋代汴梁、元大都、明代北京等城市制度，官府、学校、营卫、坛庙、市场的空间分布，都是在一定文化观念下规划布置的。19世纪英国产业化、城市化快速发展，因城市自由发展过程中出现了劳动者居住拥挤、社区脏乱、传染病流行等社会问题，霍华德受政府委托进行调查后于1898年前后提出的城市改革和解决居住问题的方案，把城市空间划分出功能不同的区域，包括花园、公共建筑区、居住区、工业区、农业区等。霍华德花园城市思想流行一时，传播到许多国家，引发了一些建设实践，我国规划界也普遍接受了空间功能分区理论。自20世纪90年代开始，城市空间大规模扩张，从早期的经济技术开发区，到后来的居住区、大学城、中央商务区（CBD）等，城市空间的功能分异日益显著，规模扩大。城市功能区，如居住区、商业区、开发区、文教区等，是提供同类服务的机构集中设置的一片土地，面积小者数十平方公里，大者数百平方公里，在地理空间中形成较大的一片，故称为区。一座学校、一栋住宅、一家医院、一个公园，它们具备满足人们需求的功能，但是占地面积显著小于功能区，往往仅有数百平方米。如果从空中俯瞰或者在地图上标识，这些学校、医院等只是一个点。仿照功能区的概念，我们把它们定义为"功能点"。

城市空间功能分区规划的理念在实践中暴露了不少问题。在研究解决城市交通拥堵问题中，人们发现了功能分区的城市空间引发了大量交通流，例如从居住区到开发区上班，每日在住宅与就业岗位之间长距离往返，这种"职住分离"是交通拥堵的重要原因，于是提出"职住平衡"的方案，或者"混合用地"的方案，这都可以看作对功能分区规划方法的修正。

7.2　中日学校规模与数量的比较

在讨论城市交通问题时，国内外不少研究者注意到职（职场）住（住宅）远隔增加城市交通量的问题，提出通过职住平衡减少城市交通量。我国在改革开放之前，"企业办社会"确是居住与工作空间接近，而现在市场经济体制下，人们的居住和就业都自由选择，流动性增强，通过城市规划管理实现职住平衡难度很大。

在城市交通量构成中，通勤交通逐步缩小，通学、购物、旅游等交通量增加。例如，从小学到大学，全社会在学群体占总人口的比越来越大，出入校园的教员、学生等构成城市交通量的重要部分，而且小学、初级中学属于义务教育的学校，是公共设施之一，主要是政府计划建设管理的公共选择的结果。因此，通过改善学校规模、数量及空间分布，对改善城市交通拥堵具有重要意义。

7.2.1　日本东京的学校规模和数量

以 2012 年 5 月 1 日为统计时点的东京都区部小学校情况如表 7-1 所示。

表 7-1　东京都 23 区小学数量、规模一览表

区名	面积（平方公里）	小学校数（所）	儿童数（人）	校均服务面积（平方公里/校）	校均人数（人/校）
千代田	11.64	8	4364	1.46	546
中央	10.18	16	4717	0.64	295
港	20.34	19	7695	1.07	405
新宿	18.23	29	8676	0.63	299
文京	11.31	23	9757	0.49	424
台东	10.08	19	6293	0.53	331
墨田	13.75	25	9347	0.55	374
江东	39.99	44	20662	0.91	470
品川	22.72	38	13519	0.60	356
目黑	14.70	22	9210	0.67	419
大田	60.42	59	28780	1.02	488
世田谷	58.08	65	36034	0.89	554

续表

区名	面积（平方公里）	小学校数（所）	儿童数（人）	校均服务面积（平方公里/校）	校均人数（人/校）
涉谷	15.11	19	7284	0.80	383
中野	15.59	25	9369	0.62	375
杉并	34.02	43	19010	0.79	442
丰岛	13.01	23	8459	0.57	368
北	20.59	38	12761	0.54	336
荒川	10.20	24	8099	0.43	337
板桥	32.17	53	22508	0.61	425
练马	48.16	66	33882	0.73	513
足立	53.20	71	31462	0.75	443
葛饰	34.84	49	20292	0.71	414
江户川	49.86	73	36797	0.68	504
平均数			0.70		413

资料来源：全国市长会编《日本都市年鉴 2013 年》，表中"校均人数"采用整数，遇有小数时四舍五入。平均数是去掉最大数和最小数后，由其余区和学校的数据计算而得。

上学与放学产生交通量，即使学生数量一样，如果学校的规模、数量、空间布置不同，也会产生不同的交通量，影响城市整体的交通效率。

表 7-1 数据显示，千代田区小学最稀疏，平均 1.46 平方公里有一所学校，因为该区为皇宫所在地，居民、商务活动较少。其余 22 个区中，平均每所小学覆盖的面积，除了港区和墨田区之外，各区都在 1 平方公里以下。学校服务覆盖面小，表示区内学校较稠密，学生到学校距离近，上学便利。按照平均每校覆盖面积由小到大前五名分别是荒川 0.43 平方公里、文京 0.49 平方公里、台东 0.53 平方公里、北 0.54 平方公里、墨田 0.55 平方公里。反之，平均每校服务覆盖面大，说明该区学校较为稀疏，学生上学距离较远，便利性较差。东京都区部按照平均每校覆盖面积从大到小前五位分别是千代田 1.46 平方公里、港 1.07 平方公里、大田 1.02 平方公里、江东 0.91 平方公里、世田谷 0.89 平方公里，其余都在 0.57-0.80 平方公里之间。从学校平均学生人数看，最多的是世田谷区，平均每校 554 人；最少的是中央区，平均每校 295 人。平均来看，东京都区部每 0.70 平方公里一所小学，每所小学有儿童 413 人。

东京都市部小学校情况如表 7-2 所示。

表 7-2　东京都 26 市小学数量、规模一览表

（2012 年 5 月 1 日）

市名	面积（平方公里）	小学校数（所）	儿童数（人）	校均服务面积（平方公里/校）	校均人数（人/校）
八王子	186.31	70	28832	2.66	412
立川	24.38	20	8655	1.22	433
武藏野	10.73	12	6616	0.89	551
三鹰	16.50	15	8304	1.10	554
青梅	103.26	17	7281	0.78	428
府中	29.34	22	13956	1.33	634
昭岛	17.33	15	5865	1.16	391
调布	21.53	20	11025	1.08	551
町田	71.64	42	24953	1.71	594
小金井	11.33	10	5861	1.13	586
小平	20.46	19	9747	1.08	513
日野	27.53	17	9267	1.62	545
东村山	17.17	15	7551	1.14	503
国分寺	11.48	10	5898	1.15	590
国立	8.15	8	4703	1.02	588
西东京	15.85	19	9352	0.83	492
福生	10.24	7	2645	1.46	378
狛江	6.39	6	3194	1.07	532
东大和	13.54	10	4605	1.35	461
清濑	10.19	9	4200	1.13	467
东久留米	12.92	13	5872	0.99	452
武藏村山	15.37	9	4629	1.71	514
多摩	21.08	18	7055	1.17	392
稻城	17.97	11	5295	1.63	481
秋留野	73.34	11	4772	6.67	434
羽村	9.91	7	3159	1.42	451
平均数		1.29			496

资料来源：全国市长会编《日本都市年鉴 2013 年》，表中"校均人数"采用整数，遇有小数时四舍五入。平均数是去掉最大数和最小数后，由其余区和学校的数据计算而得。

东京都市部共 26 个行政市，是环绕东京都中心城区的行政区，又称近郊区，大部分是建成区，物理形态上与区部差别不大。从居住密度看，部分市超过 23 区。但是远离区部的外缘地位的市人口密度较低，市的行政范围内包括部分非建成区。总体上市部人口密度较低，属于城乡过渡地带，部分市含有乡村。从小学校密度看，最密的是青梅市，平均 0.78 平方公里就有一所小学校。最稀疏的是秋留野市，6.67 平方公里才有一所小学。平均 1.29 平方公里一所小学，比起区部 0.70 平方公里一所小学，显著稀疏。市部小学校的平均学生数量，最大的是府中市，有 634 人；最小的是福生市，只有 378 人。市部小学校平均规模为每校 496 个学生，比区部平均数 413 人高出 20.1%。

7.2.2 北京的学校规模和数量

为便于比较，表 7-3 列出了北京市 1991－2014 年各类学校的基本数据。

表 7-3　北京市各类学校数、在校学生数（1991－2014）

年份	学校数量（所）			在校学生数（人）			平均每校学生数（人/校）
	各类学校数	普通高等学校	普通中等学校	各类学校	普通高等学校	普通中等学校	
1991	8496	67	1168	2142085	136940	565357	252
1996	7121	65	1189	2388002	189953	881912	335
2001	4873	61	1111	2297107	340284	988985	471
2006	3751	82	888	2910228	554702	799074	776
2011	3367	89	769	3426025	578633	711130	1018
2014	3437	89	766	3774868	594614	651443	1098

资料来源：《北京统计年鉴 2015》。

由表 7-3 可知，1991 年至 2014 年的 23 年间，北京市各类学校数量持续减少。2014 年学校共 3437 所，仅为 1991 年 8496 所的 40.5%。但是同期各类学校在校学生数在增加，2014 年学生数量 377.49 万人，比 1991 年增加了 76.22%。相应地，平均每所学校学生数量也在持续增加，1991 年为 252 人，10 年后的 2001 年为 471 人，增加了 86.9%。又过了 10 年，2011 年平均每校学生数为 1018 人，为 2001 年的 2.16 倍。2014 年平均每校的学生数量 1098 人，是 23 年前 1991 年的 4.36 倍。

再看幼儿园和小学的数量、规模变化情况，基本数据如表 7-4 所示。

表 7-4　北京市幼儿园、小学平均规模变化（1978—2014）

年份	幼儿园			小学		
	在园人数（人）	园数（所）	园规模（人/园）	在校生数（人）	学校数（校）	校规模（人/校）
1978	235923	5074	46	937336	4666	201
1983	306975	1999	154	838078	4269	196
1988	354367	3563	99	850577	3793	224
1993	372368	3369	111	1022166	3190	320
1998	245046	2662	92	919531	2511	366
2003	199390	1430	139	546530	1652	331
2008	226681	1266	179	659500	1202	549
2010	276994	1245	222	653255	1104	592
2013	348681	1384	252	789276	1093	760
2014	364954	1426	256	821152	1040	790

资料来源：《北京统计年鉴 2015》。

从幼儿园数量看，1988 年至 2013 年持续减少，从 3563 所下降到 1384 所，2013 年数量是 25 年前的 38.8%。2014 年开始同比增加。平均每个幼儿园的幼儿数量自 1998 年后一直增加，2014 年达到 256 人，为 1998 年的 2.78 倍。如果与 1978 年比较，则 2014 年为 1978 年的 5.57 倍。

从小学的规模变化看，与幼儿园呈现类似的现象。1978 年以来，北京市小学在校学生数量呈现波浪式起伏，1978—1983 年间减少，1983—1993 年的 10 年间增加，此后 10 年又减少，2010 年以后又上升。考虑到北京市常住人口数量一直在增加，统计年鉴上小学在校学生数量的起伏的原因或是统计标准的改变，或是人口流动性增强。但是全市小学校数量一直在减少，1978 年北京市有 4666 所小学，而 2014 年只有 1040 所，为 1978 年学校数的 22.3%。平均每所小学校的学生数量，最少时为 1983 年的 196 人，而 2014 年达到了 790 人，是 1983 年的 4.03 倍。从每校学生人数规模看，无论是幼儿园还是小学，21 世纪以来的 10 多年间增长最快。

关于近三四十年学校数量、规模的变化，全国呈现出与北京一样的趋势，北京并不是特例。根据江岱、周建峰的研究，从 1985 年至 2006 年，我国中小学学校数量从 144 万所大幅缩减到 63 万所，而学生人数从 21753 万人增加到 31860 万人，平均每校学生数量从 151.06 上升到 505.71 人。这期间全国中小学教职工数从 1261 万人增加到 1652 万人，平均每所学校教工人数从 8.76 人增加到 26.22 人。①可见改革开放以来，我国各地学校普遍在总体数量减少，平均每个学校在校学生数、教师和职工人数都增加，单体规模扩大。这种改变，从教育行政管理角度看，可以节约经费、便于管理，但是从学校对城市交通影响角度看，使分散居住的学生、教师往返学校路程变长，途中时间增加。而且，我国儿童上学，考虑到道路交通安全等因素，有很大比例的孩子是由家长接送的。儿童上学距离的增加，意味着城市交通量的增加，不仅是学生、教职员工，还有相当数量的家长，这都使交通量增加。

7.2.3 学校交通影响的北京与东京比较

由于北京与东京在统计方式、统计内容上不尽一致，我们的比较并不完全。暂时未及对北京市各区学校状况分别考察，前面北京的内容是全市平均数。从全市行政区范围内的小学校数量看，北京（2014 年）为 1040 所，东京（2012 年）为 1283 所（区部 851 所、市部 432 所），学校数量东京超过北京 23.4%。从平均每所学校学生规模看，北京为 790 人（2014 年），东京都区部为 413 人（2012 年），北京学校平均人数规模超过东京都 91.3%，接近东京的两倍。

与城市交通直接相关的是学校的空间分布。东京都平均每所小学服务的地域面积，区部是 0.70 平方公里，市部是 1.29 平方公里。北京市暂时没有分区数据，从全市平均看，北京市行政区域面积为 16410.54 平方公里，小学校数量如果在行政区范围内平摊，则 15.78 平方公里才有 1 所。

与东京比较，北京小学校总体数量少，单体规模大，空间分布稀疏，学生从四面八方汇集，学校规模大导致集中的人数多，校园内、校园出入口、校园周边区域容易导致拥挤、拥堵。特别是小学生大多由家长接送往来学校，至少有一位成人伴随，在私人交通机动化情况下，接送学生的交通工具包括自行车、摩托车、电动助力车、家用汽车。每星期一至星期五上学和放学时间，接送学生的车辆在学校门口汇集，形成了校门口及其周边道路的堵塞。这种现象几乎在中国每个城市都存在。学校的空间分布稀疏使学生通学距离延长，增加了道路交通量。

2011 年，东京都 2187.65 平方公里范围内，平均每 1.67 平方公里 1 所小学、2.66 平方公里 1 所初中、5.03 平方公里 1 所高中、2.07 平方公里 1

---

① 江岱,周建峰. 一块"砖"的重量——《汶川地震灾后重建学校规划建筑参考图集》编后记[J]. 时代建筑, 2009（04）：174.

所幼儿园、4.91 平方公里 1 所专修学校、11.70 平方公里 1 所大学（含短期大学）。北京学校平均规模大而数量少，每所学校覆盖的生源地域较广，学生必须付出较大的交通成本才能往返学校。北京全市 16410.54 平方公里土地面积内，平均每 14.86 平方公里 1 所小学、56.78 平方公里 1 所高中、184.39 平方公里 1 所大学、93.77 平方公里 1 所高等教育学校。平均每所学校生源覆盖地域范围，北京与东京相比较小学是东京的 8.9 倍、高中为 11.3 倍、大学为 15.8 倍。北京各类学生 330 万人，每天往返学校者以 200 万人计，也构成了庞大的交通量。大而疏的学校布局对于交通运输的影响与大而疏的路网类似，增加了学生和教工往返学校的距离，从而增加了道路交通量。当然，相对于东京，北京的城市元素比较集中，上述算法是按照北京市行政区范围平均的理论值，实际上北京市学校分布不像上述数据显示的那样稀疏。但是一个显著的事实是，就像住区一样，平均每校的规模，北京远大于东京，从交通影响看，北京学校平均集聚的人数多，容易出现拥堵。东京学校单体规模较小但是总体数量多，空间的分布比较均匀，儿童就学地点分散，不容易形成交通量的堆积。

7.3 日本城市空间的异质功能点接近

7.3.1 功能点影响交通

居住区、文教区、开发区、商业区等功能分区的城市空间，同类相聚，有利的一面是消费者如果要买一个包，到了大商城的箱包区，可以短时间内在许多品种、不同商家之间选择。对于商户来说，同类商品经营者汇集一处，形成规模效应，有利于商业场所形成声誉，吸引顾客。城市空间功能分区不利的一面是，现代城市集中连片的功能区越来越大，人们为了满足自身的多样需求，可能上学去文教区，上班去开发区，购物去商业区，交通距离较长，形成大幅度的空间移动。同类相聚的大型市场也存在不利的方面，来自城市不同方向的买箱包的顾客集中到同一个场所，容易形成过度集聚。我国许多大型市场，往往也是交通拥挤拥堵的点。

关于交通量过度集中导致拥堵的现象，早就被管理者注意到了。在 20 世纪 60 年代初,在由国家科学技术委员会和当时的建筑工程部组织的城市道路交通科学研究工作报告中，就把"城市大集散点及文化福利设施的分布"与"城市布局、功能分区"同样作为影响城市客流的重要因素，有学者指出，我国旧有大城市由于大集散点及文化福利设施分布过于集中，已形成交通拥堵。例如，上海南京路，每到假日行人密集，行人道已远不能满足需要，行人已占用马路。据 1956 年一般假日高峰的统计，南京路西藏路口高峰小时步行人次为 28000。以 0.75 米宽为一条步行带，每条步行带每小时通行能力为 800－1000 人次计算，则人行道就需要 20－23 米宽，而当时仅宽 3－5 米，远远不能适应行人流量增长的需要。又如，济南市文化福利设施大部分集中在经四路，据 1959 年全市客流量调查，经四路一个断面一日的最大流量，大于市内其他干道一个断面同日最大客流量的总和。[①]但是这些认识似乎并未能够应用于改善城市规划、解决交通拥堵问题的实践中。

著名城市学家雅各布斯认为城市的多样功能正是其生命力所在。现代城市功能越来越丰富，除了住宅、工厂、商店等，产业革命以来发展出了学校、展览馆、公园、公共交通等。城市街道上人来车往，除了特殊地段（譬如步行街或旅游观光景点），绝大多数人只是以道路为通过的空间，最终是去职场、商店或住宅等，满足自己的需求。交通量皆是人们为满足功能而产生的空间移动量。与常住人口密度、道路面积率和路网密度一样，居住、就业、学习、医疗、休闲等城市功能点的空间组合方式，也是影响城市交通的关键因素。

7.3.2 城市空间异质功能点接近

东京交通效率高于北京，原因不仅在于其高度发达的公共轨道交通，主要在于城市空间结构特点。日本城市空间很大程度上保留原有的空间结构特征，近似于自发秩序，很少有功能单一、占地很大的功能区，像学校、诊所只是单体很小的功能点，这种功能点数量多，在城市里星罗棋布，居民就近利用便利。同时，从一定面积的地块看，如步行 10 分钟、半径大约 800 米的地块中，规模较小、效用不同的功能点紧密集聚——我们称之为"异质功能点接近"，居民能够在较小的空间范围满足日常生活的大部分需求，交通效率较高。2008 年统计显示，日本住宅往来最近医疗机构的距离，全国在 250 米以下占 32.9%，250－500 米者占 27.7%。东京更加便利，在所有住家中，到最近医疗机构距离在 500 米以内者占 84.3%，在 250 米以内者占 54.1%。

---

① 城乡建筑研究室. 城市道路交通文集（内部资料）[Z]. 北京：建筑工程部建筑科学研究院，1961：3，7.

特别是住宅与连接城市功能点的公共交通站点的接近，大大提高了人们利用公交的便利。日本全国各类住宅距离最近公交站 500 米以内的占七成以上。东京都 593.99 万户中，住宅距离最近公共交通站点 200 米以内者占 25.6%，200－500 米占 36.3%，超过 1 公里的住户只有 0.53%。①

在城市中，住宅、商店、学校、医院等不同性质的功能点在空间上紧凑组合，使人们无须过多的空间移动就能够满足日常生活的多方面需求，大大减少了城市交通流量。

从构成居住环境最重要的道路交通看，在 2008 年日本全国 4959.83 万套有人居住的住宅中，与道路相连的为 4842.65 万，占 97.64%。按照门前道路路幅分类的住宅，路幅宽度在 2 米以下者 230.47 万，2－4 米者 1319.01 万，具体情况如表 7-5 所示。

表 7-5　2008 年日本不同道路宽度下住宅数量与比例表

	住宅总数	连路住宅数	2 米以内	2－4 米	4－6 米	6－10 米	10 米以上
住宅数量（万）	4959.83	4842.65	230.47	1319.01	1751.42	1109.32	432.42
占总数比（%）	100.00	97.64	4.65	26.59	35.31	22.37	8.72

资料来源：統計表一覧. 第 58 表敷地に接している道路の幅員（6 区分）別住宅数——全国/都道府県/18 大都市（平成二十年）[EB/OL]. http://www.e-stat.go.jp/SG1/estat/GL08020103.do?_toGL0802010 3_&tclassID=000001029530&cycleCode=0&requestSender=search.

由表 7-5 数据可知，住宅总数中的 93% 连通着宽度 2 米以上的道路，其中门前路幅 4 米以上的占 66.4%。

住宅到最近火车站的距离，体现公共交通便利度，也反映居住、交通等城市功能点的空间分布状况。日本 2008 年统计数据如表 7-6 所示。

表 7-6　2008 年日本按至最近火车站距离分的住宅数量与比例表

	总数	200 米以下	200－500 米	500－1000 米	1000－2000 米	2000 米以上
住宅数（万）	4959.83	309.8	677.02	1069.49	1197.61	1705.92
占比（%）	100.00	6.25	13.65	21.56	24.15	34.39

资料来源：統計表一覧. 第 59 表最寄りの交通機関までの距離（12 区分）別住宅数——全国/都道府県/18 大都市（平成二十年）[EB/OL]. http://www.e-stat.go.jp/SG1/estat/GL08020103.do?_toGL0802010 3_&tclassID=000001029530&cycleCode=0&requestSender=search.

在日本全部住宅中，距离火车站 1 公里以内的人家占总数的 41.46%。更详细的内容没能在表中反映。例如，在距离最近火车站 1－2 公里的

① 周建高、王凌宇. 日本住宅统计调查的内容、特点与启示[J]. 中国名城，2013（11）：27-28.

1197.61 万户人家中，距离最近公交停靠站 500 米以内的占 76.5%；在距离最近火车站 2 公里以上的 1705.92 万户人家中，距最近公交站 500 米以内者占 71.36%。住家与道路、与最近车站的距离等统计项目的设计，体现了对住宅与出行关系的重视。

合理的城市空间结构，无论是企业的生产经营活动还是居民的日常生活，均能够以较低的综合成本得到最大效用。人类社会是以各种交换联系起来的系统，城市化的动力之一是交易成本低。交通是社会交往必不可少的环节，社会交往量决定了交通量。而社会交往的本质是货物、知识、服务等的交换，交换产生于不同的内容或形式之间，同类之间极少或者没有交换的必要，例如，同样大米之间的交易是无意义的。"抱布贸丝"的商业活动之所以可能，是因为布、丝虽然都是纺织品，均可用于制作服饰，但这是两种不同的货物，用途不完全相同。总而言之，异质性是交换的前提。同理，城市交通的产生，一般是在不同功能的场所之间发生的空间移动。人们往往从住宅去学校、工厂、医院等，即使有住宅之间、工厂之间的交通，也是因为甲住宅与乙住宅、甲工厂与乙工厂并不完全相同，两个场所之间存在差异性。有观点认为城市空间"摊大饼"式无序蔓延、低密度的居住促使低效交通大量产生，因而提倡建设高密度城市来减少交通量。事实上，单纯的高密度并不必然降低交通量，只有异质空间的混合或者接近才可能减少交通量，因为它可以降低交往活动的空间移动。

东京交通效率高，不仅在于其合适的人口密度、较高的路网密度，还有住宅、职场、学校、店铺等性质不同的功能点在城市空间的分布。例如，医疗机构在日本城市中星罗棋布，2009 年东京共有 23818 个，其中医院 649 个、一般诊疗所 12629 个、齿科诊疗所 10540 个。[①]学校、医院这样的功能点单体规模较小而数量众多，在城市空间分布均匀，大大节省了人们交通的距离和时间，减少了空间移动即城市交通量。

7.4 巨型高密度团块交通

比较中日两国的城市空间结构，可以发现显著的差异，与日本城市中异质功能点接近不同，中国城市空间的功能分异显著。最近二三十年高速

---

① 東京都統計年鑑平成二十二年/医療・衛生・環境[EB/OL]. http://www.toukei.metro.tokyo.jp/tnenkan/2010/tn10q3i019.htm.

城市化过程中,出现了大规模合并同类项式的城市功能区分置。先是经济技术开发区,然后是大学城、大型居住区、中心商务区等,把工厂、学校、住宅等功能相同者集中一处,每个功能区占地大,不同功能区相距很远。学校、政府机构、公园、展览馆、车站等,单体规模大而总体数量少,在城市空间的分布稀疏,与居民住宅远隔。2010 年北京市公交客运量为 68.98 亿人次,比 1990 年 33.47 亿人次增加了 1.06 倍,而公交运营线路长度为 19079 公里,比 1990 年的 2654 公里增加了 6.19 倍,每人次的公交客运距离大大延长了。吕斌等人研究了北京市居住于可支付性住房(经济适用房)中的低收入群体到就业中心的平均通勤时间,无论是公交车还是小汽车,2004 年后都显著增加了,超过半数的居民单程通勤时间超过 90 分钟。假使学习、工作、购物、休闲等日常生活内容一样,北京市民为享用同等的城市功能,必须比东京市民在道路上消耗更多时间和经济成本。

7.4.1 团块交通的定义

中国城市空间特征之一,是城市行政区范围内不同地域差别大,表现在城乡间泾渭分明,城区范围内又呈现出工业区、居住区、商业区等差异明显的大幅地块。作为影响交通的主体——人口,在城市空间的分布极不均衡,如市区与郊区,市区内居住区与非居住区。因此,讨论城市人口密度时,以行政区、建成区为单位的统计数据表示的只是大范围的平均数,无法反映不同地块的巨大差异。

考察交通问题,首先看人在城市空间的分布状况。造成中国城市交通拥堵难以解决的还有一个重要原因,是巨型高密度团块交通的存在。团块交通是指众多交通者因交通时间、场所相同而形成的交通,多人交通需求相同或相近形成同质性团块。譬如,大型企业中从宿舍区往返工作区的交通,大学里学生从宿舍区往返图书馆、教学区的交通,或者城市里居民从居住区往返开发区的交通。组成团块的工人、学生等在交通需求上具有同质性。这种团块交通成为难以解决的拥堵根源,主要在于团块的两个特点,一是高密度,二是大规模。团块交通,如果仅仅密度高而规模不大,可能不是问题,或仅仅规模大而密度不高,例如一个村落或工人新村,可以通过增加交通路线、运输工具解决交通问题。唯有高密度、大规模的交通团块,像北京的望京、天通苑、回龙观等超级居住区,解决交通拥堵就十分困难。

7.4.2 大型医院的交通影响

我国不少大城市都有大学城，就是把一个城市的许多高等学校集中布置在一片连续的地理空间，但还没有出现把医疗机构集中在同一个区域的现象。医院与学校类似，也是一种功能点。

在我国城市交通拥堵现象中，学校、医院门口或周边拥堵严重是备受关注的问题。高德地图对我国城市的交通研究中注意到了大型医院对交通拥堵的影响。在 2019 年第三季度中国城市交通拥堵状况报告中，根据其"明镜"系统监测，排出了三季度主要三甲医院周边道路拥堵榜单。在全国规划热度最高的前 30 所三甲医院中，浙江大学医学院附属第一医院周边道路拥堵最严重，全天拥堵延时指数高达 2.457，即汽车在自由流状态下 10 分钟走完的路程，实际上用 25 分钟走完。上榜前十的医院中北京市有 3 所，长沙有 2 所，上海、成都、郑州、沈阳各有 1 所，如表 7-7 所示。

表 7-7　2019 年第三季度全国规划热度最高三甲医院拥堵指数排名

排名	医院	全天现场延时指数	所在城市
1	浙江大学医学院附属第一医院	2.457	杭州市
2	中南大学湘雅二医院	2.283	长沙市
3	复旦大学附属华山医院	2.194	上海市
4	中南大学湘雅医院	2.119	长沙市
5	北京儿童医院	2.081	北京市
6	北京大学第三医院	2.049	
7	四川省人民医院	1.957	成都市
8	河南省人民医院	1.953	郑州市
9	首都儿科研究所附属儿童医院	1.947	北京市
10	中国医科大学附属盛京医院	1.895	沈阳市

从各省、直辖市规划热度排名前三的医院看，湖南省三甲医院的平均全天拥堵延时指数最高，中南大学湘雅二医院周边道路最堵；山东省、北京市、浙江省、上海市同属于第一梯队，平均全天拥堵延时指数大于 1.8，处于拥堵状态，显示当地优质医疗资源供需压力较大。2019 年第三季度北京儿童医院全天拥堵延时指数为 2.081，高延时状态占比为 61%，为北京市三甲医院最堵，然后是北京大学第三医院、首都儿科研究所附属儿童医院。医院周边拥堵在早高峰结束后仍会延续 3 小时左右直至中午，首都儿

科研究所附属儿童医院在 9—11 点拥堵尤为严重。①

我国很多城市的三甲医院，处处排队，人满为患，如果病人家属自驾车去医院，医院的停车场也非常紧张。

我国学校也曾在较长时期内存在"重点"校与"一般"校的区分，每个省、市、县都有重点中学和一般中学，这种区分有的是行政管理，更是社会选择的结果，百姓乐于给学校排队分等。集中优质资源扶持优质生源，这是在资源有限条件下追求效益最大化的常见做法。与学校一样，作为城市功能点的医院，按等级分配资源，不同等级医院各方面条件差异较大，医疗资源过度集中在三甲医院、集中于大城市，导致求医问药的人都拥到省会的三甲医院，造成医院内和医院周边道路交通拥堵，也是加剧大城市拥堵的因素之一。尽管不少城市统计数据显示的按照人口比例的医疗资源，例如医护人员数量、医疗机构数量、病床数等可能并不低，但是由于三甲医院与街道（乡镇）卫生院差异悬殊，实际诊疗数量在空间上严重失衡，大多集中于数量有限的大型医院。

7.4.3 清明节拥挤的墓地

每年清明节期间大型墓地也是交通拥堵点。清明节各地交通拥堵的信息经常登上媒体版面。有的城市媒体提前发布出行指南，指导人们选择适合的出行路线。2018 年 3 月 26 日"天津网警巡查执法"网发布了清明节祭扫天津各公墓周边交通指南，网上地图指示了道路行驶方向、停车禁止路段和可行路段、停车场位置。②2019 年 4 月 2 日高德地图、中国天气网联合全国 90 多家交通管理部门共同发布了《2019 清明小长假出行预测报告》。该报告根据高德地图历年交通大数据，预计清明节期间交通出行和返程高峰时间、地点以及拥堵程度。例如，预测出行高峰在小长假第一天即 4 月 5 日 8 时—12 时，拥堵里程占比是平日的 5 倍左右。全国车流量较大的高速公路段主要分布在长三角、珠三角、成渝地区。出行高速公路收费站拥堵排名前 10 名中，最拥堵的是天津市永定新河收费站，白天拥堵延时指数高达 15.3，平均车速仅为 5 公里/小时；其次是乌兰察布市蒙冀界收

---

① 高德地图发布《2019 年 Q3 中国主要城市交通分析报告》[EB/OL]. http://auto.ce.cn/auto/gundong/201910/28/t20191028_33451640.shtml.

② 去扫墓怎么走不堵车清明祭扫天津各公墓周边交通指南[EB/OL]. https://baijiahao.baidu.com/s?id=1595991262148175117&wfr=spider&for=pc.

费站、深圳市盐田收费站。[①]

　　清明节期间的道路拥堵并非近年才出现的新现象。据报道，2010 年清明节，4 月 4 日截止到下午 3 点 30 分，山东省 9 个观察点合计祭扫者达 20 万，车流量达到 21000 多辆。报道称"墓地周围道路出现堵车，停车非常困难"。[②]2011 年 4 月 4 日杭州市扫墓人流超过 48 万人，各大墓区道路人、车密集，各停车场饱和，周边相关道路出现短时拥堵情况。杭州市民政部门预测，整个清明期间，南山陵园、午潮山、闲林公墓、半山公墓、龙居寺公墓、华侨陵园、安贤园、钱江陵园等扫墓人数将超过 150 万人。[③]仅仅扫墓人数多不一定是问题，成为问题的是扫墓过程中交通拥挤和堵塞。2015 年 3 月下旬浙江在线记者刘永拓关于清明扫墓的记事中写到，"又到清明，扫墓祭祖，踏青赏樱，想想就是人挤人、车挤车的场面啊"。报道了杭州交警发布墓区周边道路交通管制的预告，包括禁止通行、单向通行路段名单，提到各公墓、景点、商圈周边道路"通行、停车都极为困难"。杭州公安交警部门呼吁大家尽可能选择公交、骑行非机动车等绿色交通方式出行，才能避免"停车难"的麻烦。[④]

　　为什么扫墓的道路上会出现拥堵现象？这需要跟墓地的规模、形式结合起来考虑。

　　在乡村社会中，一般小者几户人家、大者几十户人家组成一个聚落。埋葬死者的墓地就在村落旁边不远处，有的人家在自己土地上单独埋葬起坟，但一般是各家坟墓聚集于同一块地上，墓地规模与聚落规模相应。由于人口的流徙和土地所有权的转移，农业生产力也限制了聚落的规模，即使经历多代，墓地规模还是有限的，扫墓不会出现拥挤拥堵问题。但是现代中国城市里，埋葬地一般由政府规划而成，称作公墓。墓地分公益性墓地和经营性墓地，墓位都是连续排列，集中于一块较大土地上，与周围土地性质不同。影响出入墓地交通流是否堵塞的关键因素是墓地的规模，一些墓园规模太大是清明节扫墓交通拥堵的主要原因。例如在杭州市，建于 1987 年的半山公墓坐落于半山桃园，在 320 国道旁，占地 182 亩（1 亩≈

　　① 首页大数据告诉你，清明节全国哪里最"堵"何时最"堵"[EB/OL]. http://www.nbtv.cn/xwdsg/gn/30143248.shtml.

　　② 今天是清明节，错时扫墓避免拥堵[EB/OL]. http://www.sina.com.cn.

　　③ 天气晴好杭州当日扫墓客流量超过 48 万现"井喷"[EB/OL]. http://zjnews.zjol.com.cn/system/2011/04/04/017416105.shtml.

　　④ 清明杭州扫墓如何出行不堵心？交警给了 5 张图支招[EB/OL]. https://china.huanqiu.com/article/9CaKrnJJgcK.

0.067 公顷，以下同），迄今为止已有入土墓穴 35000 余。[①]建设改造于 1981 年的南山陵园目前占地面积约 287 亩，墓区 54 个，墓位数 4.6 万余穴。由于墓园面积大、墓区多、墓位多，一些人在扫墓时寻找自家亲人墓位发生了困难。据称陵园于 2018 年冬至，利用信息化技术手段开发出墓穴导航系统，以解决群众"找墓难"问题。[②]天津市位于 112 国道北侧的万寿园公墓，占地 438 亩；[③]坐落于武清区 104 国道东洲大桥旁的永极陵园，占地面积 532 亩；[④]位于武清区陈咀镇的永安公墓，是武清区国资委 2004 年出资建立的全民所有制企业，占地 1200 亩，目前安葬人数超过 13 万，是天津市安葬量最大的国有经营性公墓。[⑤]13 万人的规模相当于一座小城市的总人口。清明节扫墓，时间上是统一的，虽然不是固定某天某时，但基本是每年 4 月以 4 日、5 日为中心的前后几天内，这是历史上形成的节日。墓位密集，使祭扫者也形成了密集人群，道路上形成高密度交通团块。如果这个交通团块规模不大，在道路、停车场、墓园的容量范围内，一般也不会有问题。但是，墓园规模太大，大大超过了交通空间的平日容量，拥挤、拥堵自然不可避免。

日本的墓地不像中国如此集中，其紧挨着居民区，一般二三十个墓的规模，实际上依然保留着村落的格局，人们扫墓只要步行几十米就到。在整个城市空间中，小型墓地分散且均匀分布，这种分布形态不会产生人员高密度集聚。

思考交通量空间分布时，可以发现我国城市的巨型高密度团块交通表现在许多方面，像居住区、学校、医院、城市综合体、车站等城市功能点，与日本比较，普遍单体规模大而总体数量少，空间分布过度集中。肖金成、党国英在揭示我国城市人口空间布局的主要问题时指出，居住区、政府办公区、大学等被高墙围起来，这种一个个"围子"组成的城市，不仅破坏了城市风光，也造成城市交通极大拥堵。[⑥]

① 半山公墓[EB/OL]. https://baike.baidu.com/item/半山公墓/9788623?fr=aladdin.

② 杭州市南山陵园服务管理中心[EB/OL]. http://mz.hangzhou.gov.cn/art/2019/11/20/art_1551211_24624546.html.

③ 万寿园公墓[EB/OL]. http://www.bz-tj.net/jjjs/html/186.html.

④ 永极陵园[EB/OL]. http://www.bz-tj.net/jjjs/html/174.html.

⑤ 天津永安公墓[EB/OL]. https://www.zhmu.com/gongmu/tianjin_yongan.html.

⑥ 肖金成，党国英. 城镇化战略[M]. 北京：学习出版社，海南出版社，2014：304.

7.5 小结与对策：城市功能点小型化与多点散布

城市作为规模较大的聚落，功能点丰富多样可以满足人的多种需求，因此城市吸引各种人的集聚。人们为了满足需求在各种功能点之间移动，形成了城市交通。当代城市规划中，一般把城市空间按照功能分区，如居住区、商业区、工业区、文教区等，在市场经济发展过程中，各地积极发展专业市场，以合并同类项的方式，把相同行业安置在同一个地区，于是城市功能区扩大。随着城市空间扩大，人们为满足需求而移动的距离延长，城市交通量增加。由中日比较研究可知，住区、学校、医院、墓地等城市功能点，日本是单体规模小、总体数量多、空间分布散，不同功能点混合接近，市民利用起来比较便利；而中国是单体规模大、总体数量少、集中于主城区，造成的结果是移动距离较长、交通成本较大，而且单个功能点人员过度密集，形成巨型高密度团块交通源，供给侧、需求侧均受拥挤拥堵之苦，难以得到满意体验。就城市交通而言，巨型高密度团块交通源，公共交通也无法提供良好服务，北京市的"望天回"居住区的交通状况已经证明。

交通中的巨型高密度团块存在于道路、批发市场、旅游景点、车站、学校、医院等，不是现在才有，不是自然形成的，而是跟我们的观念意识、土地制度、城市规划建设管理制度密切相关。只要有这种团块，无论是机动车普及率高低，还是城镇规模大小，很容易出现交通拥挤拥堵。北京、上海等城市早就注意到市中心人口过密的弊端，并且实行了疏解，但是在老市区周边建设的住区，依然是集合住宅区。原来在老市区的高密度团块没有拆散，只是移动了位置，从市中心转移到了郊区，交通拥堵并未根本解决，而且由于就业岗位没有随着居住人口一起外迁，在居住人口集中的外围与就业岗位集中的市中心之间形成潮汐般的交通流，大大增加了交通量。

解决之道是分解医院、学校、宽阔道路等城市功能点，化大为小，在城市空间分散布置，以使交通流在空间分散，降低集聚度。北京、上海等城市早在20世纪90年代就开始将老城区人口迁往郊区新城，中心区城市人口密度已经开始下降，但并未降低到理想水平。从缓解中心区交通拥堵的目标看，过去的疏解方法未能达到目标。汽车社会发展、机动车总量快速增加固然是重要原因，还有一个似乎没有被充分认识到的原因是，提供就业岗位的企事业机构与提供公共服务的教育、医疗设施等功能点没有同步疏解，依然集中于老城区。大型功能点形成的巨型高密度团块交通源没有被分解，拆掉老城区几个小的住区，迁到郊区后又合并为一个大型新住区。因此，北京疏解中需要注意，在建设雄安新区和通州副中心过程中，应该避免规划设计超大型的住区、学校、医院、车站、道路等，可以借鉴日本城市特点，把功能点小型化、多样化，在城市分散均衡布置。从学校、医院等每个功能点来看，小而多是合理的；从每个一定面积的地块（譬如几公顷）单元看，应是多种功能点混合的，能够满足居民日常生活需求。这样可以使交通量在地面分散，避免过度集中，从而缓解交通拥堵。

从 1978－2018 年，我国公路总里程从 89.02 万公里增长到 484.65 万公里。2018 年底我国有等级公路（高速公路、一级公路、二级公路）总里程 446.59 万公里，城市道路 43.2 万公里。1978－2012 年，国土面积上的平均公路密度（公里/百平方公里）从 9.27 提高到 44.14，按照全国人口总数计算的人均长度（公里/万人）从 9.25 提高到 31.45。不通公路的乡镇从 9.50% 下降到 0.03%，不通公路的村从 34.17% 下降到 0.45%，实现了村村通公路。[①]无论是人均道路长度还是国土平均路网密度，都有了巨大进步。但是，公路的交通供给与社会的交通需求存在不匹配的现象，即有些公路交通供不应求，经常拥挤堵塞，超负荷；而同时许多公路使用率很低，闲置浪费很大。城市道路也存在类似现象。干道、快速路常常拥堵，支路和居住区、工业园区、新城新区内的很多道路，利用率很低，这是交通资源供需失衡的体现，原因在于城市功能点分布不合理。大型批发或零售市场、物流园区、工业集中区、商业集中区等在地理空间上过度集中，造成交通量在城市空间无法均匀分布，过密与过疏并存。

城市与村庄显著不同点是多样性，各个地方来的人都能够找到自己的生存空间。当住宅周围有多种不同业态密集混合，就能够以很少的空间移动满足多种文化背景的人的需求，提高交通效率。

---

① 中华人民共和国交通运输部. 2012 中国交通运输统计年鉴[M]. 北京：人民交通出版社，2013：247.

第8章 汽车与城市可相辅相成

自 1913 年福特发明生产流水线后,汽车从昂贵的奢侈品变成百姓家庭日用品,1924 年美国人 3 个月的收入就可购买一辆 T 形汽车。汽车进入社会不仅带来工作、旅行等生活方式的巨变,还带动了金融、保险、旅游等行业的迅速发展,以及城市面积的大幅扩张。如今,汽车业消耗着全世界 47% 的石油、25% 的钢铁、58% 的橡胶、50% 的玻璃。汽车产业是工业国家的支柱产业,汽车普及率是一国繁荣富裕程度的标志之一。只要人们因事而集聚,任何场合都有出现拥堵拥挤的可能,但农业社会的拥挤很少见,规模也很小,没有成为影响社会生活的问题。尽管汽车数量与城市交通拥堵程度之间没有正比关系,但拥堵的普遍化确实是私家车普及后带来的问题。目前中国严重的交通拥堵主要是汽车社会发展与既有城市空间格局冲突的体现,治理交通拥堵很大程度上可以说就是解决汽车与城市的矛盾。

汽车作为 20 世纪迅速普及家庭的机动交通工具,既对历来的城市空间形成挑战,又是经济社会和城市发展的推力器。怎样处理好汽车与城市的关系是当代中国的紧迫课题。日本例子证明,即使在人多地少的国家,汽车社会与城市化照样可以共生共存。自然资源条件更好的中国完全可以给汽车提供自由发展的舞台。

8.1 汽车带来城市空间变化

8.1.1 汽车与交通运输革命

在汽车、火车等运输工具发明之前,短途的、少量的运输,一般利用人的体力和技巧,如头顶、肩挑、背扛、手提等,而长途的、大量的运输则必须依靠车马、船舶等。例如我国通过运河系统从东南沿海输送到中原或者华北，运河系统曾是运输的生命线。18 世纪瓦特发明蒸汽机带来产业革命，也带来交通运输的革命。蒸汽机被应用于交通运输工具，出现了轮船、火车、汽车、飞机等。这些以机械动力驱动的运输工具，使人类免除了劳力之苦，而且载运量大、持续里程长、受气候影响小，效能优越于传统的车船。但是轮船、火车等交通运输工具体型庞大、造价昂贵，一般只有企业或者公共团体才能拥有，作为经营工具用于公共运输。个人旅行，只有步行、脚踏车（自行车），或者利用公共交通。给个人交通方式带来革命性变化的是汽车的发明及其制造技术的不断革新。自福特等人 1914 年将泰勒的流水生产线技术运用到汽车制造上，1963 年丰田汽车公司全面推行精益生产方式，改善了汽车生产的组织方式，这两次汽车制造技术的革命使汽车生产效率提高、成本降低，促进汽车进入大众家庭，消费扩大又促进生产规模进一步扩大，形成了庞大的汽车工业。1950－1973 年是世界汽车产业发展的黄金时段。自 1970 年以来，全球汽车数量几乎每隔 15 年翻一番，2019 年全球汽车产量为 9217.5 万辆。[①]美国拥有汽车的家庭 1913 年不到 5%，1926 年达到了 50% 以上。1970 年到 2000 年，美国无车家庭的比例从 17% 下降到 9%，拥有三辆及以上私家车的家庭从 6% 扩大到 18%。如今美国只有 4.3% 的工人没有私家车。[②]肯尼斯·杰克逊认为，二战后的美国社会，时髦的、带空调的大马力汽车成为个人成功和身份的最佳象征，相当于一份轮子上的声明。汽车和郊区结合起来创造了汽车文化，是美国家庭日常生活的一部分。

8.1.2　汽车改变城市空间

汽车不仅带来交通运输方式的革命性变化，也给城市空间带来革命性变化。

中国古代的城市，除都城之外，一般规模都不大，不仅人口不多，占地面积也很有限。决定城市规模大小的因素，不仅是农业是否能够提供足够的剩余供非农业人口消费，而且交通方式也决定了人们在一定时间内能够移动的距离。步行的速度一般每小时 4 公里左右，人们持续旅行的时间一般是 1 小时。因此，在步行交通时代的城市面积，大体上不超过半径 4 公里的范围。自行车时代，城市半径可以达到 10 公里或者 15 公里。汽车

---

① 2019－2020 年世界各国汽车产量[EB/OL]. http://www.qqjjsj.com/index.php?a=show&c=index& catid=165&id=215374&m=content.

② 兰德尔·奥图尔：公共交通的末日[EB/OL]. https://mp.weixin.qq.com/s/cfDwrsuBxTlh_pYsFdLPcw 钟丹，译. 微信公众号"蔚为大观"，2018-01-24.

成为私人交通工具后,大大改变了人类活动的空间结构,改变了城市空间,使城市范围扩大,功能丰富,出现许多新的消费方式。例如美国汽车旅馆,1948 年有 2.6 万家,1960 年增加到 6 万家,到 1972 年又增加了一倍。相关设施还有汽车影剧院、加油站、购物中心、房车和移动的住房、快餐店。汽车社会还创造出没有中心的城市。1984 年加州 2600 万人拥有 1900万辆机动车。1970 年美国 15 个最大的都市郊区中 9 个成为主要的就业中心,纽约市 78% 的郊区居民的工作岗位也在郊区。二战后个人交通机动化改变了城市空间结构,商业、居住、工厂的模式被重新设计。[①]汽车的广泛使用造成美国城市蔓延,美国统计局在 2000 年和 2004 年公布的美国通勤者的交通模式中,独自驾驶汽车的占 75.7%,合伙使用汽车的占 12.2%,利用公共交通的占 4.7%,步行者占 2.9%,在家里工作者占 3.3%,其他占1.2%。在二战后的经济发展中,劳动者收入普遍提高,增强了购买土地的能力。燃料价格便宜,自驾车出行成本较低。为了躲避市中心的交通拥挤、空气污染等,同时郊区土地价格便宜、环境良好,人们纷纷去郊区购买土地建造住宅。在过去几十年里,美国城市出现中心区域人口密度降低,中产阶层纷纷迁移郊外生活和就业,城市面积扩大的现象。1980-1990 年,城市土地总量从 1890 万公顷增加到 2240 万公顷,许多郊区市政当局把郊区土地划分成最小的可利用地块。出行成本较低使人们可以在距离企业、商业中心较远的地方居住,1982-1997 年美国城市人口增长了 17%,城市土地增长了 47%。有些城市的面积扩张更显著,如 1970-1990 年,克利夫兰人口数量下降了 8%,而城市化土地面积增长了 33%;芝加哥人口增长了 4%,而城市化土地面积增长了 46%。1950-1990 年,美国城市化地区人口增长了 92%,而土地增长了 245%。城市人口密度普遍下降。[②]这种被称作郊区化或者城市蔓延的现象,改变了城乡空间结构,很大程度上是家用汽车普及带来的结果。

8.2　人口稠密的日本如何适应汽车社会

汽车作为私人交通工具的普及,需要较大的人均交通空间。以居住密集为特征的城市空间中,私家车的普及会导致街道上交通拥堵,这是各国

　　① 肯尼斯·杰克逊. 当代美国的汽车文化[C]//张庭伟, 田莉. 城市读本(中文版). 北京: 中国建筑工业出版社, 2013: 67-74.

　　② 阿瑟·奥莎莉文. 城市经济学[M]. 周京奎, 译. 北京: 北京大学出版社, 2008: 140-144, 200.

普遍存在的现象。美国因市民迁居郊区带来市中心区居住密度下降，人均可用空间扩大，维持了汽车社会中城市交通的运转。城市蔓延占有土地较多，中国主流观点认为国情不同，美国土地资源丰富而中国人多地少，城市化不能走美国的模式。国土空间上人口比中国稠密得多的日本，如何处理私家车普及与城市空间的矛盾，似乎值得中国借鉴。日本在经济高速发展也是城市化高潮阶段，交通拥挤、交通事故等问题一度也十分严重，在没有限制人口自由流动和百姓机动车购买与使用的条件下，交通问题治理取得显著成效，如今城市化已经到头、机动车拥有率也已饱和，汽车社会与城市相得益彰共同发展，相互促进。日本的治理经验值得我们深入研究。

8.2.1 高速发展阶段的"交通地狱"

二战后，日本以欧美先进国家为榜样，以较快速度实现了现代化。现在经济结构以第三产业即服务业为主导，社会结构过渡到城市化社会、中产阶层占主体的纺锤形稳定形态。在 20 世纪 50 年代至 80 年代，城市化、交通机动化基本同步快速发展，其间也出现过许多问题，但是经过大约一代人时间的治理，80 年代后进化到"成熟社会"阶段。1955－2010年，与城市交通相关的人口、产业、道路建设、机动车数量等情况如表8-1 所示。

表 8-1　二战后日本城市交通相关经济社会主要指标变化一览表

年份		1955	1970	1985	2000	2010
人口总数（万人）		8927.6	10372.0	12104.9	12692.6	12805.7
人口密度（人/平方公里）		241.5	280.3	324.7	340.4	343.4
就业结构（%）	第一产业	41.1	19.3	9.3	5.0	4.0
	第三产业	35.5	46.6	57.3	64.3	66.5
城市人口比重（%）		56.1	70.9	76.4	78.2	90.5
国内货运量（亿吨公里）		817.87	3506.56	4341.60	5780.00	4554.09
国内客运量（亿人公里）		1658.26	5871.78	8582.14	14196.97	13707.94 (2009)

续表

年份		1955	1970	1985	2000	2010
道路建设	道路延长 （万公里）	96.1914 （1960）	101.4589	112.7505	116.6340	121.0251
	铺装率（%）	2.8 （1960）	15.0	57.9	76.6	80.4
汽车保有量（万辆）		43.9	1724.9	4521.6	7089.8	7385.9
摩托车保有量（万辆）		126.7	875.5	1866.9	1372.0	1247.7 （2009）
交通 事故 情况	每日件数	257.5	1967.3	1514.5	2546.3	1988.4
	死亡率 （人/10万人）	7.1	16.1	7.7	7.1	3.8
	负伤率 （人/10万人）	85.7	945.9	562.9	910.5	699.9

资料来源：矢野恒太記念会『数字でみる日本の100年』改訂第6版，2013年；全国市長会編『日本都市年鑑2013』，第一法規株式会社，2013年。城市人口是指设市、区的人口。汽车保有量是乘用车、卡车、公共汽（电）车合计数。

　　产业结构变化带来人口空间分布的变化，从农业社会的分散到工业社会、后工业社会的集中。由表8-1数据可见，从日本就业者的三次产业构成看，第一产业比重1955年为41.1%，1985年为9.3%，2010年4.0%；第三产业就业比重在这三个年份分别是35.5%、57.3%、66.5%。全社会职业结构中，1955年比重最大的是第一产业，到1960年比重最大的是第三产业占38.2%，超过了第一产业32.7%的比重，显示已经进入工业化社会。与此同时，人口总数增长，空间分布结构出现的显著变化是越来越多的人口向城市集聚，城市人口比重从1955年的56.1%上升到1970年的70.9%。机动交通工具摩托车、乘用车快速普及到百姓家庭，一度造成严重的城市交通问题。

　　日本的城市交通，曾经历过一个被社会称作"交通地狱"的时期。

　　在日本经济发展也是城市化高峰阶段的20世纪60年代，城市交通问题表现为：（1）汽车交通事故多，危害严重。1968年全国交通事故629852起，比1967年增加20.8%。因交通事故死亡14255人、受伤812936人，伤亡合计人数与日本德岛县或高知县的全县人口相当。（2）交通公害，即噪声、振动、尾气排放。60分贝或者70分贝以上的噪声会导致人的血压上升、消化机能减退、疲劳度上升等负面影响。翻斗车、挂车等大型车辆奔驰于凹凸不平的道路上，振动对于路边老木屋损害很大。（3）交通难。无轨电车、公共汽车、火车、出租车等交通工具带来各种问题，表现为通勤通学难、交通瘫痪、车费上涨等，上班高峰时的车厢人员拥挤，好不容易下了车，又要穿地道、过天桥，等待出租车得排长队，常常需要二三十分钟。在都心三区（千代田、中央、港）上班的白领七成人上班单程要花40 分钟至 80 分钟。[1]道路堵塞方面，3 级以上堵塞度 1966 年比上年增加26%，1967 年又比 1966 年增加 18.7%。当时人称日本城市交通状况堪比"交通地狱"。[2]关东地方建设局 1971 年秋季调查发现，东京都内 200 公里国道平均车速 20 公里/小时，早晚高峰时段只有 9 公里/小时，6 号国道最拥堵路段时段只有 4 公里/小时，17 号国道只有 7.7 公里/小时。[3]面对严峻的交通事故伤亡人数，1968 年、1969 年警察厅两度宣布"交通战争事态"。交通流最大地段高峰 1 小时国营铁道公司列车车厢内拥挤率，1955 年就达到 278.8%，10 年后的 1965 年增加到了 295.9%，即车厢内乘客数量达到设计容量的约 3 倍。

8.2.2　日本首都圈交通拥挤拥堵是如何缓解的

　　日本在高速发展阶段的城市交通拥挤拥堵总体上并不普遍，主要出现在东京、大阪、名古屋三大都市，以东京为突出，这缘于人口、产业等国土空间分布过于集中。东京圈的交通拥挤拥堵程度大体与经济发展和城市化的节奏相吻合，最严重的时期在 1955－1970 年，此后逐步缓解。1970－1985 年，在汽车保有量增长 1.62 倍、摩托车保有量增长 1.13 倍、全国总人口增加 16.7% 的情况下，交通事故死亡率（人/10 万人）从 16.1下降到 7.7，下降一半多。每千辆汽车死亡人数从 1955 年的 4.24 人下降到 1985 年的 0.18 人。[4]东京地区最拥挤区间电车（轻轨）车厢平均拥挤

---

① 佐藤武夫, 西山卯三. 都市問題——その現状と展望[M]. 東京：新日本出版社, 1972：181-189.
② 日本道路堵塞度分 5 级：1 级指一个车道上堵塞距离 90 米，堵塞车辆达到 15 辆，不等信号灯；2 级指堵塞距离达到 180 米，堵塞车辆达到 30 辆，等待一个信号灯；3 级指堵塞距离达到 360 米，堵塞车辆达到 60 辆，等待信号灯 2—4 次；4 级指堵塞距离达到 900 米，堵塞车辆达到 150 辆，等待信号灯 5 次以上；5 级堵塞指堵塞距离 900 米以上，堵塞车辆 150 辆以上，等待信号灯 10 次以上。佐藤武夫, 西山卯三. 都市問題——その現状と展望[M]. 東京：新日本出版社, 1972：181-189.
③ 田中角荣. 日本列岛改造论（内部资料）. 秦新, 译. 北京：商务印书馆, 1972：59.
④ 戦後における我が国の交通政策に関する調査研究委員会. 戦後日本の交通政策[M]. 東京：白桃書房, 1990：241-242.

率①1965 年是 267%，1975 年是 221%，1985 年是 212%，1995 年是 189%，2005 年是 170%，2014 年是 165%。从主要都市道路拥堵平均速度看，1994—1997 年高速公路汽车行驶平均速度，东京都区部从 15.4 公里/小时上升到 28.3 公里/小时，川崎市从 19.0 公里/小时上升到 62.8 公里/小时，有了显著提高。

日本首都圈为什么能够走出 20 世纪 60 年代极度拥挤拥堵的"交通地狱"？主要有以下原因：

1. 人口城市化放缓、老龄化上升

首都圈从"交通地狱"走出的多种原因中，人口向首都集中的势头衰减应该算是首要原因。日本人口向东京都集中最高的阶段是 1947—1968 年，此后大幅减少。东京都中心区域的区部就业者 1960 年至 1969 年增加了 118 万人，年均增加 13.11 万人；1969 年至 1975 年增加了 45 万人，年均增加 7.5 万人，增加幅度比前段时间显著下降。市郡部（郊区）就业者 1960 年至 1969 年增加 32 万人，年均增加 3.56 万人；1969 年至 1975 年增加 15 万人，年均增加 2.5 万人，就业人数年度增长量也显著减少。在 1975—1980 年，东京都总人口数出现下降，减少了 5.53 万人。此后或增或减，小幅波动。

20 世纪 90 年代以来，日本人口老龄化加速发展，使通勤人口比重降低，交通紧张状态缓和。从人口大势看，日本劳动力人口比率②高峰的 1955 年是 70.8%，此后一直缓慢下降，中途稍有起伏，多数年份在 62%—64% 之间波动，但自 1997 年 63.7% 以来呈下降趋势，2011 年低于 59.3%。就业

---

① 国土交通省自 1955 年开始持续进行旅客列车（电车）拥挤率的统计，全国选取 31 个区间。铁道部门常用的拥挤率（日文"混杂率"），一般用最拥挤区间高峰 1 小时的拥挤率数据。国土交通省把降低拥挤率作为长期工作目标，使用拥挤率这个概念是为了便于社会公众理解。各级拥挤率的状态是，拥挤率 100% 指乘客数量等于车厢定员，乘客可以选择座位、抓住吊环或者扶住柱子；拥挤率 150% 指乘客肩膀触碰，可以轻松读报纸；拥挤率 180% 指身体触碰，但可以读报；拥挤率 200% 指身体触碰且有较大压迫感，但大致可以看杂志；拥挤率 250% 指电车晃动时身体倾斜无法动，手也无法动。铁道车厢的"定员"概念中有"座席定员"即座位数量，有"服务定员"即不妨碍通常运行的人数，铁道一般是以"服务定员"为定员。普通铁道制造规则中，坐席的尺寸是宽度、进深均 40 厘米以上，立席则以 1 人 0.14 平方米计。一般设计车厢座位数量时，必须达到坐席、立席合计定员数量的三分之一以上。日本《J ISE7103 通勤用电车——车体设计通则》对定员的定义：乘客定员是座席定员加立席定员。座席定员以一个乘客坐着时所占宽度计算。车辆制造者与铁道公司如果没有商定，则以一座 43 厘米计算。立席定员，指客车内除去坐席面积和座席前一定幅度（25 厘米）的地板面积中，以宽度 55 厘米以上、高度 190 厘米以上的部分作为 1 人站立空间计算。https://www.米 intetsu.or.jp/knowledge/ter 米/96.ht 米 1，2 020-10-14。

② 劳动力人口指常住居民中 15 岁以上人口，就业者与完全失业者合计。劳动力人口比率指 15 岁以上人口中劳动力人口的比率。

者总数自 1997 年达到 6557 万人以后，开始逐渐减少，2011 年降到 6289
万人。国势调查显示的就业者人数，从 1995 年的 6418.2 万人减少到 2010
年的 5961.1 万人，减少了 457.1 万人。从经济形势看，日本泡沫经济自 20
世纪 80 年代起，至 90 年代前半期泡沫破灭，经济活动受到打击。

人口数量主要是就业者数量减少，使交通需求量下降，这是交通拥堵
缓和的基本因素。

2. 城市交通政策与基础设施建设加强

针对城市化过程中人口集中带来的交通拥堵等问题，日本没有采取限
制人口流动、对私家车限购限行的"需求管理"对策，而主要采取加强运
输能力、改善运输组织方式满足客运需求。1955 年设立了都市交通审议会
作为谋划城市交通各项任务、向运输大臣建议综合性城市交通政策的机构。
从 60 年代开始大力投资建设交通和通信基础设施，特别是高速公路、高速
铁路建设极大地便利了人员与货物在国土空间的流动。日本铁道发展较早、
较完善，也是日本大城市公共交通的主力，国营铁道（JR）和民营铁道合
计的营业里程 1940 年就已经达到 27289 公里，到 2005 年也仅为 27636 公
里，二战后基本没有增加。营业里程的高峰，日本国营铁道（JR）是 1980
年的 21322 公里，民营铁道是 1940 年的 8889 公里。二战后，铁道建设主
要表现在高速铁道新干线，以及既有铁道线的复线化、电气化、发车密集
化等。新干线平均每日客运量从 1965 年的 8.48 万人到高峰时 2007 年的
86.53 万人，此后开始减少。交通设施建设成就表现为里程增加、质量改善。
道路铺装率 1960 年只有 2.8%，1985 年达到 57.9%，2010 年已经超过 80%。
特别是高速公路通车里程从 1965 年的 181 公里，增长到 1980 年的 2579
公里，2011 年已经达到 7920 公里。如表 8-1 所示，2010 年全国道路总里
程达到了 121 万公里，全国平均路网密度达到 3.21 公里/平方公里，道路
铺装率达到了 80.4%。① 东京都对既有铁道线进行复线化改造，新建了武藏
野线、根岸线等，扩充完善地铁网等，交通基础设施建设提高了客运能力，
首都圈客运输送力如果以 1975 年为 100，则 1985 年为 136，2002 年达到
了 164。输送人员数量也以 1975 年为 100，则 1993 年达到 140，此后由于
客运市场的变化，乘客数量开始下降，2014 年为 122，持续至今。同时致
力于改善交通运输组织管理，例如铁道运输上延长站台，列车编组增加车
辆，高峰时缩短发车间隔时间，使地铁与市郊铁路直接连通，大幅减少换

① 2020 年中国公路总里程达到 510 万公里，加上城市道路总里程 43 万公里，则全国道路密度平
均为 0.576 公里/平方公里。按这个数据比较，全国平均路网密度，日本约为中国的 5.57 倍。考虑到道
路统计标准不同，日本道路包括没有铺装的乡间路、林间路，因此中日实际路网密度差距没有这么大。

乘混乱现象。市郊铁路开通急行快速班次，提高运输效率，缩短通勤时间，改革票价制度，调节客流。①这些方法的施行，既有运输企业的努力，也有政府部门在财政、金融等方面的政策支持。交通基础设施的建设适应经济高速发展、城市化带来的快速增长的交通需求，是缓解交通拥堵的根本措施。

3. 国土空间规划以多极分散的政策解决过密问题

在国家宏观政策上，着眼于国土空间上东京一极集中的现象，以多极分散的政策解决东京过密、地方过疏的问题。二战后，日本在经济社会发展过程中，出现产业和人口在少数地区过度集中、欠发展地区人口流失的现象，这造成国土空间的失衡，习惯称作"过密过疏"问题。"过密"是造成交通拥挤拥堵、环境公害、生活环境恶劣等的根源，解决交通问题是治理过密过疏这一大问题中的重要内容。

"过密过疏"是二战后日本经济社会在国土空间分布不均衡的概括表述。"过疏"是指在产业发展过程中，由于基础设施、企业集中于太平洋沿岸地带，农村、山区等区域的年轻人向大都市迁移而人口迅速减少，村落里劳动力缺乏以致生产活动难以进行，学校、医院、商店等公共设施关闭使居民维持生活出现困难。这种现象首先出现在冈山、广岛、山口、鸟取、岛根五个县的山间村落，随后蔓延到四国、九州、北海道等各地。②与"过疏"概念相对的"过密"，是指一定地域人口过度集中，主要是人口过度集中于东京、大阪、名古屋等大都市的现象，其产生的问题是：（1）交通问题，由于乘客增加使火车拥挤，汽车增多使道路拥堵，特别是通勤、通学等交通问题最大。（2）环境问题，表现在家庭产生的垃圾、机动车带来的大气污染等。（3）物价上升，由于城市土地不足，住宅、停车场等租金腾贵。（4）治安问题，人多容易产生纠纷，犯罪增加。③日本政府一直致力于纠正经济发展的地区不平衡现象，作为国家政策的国土综合开发规划的主要宗旨之一，就是解决东京一极集中问题，实现多极分散型发展模式。在国土政策上，通过多次全国综合开发规划调整生产力的空间布局。根据1950年制定的《国土综合开发法》，1962年制定了《全国综合开发规划》（一全总），目标是通过"据点开发方式"缩小地区差距，消除过密的危害。确定了重点建设新产业都市、工业建设特别区域等工业开发地区和地方开发都市。1969年制定了新全国综合开发规划（新全总），以1985

---

① 唱新. 现代日本城市管理[M]. 长春：吉林大学出版社，1990：126-142.

② 有泽广巳. 日本的崛起[M]. 鲍显铭，王兆祥，等译. 哈尔滨：黑龙江人民出版社，1987：896.

③ https://99bako.com/1844.html 20200924.

年为目标，通过覆盖全国的新干线铁道网配置大规模工业基地、奶农、观光等项目，实现国土的均衡利用。1977 年第三次全国综合开发规划（三全总）、1987 年第四次全国综合开发规划（四全总），基调是解决国土空间上产业和人口分布的"过密过疏"问题，促进国土均衡利用，从自然、生活、生产环境等角度建设综合性居住环境。四全总确立的基本目标是"形成多极分散型国土"，具体措施主要是交通网的建设。1998 年制定的《21世纪国土大设计》（五全总）基本目标是形成多轴型国土，包括道路、铁道、航空、航运等交通网的完善是日本建设均衡发展的国土空间的主要内容。交通基础设施的改善，促进了企业、学校、居民从拥挤的市区往郊外、从大都市往地方城市的迁徙。

在城市政策上，日本政府努力改变产业和人口向大城市过度集中的现象。1956 年 4 月开始实施《首都圈整治法》，把以东京为圆心、100公里为半径的范围称作首都圈，除了东京都外，包括茨城县、栃木县、群马县等 7 个县，总称"1 都 7 县"。此后制定了多轮首都圈基本规划，优化交通、产业、人口的空间布局。1958 年 7 月的第一次首都圈基本规划就把控制东京都市区的膨胀作为目标，决定在市区限制工厂、大学的新设，在东京周边地区开发一些工业城市。1968 年制定的第二次首都圈基本规划，目标是通过城市空间再开发以提高东京都区部的中枢功能，在近郊地带有计划地建设卫星城，规划了首都圈高速公路网、首都高速铁道网、居住市镇等。1976 年 11 月制定的第三次首都圈基本规划，宗旨还是控制首都圈的扩张，建设东京周边副中心，形成多极空间结构。1985年国土厅制定的首都改造规划、1986 年制定的第四次首都圈基本规划，均以 2025 年为目标，要让东京形成"多核多圈型"联合城市圈空间结构，在东京周边地区培育业务核心城市。周边地区不仅要发展农林水产业、工业等，还要加强业务管理、国际交流、高等教育等功能，同时推动部分政府机构外迁。

但是，日本的"过密"是从国土空间视角下对于产业和人口在某些地带、大都市区集中的表述。"过密"即过度密集，但是何为过度密集、合理密度的界限是多少，并没有明确界定。当时日本人口集中表现为，1955－1965 年全国人口共增加 899.9 万人，其中 62.2% 的人口即 559.3 万人的增长出现于南关东（东京都、埼玉县、千叶县、神奈川县）。1970 年的国势调查中，南关东人口总数 2411 万人，其中东京都 50 公里圈内人口总数达到 2195 万人，人口密度达到 3000 人/平方公里。[①]1965 年首都圈面积 36538 平方公里，占日本 9.9%；人口达到了 2696.3 万人，占日本 27.4%。"过密过疏"是对人口与产业在国土空间分布失衡现象的表述。在经济快速发展过程中人口向大城市流动成为潮流，因地区不平衡发展导致的过密过疏产生了许多问题，自 1962 年开始产业政策正式重视地区不平衡问题，政府鼓励工厂企业去大城市圈外的其他地区设立，但是这一政策效果有限，人口继续向大都市集聚。于是在后来的国土综合开发规划中，继续解决"过密过疏"的问题。1967 年把经济计划改称为经济社会发展计划，经济审议会地域分会 10 月发表了以《迈向高密度经济社会》为题的报告，指出当时的地域问题就是地区差距、过密、过疏三点。但是，如果我们细究"过密"的具体形态，20 世纪 60 年代日本人认为东京、大阪等大城市"过密"乃至"超过密"[②]，与当今中国的城市人口密度无法相提并论。根据国势调查数据，1965 年日本市街地即人口集中地区面积共 46 万公顷，市街地人口 4726 万人，平均人口密度为每公顷 103 人。东京都区部面积 578 平方公里，人口 889 万人，平均人口密度每公顷 154 人。[③]东京都区部人口密度比全国城市平均密度高约 50%，但是与当时的或者现在的中国城市人口密度比较，算不上高密度。

4. 市区面积扩大，中心区人口密度下降

日本首都圈交通拥挤拥堵逐步缓解的诸多原因之一，从城市空间结构角度看，是市区面积扩大、人均用地面积提高使市中心人口密度下降。

从国土空间看，虽然过密过疏问题长期存在，没有根本改观，但是从城市空间看，一个显著变化是市区蔓延、城市面积扩大，市区人口密度降低，与私家车的普及相应，维持了交通空间的供需平衡，即汽车社会的发展导致人均交通空间需求增大，通过市区人口密度降低得到满足，没有造成因私家车普及率提高而道路拥堵程度加剧的现象。表 8-2 显示了从 1960 年至 2010 年日本城市的人口集中地区即建成区的人口和土地面积在城市行政区域内的比重变化情况。

① 饭田经夫，清成忠男. 现代日本经济史——战后三十年的历程[M]. 马君雷，张惠民，徐鸿钧，译. 北京：中国展望出版社，1985：464-465.

② 饭田经夫，清成忠男. 现代日本经济史——战后三十年的历程[M]. 马君雷，张惠民，徐鸿钧，译. 北京：中国展望出版社，1985：472.

③ 佐藤武夫，西山卯三. 都市問題——その現状と展望[M]. 東京：新日本出版社，1972：98，115.

表 8-2　人口集中地区（DID）人口、面积比重变化表

年份		1960	1980	2000	2010
全国	人口比重（%）	43.7	59.7	65.2	67.3
	面积比重（%）	1.03	2.65	3.30	3.42
东京	人口比重（%）	92.0	97.2	98.0	98.2
	面积比重（%）	26.90	45.42	48.79	49.12
大阪	人口比重（%）	81.4	93.9	95.7	95.8
	面积比重（%）	18.15	43.18	47.44	47.76
京都	人口比重（%）	65.5	78.9	81.5	83.0
	面积比重（%）	2.22	4.86	5.53	5.71

资料来源：矢野恒泰纪念会. 数字看日本 100 年：第 6 版[R]. 东京：公益财团法人矢野恒泰纪念会，2013.

表 8-2 数据说明，从 1960 年至 2010 年的半个世纪中，日本人口集中地区（DID，即城市建成区）的人口在全国总人口中的比重从 43.7% 提高到 67.3%；面积在国土面积中的比重从 1.03% 提高到 3.42%，面积比城市人口增长得更多。东京都、大阪府、京都府都只有少量乡村人口，辖区面积内建成区比重都有显著增长。从城市建成区总体看，面积扩张快于人口增长，人口密度下降。

再从市区的人口分布变化看，出现市中心人口减少、郊区人口增加，即城市空间呈现所谓"甜甜圈"现象。

表 8-3　东京都 1960－1975 年人口变动表

		1960	1969	1975	1975 年构成比（%）
就业者（万人）	区部	398	516	561	88
	市（郡）部	30	62	77	12
	合计	428	578	638	100
常住人口（万人）	区部	831	889	865	74
	市（郡）部	137	245	303	26
	合计	968	1134	1168	100

数据来源：山田浩之. 都市经济学[M]. 东京：有斐阁，1978：145.

表 8-3 反映了 1960 年至 1975 年间东京都区部与市（郡）部人口变动的不同情况。区部是指东京都中心区域的 23 个区，市（郡）部是指 23 个区周围的地域，即郊区。就业人口增加主要在区部，市（郡）部增加的就业人口不足区部的三分之一。常住人口，区部 1960－1969 年平均每年增加

6.44 万人，同期市部年均增加 12 万人，为区部的约两倍。1969－1975 年，区部常住人口年均减少 4 万人，市（郡）部常住人口年均增加 9.67 万人。在 1960－1969 年和 1969－1975 年前后相继的两段时期，市（郡）部的就业人口、常住人口一直在增加，居住人数增加量远大于就业人数增加量。在区部，就业人口一直在增长，虽然增长幅度呈缩小趋势，而常住人口前段时期增长转为后段时期减少。其实，如果从区部不同部位分析来看，在都心区、旧市域区①，常住人口的减少自 1960－1969 年就开始了。这种现象与欧美城市一致，城市中心区居民数量比重下降甚至绝对减少，而城市郊区人口迅速增加，在城市人口总数中的占比甚至超过中心区。城市人口空间分布的这种空心化现象，被比喻为"甜甜圈"现象。人口集中地区平均人口密度（人/平方公里），1960 年为 10869，自 1965 年后就快速下降，1985 年为 7104，到 1995 年降到 6770 后基本稳定至今。在应对个人交通机动化即私家车的发展与城市空间的矛盾方面，通过市区面积扩大、市中心人口密度降低、人均交通空间增加的方式，维持了交通空间的供需平衡。

8.3　私家车进入中国家庭

　　私家车成为百姓出行工具，是当代中国经济社会革命性变化的成果之一。当前私家车普及率已达世界平均水平，未来还有很大发展空间。汽车社会发展是不可阻挡的潮流。

　　改革开放之前，中国汽车数量很少，品种不多，主要是货车、自卸车、越野车，汽车产业以卡车为主。对作为客运工具的汽车制造重视不够，发展缓慢。1982 年中国共生产汽车 16.9 万辆，轿车年产量仅 5180 辆。如今中国汽车工业已形成轿车、载货车、客车和专用汽车，汽油与柴油车用发动机、汽车零部件、汽车销售及售后服务、汽车金融及保险等完整产业体系。2017 年我国汽车产量达到 2901.81 万辆，其中轿车为 1194.54 万辆。

　　汽车在中国社会的重要性日益增长。根据有关部门的统计，在平均每年乘坐交通工具次数中，乘坐汽车所占比例从 1978 年的 58.75% 增长到 2008 年的 92.07%。从 1978 年到 2007 年，在我国综合运输体系中，公路客运量所占比重从 58.8% 上升到 92%，旅客周转量所占比重从 29.9% 上升到

---

　　① 都心区是指处于东京都中心位置的千代田区、中央区、港区，旧市域区是指东京都的新宿区、文京区、台东区、墨田区、江东区。

53.3%,货运量所占比重从 47.5% 上升到 72%,货物周转量所占比重从 3.5% 上升到 11.2%。[1]可见,无论是利用公共交通工具的旅行次数,还是货物运输,选择汽车的比重越来越大。

中国经济进入 21 世纪后,生产、消费都进入了一个新阶段。汽车消费与住房一道成为社会热点,需求旺盛引发生产的大发展。2002－2019 年中国汽车产销量如表 8-4 所示。

表 8-4　2002－2019 年中国汽车产销量

（单位：万辆）

年份	中国产量	中国销量
2002	325	325
2006	728	722
2010	1826	1806
2017	2901.8	2887.9
2018	2780.9	2808.1
2019	2572.1	2576.9

资料来源：①2000－2011 年数据来自《中国汽车工业年鉴》。②2016－2019 年数据来自易车网：易车>正文,2019 年中国汽车产销量及出口量分析[EB/OL].http://news.bitauto.com/hao/wenzhang/320827 86.③《中国统计年鉴 2019》。

表 8-4 中的汽车包括乘用车（轿车）和商用车。商用车是指客车、货车、半挂牵引车、客车非完整车辆、货车非完整车辆。从数量看,乘用车占主体。中国汽车的生产、销售数量快速增长,在世界总量中的比重也快速提升。中国汽车产量在世界总产量中的份额,1978 年只有 3.5‰,到 2000 年为 3.6%,2009 年中国汽车产销量世界第一,保持至今。作为改革开放以来人民生活水平提高的主要标志之一,也是导致城市交通拥堵日益严重的主要因素之一,是民用汽车、家用乘用车数量的快速增长。中国汽车保有量中,私人汽车所占比重越来越大,轿车保有量的增加尤其快,说明主要用于出行的私人交通工具日益普及。

国务院发展研究中心有关研究人员根据国际经验、国内发达地区现状、城镇化率与汽车保有量的相关性、Logistic 模型四种方法预测的综合结果,到 2023 年,我国汽车总保有量将达到 3.4 亿辆,新车产销规模将达

---

① 《中国交通运输改革开放 30 年》丛书编委会. 中国交通运输改革开放 30 年：公路卷[M]. 北京：人民交通出版社,2009：6.

到 3800 万辆，千人汽车拥有量将达到 235 辆。[①]2016 年中国汽车产销分别是 2811.9 万辆和 2802.8 万辆，同比增长 14.5% 和 13.7%。中国在全球汽车制造业的市场份额从 2000 年的 3.5% 提高到 2016 年的 30.3%。2005－2016 年，中国乘用车产量年均增速 18.9%，2016 年乘用车产量 2442.1 万辆，占世界的 34.5%。[②]2020 年末，全国民用汽车保有量 28087 万辆（包括三轮汽车和低速货车 748 万辆），其中私人汽车保有量 24393 万辆；民用轿车保有量 15640 万辆，其中私人轿车保有量 14674 万辆。

汽车的发展是中国经济发展、城市化发展的动力之一。为了适应汽车社会发展而进行的公路和城市道路、车站、停车场，以及桥梁、隧道等的建设事业，使建成区范围扩大，从根本上改变了城市面貌和城市空间，促进了中国的现代化发展。

8.4 汽车社会对交通空间的需求

8.4.1 不同交通方式的人均空间需求

拥堵拥挤是交通运输对于空间的需求得不到满足而引起的矛盾。从交通运输的需求方面讲，经济社会的市场化程度（交易频率与出行频率）、交通运输的结构决定对交通空间的需求量。自给自足的社会运输量较小，交易频繁的市场交通运输量大；以步行、自行车为主要方式的交通对人均道路面积的需求量较小，以私家车为主的交通则需要较大的人均空间。从交通运输的供给方面讲，轨道、道路、公共汽（电）车和出租车的数量与结构影响运输状态，公交系统中轨道交通比重大则运输效率较高。经济社会发展需要更多的流动性，对于道路、车辆的需求必然增长。如果供给能够与需求匹配则不会发生问题，否则就出现拥堵问题。

步行、自行车、摩托车、汽车、火车等，不同的交通运输方式需要的人均交通空间不同。在居住密度一定的情况下，城市道路拥堵日益严重主要是交通运输机动化发展的结果。我国《城市道路设计规范》（CJJ37-1990）设定车辆尺寸（总长×总宽×总高）是小型汽车 5 米×1.8 米×1.6 米，普通

---

① 国务院发展研究中心课题组. 中国新型城镇化道路、模式和政策[M]. 北京：中国发展出版社，2014：388-393.

② 2016 年中国汽车工业发展报告[EB/OL]. http://www.doc88.com/p-2478682221628.html.

汽车 12 米×2.5 米×4.0 米，铰接车 18 米×2.5 米×4.0 米，其中 1 辆普通汽车的车身占地面积等于 3 辆小型汽车。20 世纪 90 年代中期，随着经济快速发展人们收入增加，乘用车快速普及，人均需要的城市交通空间随之增大。

汽车经过一个多世纪的发展与改进，如今种类繁多，不仅用途多种多样，而且外观尺寸对交通空间的影响也不同。我国 2004 年 7 月 1 日开始施行的《机动车登记工作规范》对于机动车的分类定义如表 8-5 所示。

表 8-5 机动车分类定义

分类		规格术语	说明
汽车	载客	大型	车长大于等于 6 米或者乘坐人数大于等于 20 人；乘坐人数可变的，以上限确定；乘坐人数包括驾驶员（下同）
		中型	车长小于 6 米，乘坐人数大于 9 人且小于 20 人
		小型	车长小于 6 米，乘坐人数小于等于 9 人
		微型	车长小于等于 3.5 米，发动机气缸总排量小于等于 1 升
	载货	重型	车长大于等于 6 米或者总质量大于等于 12000 公斤
		中型	车长大于等于 6 米，总质量大于等于 4500 公斤且小于 12000 公斤
		轻型	车长小于 6 米，总质量小于 4500 公斤
		微型	车长小于等于 3.5 米，总质量小于等于 750 公斤
	三轮汽车（原三轮农用运输车）		以柴油机为动力，最高设计车速小于等于 50 公里/小时，最大设计总质量不大于 2000 公斤，长小于等于 4.6 米，宽小于等于 1.6 米，高小于等于 2 米
	低速货车（原四轮农用运输车）		以柴油机为动力，最高设计车速小于等于 70 公里/小时，最大设计总质量小于等于 4500 公斤，长小于等于 6 米，宽小于等于 2 米，高小于等于 2.5 米
摩托车	普通		最大设计车速大于 50 公里/小时或者发动机气缸总排量大于 50 毫升
	轻便		最大设计车速小于等于 50 公里/小时，发动机气缸总排量小于等于 50 毫升
挂车	重型		最大总质量大于等于 12000 公斤
	中型		最大总质量大于等于 4500 公斤且小于 12000 公斤
	轻型		最大总质量小于 4500 公斤

根据不同场合使用要求，机动车的分类有多种。例如载客汽车按照结构分普通客车、双层客车、卧铺客车、铰接客车、越野客车、轿车，挂车

分厢式全挂车、罐式全挂车、厢式半挂车、罐式半挂车、自卸半挂车等 13 种。按照车辆用途分营运车辆和非营运车辆，收费公路征收车辆通行费的标准是《收费公路车辆通行费车型分类》，客车按照座位数量分 4 类，货车按照额定载质量分 5 类。

与交通拥堵相关的是机动车的外廓尺寸，在设计城市道路时必须掌握设计车辆尺寸。《公路工程技术标准》规定的公路设计用机动车外廓尺寸（长×宽，单位：米），小客车是 6×1.8，载重汽车是 12×2.5，鞍式类车 16×2.5；《城市道路设计规范》规定的常用机动车外廓尺寸（长×宽，单位：米）是小型汽车 5×1.8，普通汽车 12×2.5，铰接车 18×2.5。公路与城市道路对机动车的名称、车辆外廓的规定都有差异。为了便于采用统一的计量标准，城市交通规划设计中一般以小客车为标准车型，将不同车型折算为标准车型进行计算。以小客车或小于 3 吨的货车为 1.0，不同车型的换算系数是：自行车 0.2，二轮摩托车 0.4，三轮摩托或微型汽车 0.6，旅行车为 1.2，大客车或小于 9 吨的货车为 2.0，9－15 吨的货车为 3.0，铰接客车或大平板拖挂货车为 4.0。而每辆车需要的交通空间，仅这个尺寸是不够的。在城市交通规划设计技术规范中，各类机动客车停车位面积标准如表 8-6 所示。

表8-6 公共停车场不同停放方式所需单位停车面积

（单位：平方米/车）

停放方式		微型车	小型车	中型车	普通车	铰接车
平行式	前进停车	21.3	33.6	73.0	92.0	132.0
斜列式	30° 前进停车	24.4	34.7	62.3	76.1	98.0
	45° 前进停车	20.0	28.8	54.4	67.5	89.2
	60° 前进停车	18.9	26.9	53.2	67.4	89.2
	60° 后退停车	18.2	26.1	50.2	62.9	85.2
垂直式	前进停车	18.7	30.1	51.2	68.3	99.8
	后退停车	16.4	25.2	50.9	68.3	99.8

资料来源：建设部城市交通工程技术中心. 城市规划资料集 10：城市交通与城市道路[M]. 北京：中国建筑工业出版社，2007：79.

由于我国城市住宅建设都是统一规划，除了极少数外都没有私人停车场地，而规划一般把停车场划分为配建停车场、公共停车场、路内停车场三类。配建停车场是指与建筑物配套建设的停车场，主要为与该设施使用或业务活动相关的出行者提供泊车服务，通常由建筑物业主负责建设与管理，各个企业、学校、医院、机关事业单位、体育馆、大型商场等停车场都属于这类，它是中国城市停车设施的主体。公共停车场是指为不特定对象提供泊车服务的停车场，多数设置在城市商业区、公共活动中心、车站等。路内停车场是指道路红线内的停车场，包括占用车行道的占路停车场和不占用车行道的路边停车场。这类停车场一般是公共停车场的一种特殊形式，多用划线的方式设置在支路或者交通量较小的次干路上。因此，我国城市的停车场就是指配建停车场和公共停车场，其特点是规模较大，复数的车辆集中于统一场所。由于同时使用停车场者较多，停车场的设计考虑到出入口的设置，车辆停放方式按照车辆纵轴线与通道夹角关系分为平行式、斜列式、垂直式三种。以占私家车最多数的小客车停车占地面积计算，根据表 8-6 数据，各种停车方式的平均占地面积为 29.34 平方米。这是汽车静止状态下平均每辆车需要的占地面积。

8.4.2 北京市汽车数量与道路面积的紧张关系

北京交通拥堵严重的原因在于，虽然道路等交通基础设施建设投资力度大，城市道路面积、长度、立交桥等都有了大幅增长，但是比起机动车数量快速增长带来的对交通空间的巨大需求来说，严重供不应求。2013 年北京市机动车总量 543.7 万辆（其中民用汽车总计 518.9 万辆），而相应的交通空间十分不足。北京城市道路里程 6295 公里，道路面积 9611 万平方米（其中 1639 万平方米为铺装步道面积），以道路面积减去铺装步道面积作为车道面积（实际上应减去非机动车使用的道路面积，因缺乏数据而省略）的话，则车道面积为 7972 万平方米。仅算载客汽车需要的停车面积，311 万辆轿车以 30 平方米/辆计，共需要 9330 万平方米，剩余的 175.1 万辆载客汽车以占地最少的 45°斜列式停放，则平均每辆车需要面积 67.5 平方米计，共需 11819.25 万平方米。486.1 万辆民用载客汽车合计需要停车面积 21149.25 万平方米，即仅北京市全部民用汽车所需要的停车面积就是城市道路面积的 2.2 倍，遑论外来车辆了。行驶中的机动车所需的道路面积要大于停车场设计标准中的面积，动态机动车需要的安全面积与行驶速度相关。北京市境内道路总里程 28808 公里，543.7 万辆机动车前后成列排的话，车身长加上适当间距以平均每辆车 10 米计算，则共需要 54370 公里的车道。假设北京城市道路都是 4 车道，那么 543.7 万辆机动车同时停放道路上，共需要 13592.5 公里，占北京市道路总里程的 47.2%。虽然全市的机动车不会同时使用，除了道路外还有停车场可供停放车辆，但也粗略反映了作为交通基础的道路供应量与机动车普及对交通空间需求量之间的矛盾。

北京市中心城区道路资源与常住人口的机动车使用需求也存在严重的供需矛盾。2013 年北京常住人口 2114.8 万，平均每万人拥有 2571 辆机动车。首都功能核心区常住人口 221.2 万人，按照全市平均的机动车普及率计算，则有 568705 辆机动车，需要停车场面积 184665 平方公里，占核心区面积的 18.5%，远远超出了道路面积率 12.03%。在首都功能核心区，按照目前的居住密度、机动车普及率、道路面积率，全部道路用来停放本地居民的机动车，也只能满足三分之二机动车的需要。[①]

2013 年北京汽车普及率比东京低，但是城市交通拥堵程度却比东京严重得多，原因在于北京建成区人口密度高，而且建设用地中交通用地比重低，因而可用的人均道路面积低，交通量更加集中。每千人汽车数北京为东京的 73%，每千人私人轿车数为东京的 63%。从行政区面积内平均的汽车密度（汽车数/平方公里）看，北京远远低于东京，全部汽车的密度只是东京的 15%，但是由于北京行政区域内建设用地比重小，而且建设用地中道路交通用地比重小，因此建成区平均的汽车密度北京则是东京的 1.18 倍。加上轨道交通里程、道路网密度不足，人均道路面积、道路长度远比东京低，于是出现了城市道路上汽车高度密集、公交和地铁车厢内乘客严重拥挤的现象。

8.5 小结与对策：创建包容汽车的城市空间

虽然汽车与城市并非天生矛盾，无论是从中国还是从世界范围看，城市交通拥堵与汽车数量没有必然联系，并非汽车越多越拥堵。但是现在一说到拥堵几乎就是指汽车拥堵，这说明汽车已经成为社会生活中必不可少之物，当代中国的城市交通拥堵日益严重确实与汽车数量的增长密不可分。

火车、轮船、汽车等机动交通工具是文明利器，免除了人类繁重的体力辛苦，极大地提高交通运输效率。早期的机动运输工具如火车、轮船等只适宜企业等较大规模的组织使用，20 世纪走进百姓家庭的摩托车、汽车，则真正改变了百姓的日常生活。中国如今也迈入了汽车社会，生产生活已经离不开汽车。正如交通专家全永燊等人所说，随着人们对时间节约、出行自由日益珍惜，小汽车的快捷、舒适、门到门等优越性都远胜过其他交

---

① 周建高. 降低居住密度与治理城市拥堵的关联度[J]. 改革，2016（04）：68-69.

通工具。我们没有理由在不损害社会整体利益和他人利益、不破坏生态环境
的前提下，不让人们拥有和使用自己的小汽车。[①]

　　汽车是无法拒绝的 20 世纪文明的代表。但是汽车使用中存在一些问
题，例如交通拥堵等，严重影响了生产和生活秩序，这一问题亟待解决。

　　以"交通需求管理"的名义限制人们拥有和驾驶汽车，看似为解决拥
堵的办法，但与人民对美好生活的向往不符，与汽车社会发展的大势不符。
一般说来，实行交通需求管理，于主张者而言也是无奈的办法，因为拥堵
如此严重，解决问题很紧迫，城市空间就这么大，开车的人这么多，没有
其他更好的办法，只得动用行政手段限制汽车消费。这是局限于一个城市
内部思考问题的方法，发展中遇到问题常常想退回到过去状态。在以发展
为主旋律的当代中国，显然只能作为权宜之计，不能作为解决拥堵的常规
手段。

　　我国 2014 年末每千人拥有民用汽车 113 辆，与 40 年前日本的水平还
有不小的差距。作为日常出行工具的轿车进入百姓家庭很晚，2014 年末我
国私人轿车保有量为 7590 万辆，占全国民用汽车保有量 15447 万辆的 49%，
按照人口比率每千人仅 56 辆。民用汽车中半数是作为生产经营工具使用
的。2010 年日本每千人汽车保有量 614.3 辆，登录乘用车 313.4 辆，与中
国 2014 年比，每千人汽车保有量为我国的 5.4 倍，私人轿车为 5.6 倍。按
照国土平均的每平方公里乘用车保有台数，日本 2010 年 106.2 辆，我国 2014
年 8.65 辆，因此国土平均乘用车密度日本是我国的 12.3 倍。如果按照人口
普及率比较，每千人汽车数北京为东京的 73%，每千人私人轿车数为东京
的 63%。北京是中国汽车普及率最高的地区之一，而东京因公共交通发达，
其汽车普及率是日本最低的地区之一。可见，无论是从国家层面上比较还
是从城市层面上比较，我国汽车拥有率还处于较低水平，没有达到"太多"
"过多"的程度。

　　虽然汽车的普及是城市道路拥堵的重要原因，但国际经验显示，汽车
数量增加与交通拥堵并无必然联系，但城市规划与建设应与时俱进并作出
适应性改变。大多数国家的城市，汽车普及带来交通便利，城市中心居
民向郊区迁移，市中心区域居住密度下降，正好满足了私人交通机动化
需要的人均交通空间的增大。城市居住密度与汽车社会对于交通空间的
需求增加保持了动态适应。私家车普及率的提高必然带来交通空间人均
需求量的增长，一般需要市区人口密度下降才能维持交通空间的平衡。

① 全永燊，刘小明等. 路在何方——纵谈城市交通[M]. 北京：中国城市出版社，2002：66-67.

世界银行对全球 50 多个国家分析的结果显示，小汽车拥有率与城市人口密度的弹性系数为-0.21，即城市人口密度下降 1 个百分点，小汽车拥有量增长 0.21%。机动车拥有水平越高，城市人口密度越低，这是各国的共同趋势。

中国在汽车社会初级阶段就发生严重的交通拥堵，根本原因是汽车社会需要较大的人均空间而中国城市规划、建设、管理的思想未能作出相应的改变，产生了交通空间需求与供应的尖锐矛盾。虽然在最近 20 多年的城市化过程中，上海、北京等大城市为了解决交通拥堵问题而有意识地疏解中心城区人口，但中心周边地区人口密度迅速增加，一些新城区的人口密度甚至比老城区更大。有统计数据显示，在汽车数量高速增长的最近十多年，北京市域内人口密度有了大幅增长。2000－2010 年，1200 平方公里面积内密度上升了 50%（从 5000 人/平方公里增加到 7500 人/平方公里），2000 平方公里面积内密度上升了 48%。①中心城区的人口密度部分地段降低了，但总体依然在增长。2010－2013 年，首都功能核心区平均增加了 541 人/平方公里，西城区密度则增加了 1182 人/平方公里。因此，在汽车数量急剧增加的情况下，要缓解或者避免交通拥堵，需要降低城市人口密度。

目前，在治理交通拥堵中，一般的思路是城市面积有限，城市空间内对人口、交通量的承载力是有限的。现有城市道路交通拥堵严重，证明道路资源已经用尽，为了维持基本的交通秩序，必须控制机动车数量继续快速增长。这是把交通空间供给量作为确定不变的因素，通过控制交通空间需求量来克服交通空间严重供不应求的矛盾。我们调转思路，把空间需求作为固定因素，通过改变供给量来缓解交通拥堵的矛盾。从人口和土地资源关系看，如果改革土地利用政策，适度放松对城镇建设用地的管控，则中国有条件建设包容汽车社会发展的城市空间，使汽车与城市的发展相得益彰，改善人民居住和交通条件。

---

① 周建高，王凌宇. 城市空间结构与城市交通关系探析——基于东京与北京的比较[J]. 中国名城，2015（03）：50-51.

第9章　土地利用结构影响交通效率

　　城市交通拥堵的第一层原因或者说直接原因，是前几章揭示的城市人口过密、功能点单体规模过大而总数少、道路宽阔而路网稀疏的城市空间结构特点，造成交通量在地理空间上过度集中。交通拥堵的第二层原因或者说间接原因，即造成这种城市空间结构特点的原因是社会观念和知识问题，以及以土地为核心的城市空间管理方式。我国城市空间是统一规划下形成的，导致拥堵的关键因素即人口的高密度，与规划中生产、生活、生态空间布局不合理相关，实际上是生活空间过度压缩的结果。城镇化和私人交通机动化快速发展，城乡规划未能与时俱进做出适当的调整，住房改善、家用汽车普及使市民对于人均生活空间的需求扩大，但是空间供给没有相应增加，交通拥堵就是空间供求矛盾的表现。

9.1 中国 64% 的人生活在 1% 的国土上

　　城镇化发展的主要标志是城镇人口在总人口中所占比重增加，城镇数量增多，城镇占地规模扩大。农用地转变为建设用地，是工业化、城镇化发展的必然要求。节约用地一直是我国城市规划建设的基本原则，甚至可以说，整个土地管理制度的核心是控制建设用地。这对我国人多地少的国情是必要的。但是"人均建设用地"的指标设定、指标控制对于私人交通机动化的发展预计不足，对人们生活质量的重视没有放到应有的地位，城镇建设用地的控制似乎超过了合理的度，结果使我国人均城镇用地、城镇用地总量占国土面积的比例非常低，成为城市人口过密、交通拥堵的根源。

　　中国现代化的中心任务之一是工业化。工业化意味着较多的人在工业部门就业，中国需要更多的工厂、矿山等非农生产单位，也需要更多土地用于非农业，即工商业、文化教育、旅游观光、城镇等。中国的土地利用一直沿用着计划管理体制，土地管理的核心目的是控制建设用地的增加，其认识基础是既有的城镇化用地太多。

我国土地管理行政机构是 1986 年正式建立的，同年颁布了《关于加强土地管理，制止乱占耕地的通知》，通过了《土地管理法》，建立了国家土地管理局。当时管理者认为全国非农业建设普遍存在乱占滥用土地的问题。[①]一定程度上说，建立土地管理局的目的主要就是控制农地转用，当年动员 550 多万人开展了一次大规模的非农建设用地清查工作。2001 年我国加入世界贸易组织之后，房地产业发展为国民经济的支柱产业，城市开发建设如火如荼。随着城市占地面积的迅速扩大，引发了新一波对耕地减少、土地利用效益下降的担忧。相关论说不胜枚举，例如金丽国、刘灵伟认为城市化中的土地利用问题有用地面积摊饼式扩大、人均用地水平偏高、生产用地比重过大、土地浪费严重。[②]罗骧认为我国城市用地规模过度膨胀，用地增长速度远远超于人口增长速度，处于极其不合理的状态，不追求城市的聚集效应，造成了土地资源的大量浪费。[③]2007 年 1 月陆大道院士领衔的中国科学院上报国务院的咨询报告，标题就是《关于遏制冒进式城镇化和空间失控的建议》，认为"近十年来，特别是自 2001 年以来我国城镇化进程中空间失控极为严重"，土地城镇化速度太快，建议降低城市人均建设用地标准，走日本东京、中国香港那样的高密度、集约型发展道路。[④]在 2013 年 3 月 30 日举行的中国城镇化高层国际论坛上，自然资源部原副部长胡存智说，我国城镇化率保持年均增长 1 个百分点，新增人口 1800 万，按照每新增 1 个城镇人口需要 209 平方米土地计算，今后每年城镇化仅用地需求就将超过 560 万亩。"土地资源状况对此难以支撑，也早已超出《全国土地利用总体规划纲要》的安排"。我国城镇化进程中土地城镇化与人口城镇化速度相差较大，城市用地增长弹性系数已超过合理阈值。因此，应制定"用地极限"规划，对城镇化规模进行设定，并加以控制。[⑤]

关于土地利用结构，因长期缺乏统一管理和调查统计，20 世纪 50—70

---

① 王先进. 我国土地管理体制的重大改革（1986 年 8 月 1 日在国家土地管理局成立大会上的讲话）[C]//王先进. 中国土地管理与改革. 北京：当代中国出版社，1994：1-2.

② 金丽国，刘灵伟. 城市化快速发展过程中土地的节约集约利用问题研究[M]. 天津：南开大学出版社，2012：22-27.

③ 罗骧. 城市化进程中的土地管理[M]. 湘潭：湘潭大学出版社，2014：131-132.

④ 陆大道，姚士谋. 2006 中国区域发展报告——城镇化进程及空间扩张[M]. 北京：商务印书馆，2007：1-9.

⑤ 国土部：应以用地极限控城镇化规模[EB/OL]. http://finance.eastmoney.com/news/1344201304012 82586154.html.

年代缺乏准确的数据。耕地面积由于跟粮食生产有关而稍微详细些，城市
建设用地面积没有统计数字，估计 1949 年为 30.5 万公顷。[①]1985 年，城
市和建制镇用地共 19131.9 平方公里，其中城市用地 9522.4 平方公里，建
制镇用地 9609.5 平方公里。建成区人均用地面积，城市为 81 平方米，建
制镇为 112.4 平方米。[②]1986 年建立了国家土地管理局后，有了较为统一的
地政管理制度。1984－1996 年间完成的全国土地利用现状调查是我国首次
全面且精确的调查。我国 1980－2013 年土地利用变化情况如表 9-1 所示。

表 9-1　1980－2013 年我国土地利用变化

（单位：万公顷、%）

	1980－1985①		1996②		2013③		
分类	面积	比重	面积	比重	分类	面积	比重
耕地	13667.4	14.2	13003.92	13.7	耕地	13516.34	14.08
园地	498.8	0.5	1002.38	1.0	园地	1445.46	1.51
林地	20687.1	21.5	22760.87	23.9	林地	25325.39	26.38
牧草地	28621.2	29.8	26606.48	28.0	牧草地	21951.39	22.87
					其他农用地	2378.26	2.48
居民点及工矿	1791.9	1.9	2407.53	2.5	居民点及独立工矿	3060.73	3.19
交通	723.5	0.8	546.77	0.6	交通运输	334.49	0.35
水域	3404.5	3.5	4230.88	4.5	水域、水利设施	350.42	0.37
未利用地	26572.7	27.8	24508.79	25.8	—	—	—
合计	95967.1	100.0	95067.62	100.0	合计	68362.48	73.71

资料来源：①邹玉川. 当代中国土地管理 [M]. 北京：当代中国出版社，1998：124, 149.②李元. 中国土地资源[M]. 北京：中国大地出版社，2000：106-107.③中华人民共和国自然资源部. 2014 中国国土资源统计年鉴[R]. 北京：地质出版社，2015：3.

　　我国土地管理统计调查经历了由粗到细不断完善的过程，因此不同时
期土地统计中分类、数据精确度不一致，总体上越来越完善，早期数据只
宜作参考。例如，表 9-1 中 2013 年与 1996 年数据比较发现，交通用地占
国土面积的比重、水域占国土面积的比重都大幅降低，显然与事实不能对
应，随着建设事业的发展，交通用地只会增加不会减少，水域面积在国土
面积中的比重总体上不会大起大落，不同年份数据的悬殊差异无疑是统计

---

　　① 邹玉川. 当代中国土地管理[M]. 北京：当代中国出版社，1998：38-40, 74-75.

　　② 国家土地管理局土地利用规划司. 全国土地利用总体规划研究[M]. 北京：科学出版社，1994：
118.

标准更改所致。

2013 年，中国居民点及独立工矿用地共 3060.73 万公顷，占国土面积的 3.19%；交通运输用地共 334.49 万公顷，占国土面积 0.35%。土地调查中"居民点及工矿用地"项指城镇用地、农村居民点用地、独立工矿用地、盐田、特殊用地五项总和，包含了各项中的交通、绿化用地。土地管理部门估算，1957－1978 年城市建成区面积由 59.5 万公顷（893 万亩）增加为 71.4 万公顷（1071 万亩），[①]1978 年建成区面积只占国土面积的 0.0744%。城区总人口 7682.0 万人，粗略估算出全国城市平均人口密度为 10759 人/平方公里。

1981 年至 2018 年间主要年份我国城市发展概况如表 9-2 所示。由于我国城市统计标准有过几次变化，"城区人口"和"城区面积"数据变动较大。

表 9-2 主要年份中国城市人口与用地概况一览

（单位：平方公里、万人）

年份	城市个数	城区人口	城区面积	城市建设用地面积
1981	226	14400.5	206684.0	6720.0
1990	467	32530.2	1165970.0	11608.3
2000	663	38823.7	878015.0	22113.7
2010	657	35373.5	178691.7	39758.4
2018	673	42730.0	200896.5	56075.9

资料来源：《中国城市建设统计年鉴 2018》，2005 年以前年份的"城区人口"为"城市人口"，"城区面积"为"城市面积"。

撇开含义模糊的"市区""城区"概念，考察建设用地与人口、交通的关系更有意义。

从 2009 年开始，自然资源部每年组织开展全国城镇土地利用数据汇总工作，形成了除港澳台以外覆盖全国 31 个省、区、市的全部建制镇以上城镇的各类土地利用数据，详细掌握了中国城镇内部土地利用状况。根据中国土地勘测规划院发布土地利用数据汇总结果，截止到 2015 年 12 月 31 日，中国城镇土地总面积为 916.1 万公顷，其中城市面积占 46.5%、建制镇面积占 53.5%。[②]折算下来，城镇土地占全国面积的 0.954%。

---

① 邹玉川. 当代中国土地管理 [M]. 北京：当代中国出版社，1998：113. 因"城市建成区"与"城镇建设用地"实质近似、面积数据相近，我们为利用现有统计数据的便利，穿插使用两类数据。

② 中国城镇土地总面积达到 916.1 万公顷[EB/OL]. https://www.sohu.com/a/122995503_115848.

2018 年，我国共有城市 673 个，县城及其他 1518 个。城市建设用地面积 56075.9 平方公里，占国土面积 0.584%。1518 个县城用地面积 19071 平方公里，人口 15695 万人。如果把县城纳入城市统计，则合计城市用地 75146.9 平方公里，占国土面积比重为 0.78%。

2021 年 8 月 26 日公布的第三次全国国土调查主要数据，以 2019 年 12 月 31 日为标准时点，我国城镇村及工矿用地共 353064 平方公里。其中，城市用地 52219 平方公里，占 14.79%；建制镇用地 51293 平方公里，占 14.53%。城市与建制镇合计用地 103512 平方公里，占国土面积的 1.078%。不算建制镇用地的话，城市用地占国土面积的 0.544%。根据 2021 年 5 月公布的人口"七普"数据，我国人口总数中城镇人口占 63.89%。即 64% 的人口居住在 1% 的国土上。

2011 年，在日本土地利用结构中，各类土地所占比重为：森林占 66.3%，农用地（包括耕地、草地、原野）占 13.0%，住宅地占 3.1%，道路占 3.6%，工业用地占 0.4%，其他宅地（指商业、公共设施等建筑物覆盖用地）占 1.6%，水面占 3.5%，铁道、输变电等其他用地占 8.5%。日本土地中，由住宅地、道路、工业用地、其他宅地、铁道及输变电等其他用地组成的建设用地合计占国土面积的 17.2%。与我国城市建设用地概念最近似的是"人口集中地区"，2010 年日本人口集中地区面积占国土面积 3.37%（参见表 4-4），远高于我国城市建设用地在国土面积中的比重，这表明中国城市人口更加集中。

我国城市建设用地在城市行政区域中占比极低。2012 年市辖区全国平均仅为 1.32%，即统计年鉴中"市区面积""城市面积"中绝大部分是非建设用地，如山地、湖泊、农田等。城市行政区中建设用地的比重东京为 49.24%，北京只有 11.86%。我国一些研究者把行政区面积当作"城市面积"，大大高估了城市用地规模。

9.2 城市用地结构中居住用地比重过低

影响交通拥堵的主要因素之一是居住密度，而居住密度与居住用地的面积以及在建设用地结构中的比重相关。

我国土地管理中，建设用地划分为城乡居民点用地、区域交通设施用地、区域公用设施用地、特殊用地、采矿用地及其他建设用地，非建设用地是指水域、农林用地以及其他非建设用地等。在土地统计中，城市建设用地是城市（镇）内居住用地、公共管理与公共服务设施用地、商业服务业设施用地、工业用地、物流仓储用地、道路与交通设施用地、公用设施用地、绿地与广场用地的统称。

交通拥堵与否、拥堵程度，与居住形态密不可分。前面我们探讨了居住密度对于交通拥堵的影响，现在看看造成居住密度的根本原因之一，即建设用地结构中居住用地所占比重。

9.2.1 城市居住用地供应不足

我国土地利用中城市建设用地在全部居民点及独立工矿用地中仅占一成略多，而且在包括居住、交通、工业、公共设施、绿地等的城市建设用地中，居住和交通用地的比重更小。截至 2014 年底全国城市建设用地分类数据如表 9-3 所示。

表 9-3　城市建设用地分类表

（单位：平方公里、%）

用地分类		居住	公共管理与服务	商业服务业设施	工业	物流仓储	道路交通	公用设施	绿地与广场
城市	面积	15783.05	4717.75	3390.71	9934.11	1553.03	6666.26	2116.97	5623.62
	比重	31.70	9.48	6.81	19.95	3.12	13.39	4.25	11.30
县城	面积	6462.14	1853.33	1423.50	2565.38	635.92	2240.95	997.49	2515.24
	比重	34.57	9.91	7.61	13.72	3.40	11.99	5.34	13.45

资料来源：中华人民共和国住房和城乡建设部. 中国城乡建设统计年鉴 2014[M]. 北京：中国统计出版社，2015：24-25.

2014 年我国建制镇以上城镇建设用地面积合计 101449.14 平方公里。居住用地在建设用地中的比重，城市为 31.70%，县城为 34.57%；道路交通用地的比重，城市为 13.39%，县城为 11.99%。建制镇及以下缺乏用地分类数据。县城以上城市居住用地合计 22245.19 平方公里，在国土面积中占 0.23%。地级及以上城市市辖区居住用地，2016 年总面积为 11542 平方公里，占国土面积的比重为 0.120%。"居住用地"和"住宅用地"是两个不同的概念，居住用地面积中"包括住宅及相当于居住小区及以下的公共服务设施、道路和绿地等设施的建设用地"，因此，扣除道路、绿地面积后真正的住宅用地面积要比统计数据小。按照一般居住区的用地结构，居住用地中住宅用地大概在五至六成，因此实际的住宅用地数据要比居住用地数据低一半左右。即便按照居住用地计算，中国比日本住宅地占国土 3.1% 的比重低得多。

9.2.2 城市建设用地结构中居住用地比重低

1. 从建设部门的统计数据看

我国城市建设用地总量中，用于居住的比例显著偏低。

根据 2018 年全国 36 个主要城市的建设用地情况，可以得知居住用地在其中的份额，如表 9-4 所示。

表 9-4　2018 年全国 36 个主要城市建设用地结构一览表

（面积单位：平方公里）

城市名	城市建设用地面积	居住用地		道路交通设施用地		工业用地	
		面积	占比（%）	面积	占比（%）	面积	占比（%）
全国	56075.90	17151.57	30.59	8739.22	15.58	11026.77	19.66
北京	1471.75	427.92	29.08	271.62	18.46	263.09	17.88
天津	950.55	248.27	26.12	141.87	14.93	222.38	23.39
石家庄	57.08	19.31	33.83	9.59	16.80	7.04	12.33
太原	339.00	100.00	29.50	61.73	18.21	20.00	5.90
呼和浩特	242.77	78.21	32.22	43.11	17.76	19.36	7.97
沈阳	630.00	185.82	29.50	99.90	15.86	162.68	25.82
大连	420.85	120.45	28.62	57.27	3.61	116.52	27.69
长春	522.58	151.30	28.95	83.07	15.90	123.86	23.70
哈尔滨	433.81	138.05	31.82	55.95	12.90	96.07	22.15
上海	1899.04	551.79	29.06	137.58	7.24	547.25	28.82
南京	774.36	216.04	27.90	124.49	16.08	163.05	21.06
杭州	571.05	150.45	26.35	105.36	18.45	88.52	15.50
宁波	375.56	84.55	22.51	62.32	16.59	127.77	34.02
合肥	457.45	134.06	29.31	72.08	15.76	81.75	17.87
福州	227.14	95.51	42.05	37.91	16.69	31.43	13.84
厦门	367.89	103.67	28.18	57.66	15.67	89.44	24.31
南昌	317.70	95.80	30.15	48.55	15.28	61.10	19.23
济南	485.54	134.20	27.64	77.68	16.00	91.62	18.87
青岛	587.36	162.20	27.62	81.96	13.95	176.15	29.99
郑州	528.76	132.29	25.02	97.60	18.46	45.63	8.63
武汉	864.53	270.46	31.28	134.01	15.50	217.95	25.21
长沙	344.88	130.87	37.95	62.57	18.14	33.64	9.75

续表

城市名	城市建设用地面积	居住用地		道路交通设施用地		工业用地	
		面积	占比（%）	面积	占比（%）	面积	占比（%）
广州	715.82	220.72	30.83	78.98	11.03	192.10	26.84
深圳	939.51	212.93	22.66	237.88	25.32	273.42	29.10
南宁	311.01	98.82	31.77	50.82	16.34	19.23	6.18
海口	140.89	54.20	38.47	27.00	19.16	9.20	6.53
重庆	1272.07	396.99	31.21	243.85	19.87	252.64	19.86
成都	847.60	288.14	33.99	146.47	17.28	139.17	16.42
贵阳	344.96	96.41	27.95	60.54	17.55	60.07	17.41
昆明	453.56	188.34	41.52	51.11	11.27	54.96	12.12
拉萨	78.41	17.67	22.54	16.87	21.52	10.70	13.65
西安	657.99	154.04	23.41	114.03	17.33	79.78	12.12
兰州	320.68	73.13	22.80	68.56	21.38	50.58	15.77
西宁	95.17	28.76	30.22	16.57	17.41	4.28	4.50
银川	183.77	56.38	30.68	29.92	16.28	17.56	9.56
乌鲁木齐	448.36	126.32	28.17	75.32	16.80	105.57	23.55

资料来源：《中国城市建设统计年鉴 2018》。

在表 9-4 中，"全国"数据是指全国所有城市累计数据，而并非 36个主要城市的累计数据。从该表看出，居住用地在城市建设用地中的比重，全国平均为 30.59%。我国 36 个主要城市中，最高的福州达到 42.05%。而日本东京都区部 2011 年住宅地占 34.22%，以此为标准，我国有海口、昆明、长沙三个城市的居住用地比重超过东京都区部标准，比重最低的宁波只有 22.51%。

北京市 2013 年土地利用结构是耕地、林地、草地等合计的自然用地占 72.1%，居住及工矿用地占 18.14%，交通运输用地占 2.82%，水面占4.82%。居住用地面积 411 平方公里，占城市建设用地面积的 28.44%，占北京市域面积的 3.37%。同年，日本东京都居住用地共 79649 公顷，占行政区总面积的 36.39%。东京都的行政区域面积不仅是城市，还有西部的山地丘陵、东京湾东南方向的海岛。如果除去不宜人居的地方，则东京都居住用地占行政区域面积的比例会更高。

2. 从国有建设用地供应结构看

在国家计划供应的建设用地中，用于住宅建设的土地占比很低。

从 2006 年至 2011 年的 6 年间，国有建设用地中住宅用地的比重为

21.2%－26.6%[①]，6 年平均为 23.6%，如表 9-5 所示。众所周知，这 6 年
是我国城市建设大发展、房地产大规模开发时期，住宅用地在整个国有建
设用地中的比重如此之低，说明我国建设用地结构的一般状况。当然，考
虑到俗称"小产权房"即在农村集体土地上建设的面向市场销售的住宅，
全国整个住宅用地比重肯定要比国有建设用地结构显示的住宅用地比重
高，但是由于可供采信的数据有限，这里不作深入探讨。

表 9-5　2012－2016 年国有建设用地供应面积和结构

（单位：万公顷、%）

年份	用地类型		工矿仓储	商服	住宅	基础设施等
		合计				
2012	面积	71.13	20.72	5.09	11.47	33.85
	比重	100.0	29.1	7.2	16.1	47.6
2013	面积	75.08	21.35	6.70	14.20	32.83
	比重	100.0	28.4	8.9	18.9	43.7
2014	面积	64.80	14.96	5.02	10.45	34.37
	比重	100.0	23.1	7.7	16.1	53.0
2015	面积	51.80	12.08	3.46	7.29	28.97
	比重	100.0	23.4	7.0	15.5	54.1
2016	面积	—	—	—	—	—
	比重	100.0	23.3	6.7	14.1	55.9

资料来源：《中国国土资源公报》，2015－2016 年。当不同年份数据不一致时，取后出数据。

从 2012 年至 2016 年，全国供应的国有建设用地中，住宅用地所占比
重分别是 16.1%、18.9%、16.1%、15.5%、14.1%。从 2013 年开始，住宅
用地比重呈现逐步减少的趋势。以城市或省为单位的土地利用调查证明，
建设用地的结构即各类用地的比重是基本稳定的。例如，1999－2003 年浙
江省义乌市共征用 4573 公顷土地转为建设用地，住宅用地占 12.8%。陕西
省从 1998－2004 年的 7 年间批准用地总面积 7296.7250 公顷，在调查已经
供应的土地面积中，住宅用地占 18.64%。[②]义乌市地处东南沿海，陕西省
地处西北内陆，两个相距遥远的不同地方，不同的用地结构反映不同的产
业结构和城镇化的方式，虽然只是两个个案，亦可供我们管中窥豹了解我

① 中华人民共和国国土资源部. 2011 中国国土资源统计年鉴[M]. 北京：地质出版社，2012：108.
② 刘守英. 中国土地问题调查：土地权利的底层视角[M]. 北京：北京大学出版社，2017：167，216.

国建设用地结构中住宅用地所占份额的大小。

日本 2011 年度土地利用现状调查显示,在东京都区部土地总面积中各类土地的比重分别是住宅为 34.22%,道路等为 22.1%,商业地为 9.27%,公共用地为 9.14%,工业地为 5.50%,农地水面等为 6.7%,公园等为 6.4%,其他（屋外利用地等）为 4.5%,未利用地等为 2.6%。[1]居住与交通用地合计占 56.32%,远高于我国的城市。

我国城市建设用地中住宅用地比重显著低于日本城市,而且在进入 21 世纪以后的城市建设高速发展时期,居住用地的比重还在下降。在 2003-2010 年,我国使用的 246.46 万公顷建设用地中,工矿仓储用地占了 41.29%,住宅建设用地 58.28 万公顷,占 23.65%。[2]2011-2013 年供应国有建设用地共 205.54 万公顷,其中住宅用地为 38.31 万公顷,下降到仅占 18.64%。工矿仓储用地 61.20 万公顷,占 29.78%。[3]综合起来看,自 2000 年以来的 20 年间,国有土地供应总量中,住宅用地大约占 1/5。

9.3 城市用地结构中交通用地比重低

9.3.1 城市建设用地中交通用地比重偏低

近代工业革命以来,随着市场的扩大、交通运输工具的进步,交通运输业发展为专门产业,用地结构体现产业结构与经济结构。一般说来,市场经济伴随着各种货物、人员的高频率流动,市场发展程度越高,经济结构中第三产业（或称服务业）所占比重越高,相应地,城市建设用地中,交通用地所占比重也越高。2014 年,我国县城的城市建设用地总面积 18693.95 平方公里中,道路交通设施用地共 2240.95 平方公里,占比为 11.99%。城市建设用地总面积 49982.74 平方公里中,道路交通设施用地共 6666.26 平方公里,占比为 13.34%。统计中"道路交通设施用地"包括"道路用地"和"交通设施用地"。城市交通是指"城市范围内采用各种运输方式运送人和货物的活动,以及行人的流动", 在地域关系上分为城市对外交通和城区交通两大部分,前者包括公路、铁路、航空、水运等,后者主要指道路交通和城市轨道交通。表 9-4 的数据显示,2018 年全国城市建

① 東京都: 東京の土地利用、平成二十三年度土地利用現況調査結果の概要[R]. 東京, 2011: 8.
② 刘守英. 直面中国土地问题[M]. 北京: 中国发展出版社, 2014: 59.
③ 中华人民共和国国土资源部. 2014 中国国土资源统计年鉴[R]. 北京:地质出版社,2015:104-105.

设用地总面积中，道路交通设施用地共 8739.22 平方公里，占比为 15.58%。
36 个主要城市的交通用地比重，超过全国平均水平的有 27 个。从历史比
较看，我国城市建设用地结构中，交通用地比重在逐渐提高，从 2014 年的
13.34%上升到 2018 年的 15.58%。从横向比较看，不同类型城市用地结构
有差异，从县城到城市，再到 36 个主要城市，城市规模越大，交通用地占
比越大。第 6 章讨论城市道路面积率时，从表 6-3 所示数据可知，2018 年
我国 36 个主要城市平均的建成区道路面积率为 12.66%。对比 2011 年日本
东京都区部用地结构中道路等用地占比 22.1%的数据，暂且忽略 2018 年与
2011 年的时间差，也忽略道路用地与交通用地两个概念之间的差别，则我
国 36 个主要城市平均的用地结构中交通用地比重是东京的 57.3%。交通用
地在城市用地中的占比，36 个主要城市中的广州、昆明、上海、大连、哈
尔滨等城市特别低，只有深圳的 25.32%超过东京都区部。

在城市建设用地结构中，居住用地比重低使居住区常住人口密度特别
高，形成高密度交通源；交通用地比重低、道路面积率低，导致交通量在
城市有限面积上高度集中，成为产生拥堵的基本条件。

9.3.2 居住区设计标准中道路面积率太低

从居住区来讲，造成交通拥堵的因素，一是居住区人口密度过高，二
是居住区用地结构中道路用地占比太低，导致可用的人均道路面积太低，
出入社区者过度密集。

由于特定的城市规划制度，城市住宅区的建筑密度、人口密度、用地
结构，都得按照建设部门制定的相关技术标准安排。在 1993 年制定的《城
市居住区规划设计规范》中，"居住区用地"由住宅用地、公建用地、道
路用地、公共绿地四类用地构成。该规范设置了居住区内四类用地的构成
比重，称作"居住区用地平衡控制指标"。道路用地比重即道路面积率
因住区规模不同设置了不同指标，在居住区占 8%—15%、小区占 7%—
13%、组团占 5%—12%，上下限之间有 6%—7% 的浮动率，因为居住区
周边环境千差万别，浮动率便于居住区规划设计因地制宜。如果所在位
置本来交通便利、道路较多，居住用地平衡指标中的道路用地比重就
可以取下限。北京市 20 世纪 80 年代规划设计的居住区指标，道路用地
在居住区用地中的比重，低的为 2.21%，高的为 22.9%。根据对北京市
20 世纪 80 年代规划设计的恩济里、西坝河东里、安苑北里等 11 个居住
区经济技术指标的计算，居住区内人均道路面积超过 1.0 平方米的只有 3
个小区。最大的是马家堡，人均道路面积 2.42 平方米，最小的是南磨房，

仅 0.15 平方米。①

人们对于交通空间的需求量，与交通运输工具拥有率和使用率、交通出行频率直接相关。就交通运输工具来说，高密度居住区内，人均交通空间狭小，在自行车为主要交通工具的时代也不宽裕，在小汽车快速进入家庭的时代，完全不能满足需求。

由表 9-6 可见，按照 1993 年《规范》建设的居住区内人均道路面积，在大城市为 1.2－3.25 平方米、中等城市为 1.2－3.3 平方米、小城市为 1.9－3.9 平方米。在北京市 2015 年私家车普及率水平下，居住区内道路全部用来停放车辆也无法容纳，因此普遍出现在居住区外城市道路上占道停车的现象。

表 9-6　1993 年《规范》指标下居住区人均道路面积表

（单位：平方米）

居住规模	层数	大城市		中等城市		小城市	
		人均用地	人均道路面积	人均用地	人均道路面积	人均用地	人均道路面积
居住区	多层	21	3.15	22	3.3	25	3.75
	多层、中高层	18	2.7	20	3.0	20	3.0
	多层、中高层、高层	17	2.55	17	2.55	17	2.55
	多层、高层	16	2.4	16	2.4	16	2.4
小区	低层	25	3.25	25	3.25	30	3.9
	多层	19	2.47	20	2.6	22	2.86
	多层、中高层	18	2.34	20	2.6	20	2.6
	中高层	14	1.82	15	1.95	15	1.95
	多层、高层	14	1.82	15	1.95	—	
	高层	12	1.56	13	1.69	—	
组团	低层	20	2.4	23	2.76	25	3.0
	多层	15	1.8	16	1.92	20	2.4
	多层、中高层	15	1.8	15	1.8	15	1.8
	中高层	14	1.68	14	1.68	15	1.8
	多层、高层	13	1.56	13	1.56	—	
	高层	10	1.2	10	1.2	—	

① 根据北京市规划委员会、北京市城市规划设计研究院编制办公室合编《〈北京城市规划志〉资料稿》之"北京 80 年代居住区和居住小区规划设计优秀作品评选活动应征作品技术经济指标汇总表(二) 居住区"计算而得。表见该书 260 页。

当居住区内道路面积的 50% 用于停车并且私家车都是小型客车、全部停放于居住区内的时候，以平均占地面积 30 平方米/辆计算，按照 1993 年《规范》居住区可以允许的私家车普及率如表 9-7 所示。

表 9-7　1993 年《规范》居住区人均道路面积与私家车普及率上限

居住规模	层数	大城市		中等城市		小城市	
		人均道路面积（平方米）	私家车普及率（辆/千人）	人均道路面积（平方米）	私家车普及率（辆/千人）	人均道路面积（平方米）	私家车普及率（辆/千人）
居住区	多层	3.15	52.5	3.3	55	3.75	62.5
	多层、中高层	2.7	45	3.0	50	3.0	50
	多层、中高层、高层	2.55	42.5	2.55	42.5	2.55	42.5
	多层、高层	2.4	40	2.4	40	2.4	40
小区	低层	3.25	54.2	3.25	54.2	3.9	65
	多层	2.47	41.2	2.6	43.3	2.86	47.7
	多层、中高层	2.34	39	2.6	43.3	2.6	43.3
	中高层	1.82	30.3	1.95	32.5	1.95	32.5
	多层、高层	1.82	30.3	1.95	32.5	—	—
	高层	1.56	26	1.69	28.2	—	—
组团	低层	2.4	40	2.76	46	3.0	50
	多层	1.8	30	1.92	32	2.4	40
	多层、中高层	1.8	30	1.8	30	1.8	30
	中高层	1.68	28	1.68	28	1.8	30
	多层、高层	1.56	26	1.56	26	—	—
	高层	1.2	20	1.2	20	—	—

按照 1993 年《规范》设计居住区，在人均用地面积、道路用地比重都取指标上限的情况下，居住区内能够容纳的私家车最大比率是每千人 62.5 辆，以平均每个家庭 3.2 人计，合百户家庭 20 辆，这恰好是"汽车社会"的最低门槛。事实上，居住区建设中人均居住用地、用地平衡表中道路用地比重很少取上限，人均道路面积无法达到这么大，即小区无法满足 62.5 辆/千人小客车的停放需求。而且，北京市 2015 年末 195.5 辆/千人是私家小客车，而道路行驶的有各种机动车，机动车的普及率为 259 辆/千人。

城市规划教材建议的包括绿化用地、出入口通道、附属管理设施用地的停车场用地指标是小汽车 30—50 平方米，大型车辆 70—100 平方米。①因此需要的人均停车面积远不止 5.9 平方米。1993 年《规范》设定的居住区规划设计指标，与现实居民对交通空间的需求存在尖锐的矛盾。而且，居民使用交通工具，无论是自行车还是机动车，需要停放空间，还需要行驶空间。停放空间不止于居住区，职场、商场、体育馆、旅游景点等都需要，1988 年公安部、建设部颁布了《停车场规划设计规则（试行）》，随着经济社会形势的变化，各个城市也制定过停车场建设标准，但是总体看，与社会需求相比，不用说 20 世纪 90 年代的规范和标准，即使 2000 年以后修订过的标准，包括停车场在内的交通空间供给标准总是滞后，因此产生了各种现实交通问题。

9.4　土地政策与城市发展的矛盾

城市人口过密、道路交通量过密是造成城市交通拥堵的基本原因。人口、建筑、道路等的空间布局与土地政策密切相关。我国土地政策的基本方针是优先保障农用地特别是耕地，廉价供应工业用地，严格控制建设用地。但现状是生产空间利用低效，居住等生活用地供应太少，导致密度过高。

9.4.1　生产空间和生活空间比例失衡

中国走向现代化，意味着从农业社会转变为工商业社会，从乡村社会转变为城市社会。发展经济，需要建工厂、开商店、修铁道和公路；发展社会，需要建学校、医院、博物馆、科研所等；改善环境，需要建公园、垃圾转运站、污水处理厂等；改善生活，需要建住房、修停车场等。现代化是一项伟大而繁重的建设事业，大多数建设事业都离不开土地。现在，作为"城市病"症状的住房拥挤、交通堵塞等，是生产、生活对于空间的需求与供给矛盾的体现。

在我国国土利用中，生产空间、生活空间与生态空间的结构存在不平衡。生产性用地主要是农业用地、工矿业用地，交通用地兼作生产用和生活用。农业用地在土地分类中一般归属于非建设用地。在建设用地结构中，

---

① 吴志强，李德华. 城市规划原理：第四版[M]. 北京：中国建筑工业出版社，2010：374.

工矿用地占比大，而居住用地、交通用地比重小。与日本比较可以发现，中国城镇用地结构中，工业用地、仓储物流用地占比远高于日本。由表 9-4 数据可知，2018 年我国 36 个主要城市，在城市建设用地结构中工业用地比重超过 20% 的有 14 个，15%－20% 的有 9 个，10%－15% 的有 5 个，10% 以下的 8 个。城市建设用地总面积中，工业用地占比最高的宁波高达 34.02%，其次是青岛为 29.99%，然后是深圳为 29.10%，上海为 28.82%，超过 25% 的还有大连 27.69%、广州 26.84%、沈阳 25.82%、武汉 25.21%。2006 年至 2011 年，我国国有建设用地供应面积中，工矿和仓储合计用地在建设用地总量中的比重分别是 50.4%、41.4%、39.7%、39.1%、35.6%、32.3%。由表 9-5 数据所见，2012－2016 年国有建设用地供应面积中，工矿和仓储用地所占比重分别是 29.1%、28.4%、23.1%、23.4%、23.3%，与前 5 年相比，工矿用地比重有了显著下降。

有分析指出，在 1994 年分税制改革后，各地为了招商引资促进经济发展，以低价格甚至免费的方式供应工业用地，尽管 2006 年开始自然资源部为提高工业用地效率要求地方工业用地出让采取挂牌方式，出让价格需满足最低工业地价规定，但实际上低价出让工业地的情况依然普遍，例如杭州市主城区 2013 年工业用地价格约 30 万元/亩，而土地成本就要 90 万元/亩。2000－2017 年，全国住宅用地价格涨了 7.1 倍，商服用地价格涨了 4.53 倍，工业用地价格只涨了 1.79 倍。[①]李蕾等人研究发现，城镇用地总面积中工业用地所占比重，纽约为 3.5%（2014 年），伦敦为 6.5%（2004 年），巴黎为 8%（2004 年），而我国广东大湾区 2016 年底 9 市平均为 33.9%。2017 年我国 105 个地价监测城市工业用地地面价平均为 806 万元/公顷，是商业用地地面价的 11%，是住宅用地地面价的 12%。大湾区的广州市工业用地地面价只是商业用地的 3%，住宅用地的 2%；深圳市工业用地地面价分别是商业用地价格的 9%，住宅用地价格的 8%。[②]由此可见，地方政府以土地作为调控经济的基本资源时，在数量上优先保证，在价格上初期通过划拨的方式无偿供地，后来以挂牌方式供地依然是低价甚至低于成本价供应，全国土地价格涨幅差异巨大，而工业用地价格低于住宅用地、商服用地是普遍现象。

日本城市土地价格与中国不一样。在经济高速增长的 1955 年至 1975

① 屠帆，胡思闻，赵国超. 荷兰工业用地利用政策演变与对中国的启示：公共土地开发模式与可持续的土地开发利用[J]. 国际城市规划，2020（01）：115.

② 李蕾，张丽君，张迪，等. 广东大湾区工业用地利用情况分析[J]. 国土资源情报，2020（01）：21-23.

年，从城市土地价格指数变化看，以 1955 年为 100，1975 年的地价指数：商业用地为 2348，住宅用地为 2969，工业用地为 2765。工业用地价格涨幅略低于住宅用地，但高于商业用地。商业、工业、住宅三类用地的价格基本是同步增长。[①] 自然资源部原部长徐绍史曾在 2008 年初发表的文章中指出，城市土地利用结构和布局不合理，产出效率低。根据对 17 个城市的抽样调查，工业用地产出率不到发达国家 20 世纪 80 年代的 2%，最高的深圳市也只相当于 20 世纪末发达国家的 7%。[②]

总之，从目前国土空间结构看，农业、工矿业等生产空间比较充裕，城市建设用地，尤其是居住、交通等生活空间供应不足，造成城市人口密度过高，城市道路交通量过度集中，是交通拥堵等城市病的根源。

9.4.2 人均城市建设用地标准不增反降

在改革开放以来的经济社会变迁中，由计划经济体制向社会主义市场经济转变，而对作为生产要素、生活基础的管理却越来越严，这一特点主要表现在建设用地管理上。

国家对建设用地管理，始于 1953 年 11 月公布《国家建设征用土地办法》。该文件规定建设用地根据规模大小，须经各级政府批准。关于征用土地的权限，或集中或放松，经历过多次反复。改革开放以来，对于建设用地的管理逐步加强。当时针对初步解决温饱后迫切要求改善居住条件的农民兴起的建房热，以及乡镇企业快速发展的用地需求，担心耕地被占用，有关部门发了紧急通知制止乱占耕地。1982 年 1 月五届人大四次会议的政府工作报告中提出"十分珍惜每寸土地，合理利用每寸土地"的国策；同年 2 月 23 日发布《村镇建房用地管理条例》，通知各地县政府尽快制定宅基地面积标准，迅速建立村镇建房审批制度；5 月 14 日又公布《国家建设征用土地条例》，明确了国家、省、县三级机构的土地审批权限。1986 年《土地管理法》的制定、国家土地管理局的成立，标志着土地管理的全面加强。土地管理法严格限制农用地转为非农用地，规定县政府批准征用耕地的权限至多 3 亩。1987 年开始对全国非农业建设用地采取年度指标的计划管理，同年 10 月国家计划委员会与国家土地管理局联合下发了《建设用地计划管理暂行办法》，具体规定了建设用地计划编制、申报、审批、下达程序及管理措施，成为土地计划管理的纲领性文件。1988 年建设用地计划

---

① 柴田德衛. 日本の都市政策[M]. 東京：有斐閣，1981：95.

② 徐绍史. 坚决守住 18 亿亩耕地红线[J]. 国家行政学院学报，2008（01）：8-11.

正式纳入国家计划序列，作为国民经济和社会发展计划的组成部分。1989年增设了土地开发计划，1993年又在建设用地计划中增设了土地使用权出让计划。[①]此后土地管理部门介入建设项目审批，建设用地受到的管控越来越多。

　　土地计划管理的主要手段是建设用地指标计划分配、对人均用地面积实行标准控制。

　　住建部 1990 年颁布实施的《城市用地分类与规划建设用地标准》，把城市用地分 10 大类、46 中类、73 小类，规定的人均建设用地指标如表9-8 所示。该标准是编制和修订城市总体规划时作为城市建设用地远期规划的控制标准。城市建设用地划分为居住用地、公共设施用地、工业用地、仓储用地、对外交通用地、道路广场用地、市政公用设施用地、绿地和特殊用地 9 大类，不应包括水域和其他用地。规划人口数量以非农业人口为依据，建设用地标准不仅规定了人均建设用地面积，还规定了人均单项建设用地指标（如人均居住用地、交通用地）和规划建设用地结构（居住、交通、绿地等各类地的比重）。

表 9-8　人均建设用地指标分级

指标级别	用地指标（平方米/人）
Ⅰ	60.1－75.0
Ⅱ	75.1－90.0
Ⅲ	90.1－105.0
Ⅳ	105.1－120.0

　　1990 年用地标准要求"新建城市的规划人均建设用地指标宜在第Ⅲ级内确定"，即人均 90.1－105.0 平方米。"当城市的发展用地偏紧时，可在第Ⅱ级内确定"，即人均用地 75.1－90.0 平方米。该标准于 2011 年完成了修订，2012 年 1 月 1 日开始实行新版。新版总则第一条就阐明制定标准的宗旨是"集约节约、科学合理地利用土地资源"，适用于县城以上城镇规划的编制、用地统计和用地管理工作。与 1990 年用地标准的主要区别之一是规划人口规模计算方法从城镇非农业人口改为常住人口（户籍人口数量与半年以上的暂住人口数量之和），新建城市的规划人均城市建设用地指标应在 85.1－105.0 平方米内确定，这是必须严格执行的强制性条文。比起1990 年用地标准，人均城市建设用地指标下限从 90 平方米缩小到 85 平方

[①] 邹玉川. 当代中国土地管理［M］. 北京：当代中国出版社，1998：276-278.

米，把本来很低的人均建设用地标准进一步降低了。

作为国家标准的《城市用地分类与规划建设用地标准》是供编制城市规划时参照执行的，有些条文是建议性的，有些条文是强制性的。由于影响城市空间结构的因素较多，现实中城市人均建设用地面积比国家规定的规划用地标准更少。根据宋启林、苏英夫等人的研究结果，1958 年我国人均城市建设用地为 94.9 平方米，但是 1958 年以后城市建设片面强调"见缝插针"的用地方法，到 1982 年人均建设用地下降到 72.7 平方米，贵州、四川、浙江三省城市建设用地甚至低于 50 平方米，重庆只有 38.4 平方米，上海仅 23 平方米。"六五"计划期间城市规划建设开始受到重视，不再提"见缝插针"的方针，调查发现 1985 年我国各类城市建成区人均用地面积分别是：特大城市（200 万人以上）57.9 平方米，大城市（100－200 万人）80.1 平方米，中等城市（30－100 万人）80.3 平方米，小城市（30 万人以下）102.3 平方米。[①]这些数据计算依据的城市人口是按照户籍统计的市区非农业户口人员，而城市中实际生活的人口数量高于户籍人口数量，因此实际人均用地面积应该低于这些数据。王万茂研究了 2001 年我国人均建设用地数据发现，无论是按照市区非农业人口计算还是按照市区实际居住人口计算，50 万人以上各级城市基本没有差别，人均建设用地面积在 66.2－70.2 平方米之间，20－50 万人口的城市人均用地面积为 83.2 平方米。[②]

要了解我国实际的人均城市建设用地面积有一定难度。人口统计一般是以行政区为单元，行政区面积与建成区面积并不一致，缺乏以建成区为单元的统一人口统计。根据若干大城市中心城区统计数据，可以得知中国城市建成区人均面积概貌，因为中心城区的行政区全部是建成区。2016 年几个大城市中心城区人均用地面积（单位：平方米）是，广州市越秀区 29.2、海珠区 56.0、荔湾区 64.1；上海市虹口区 29.0、黄浦区 31.1、静安区 32.2、闸北区 35.0、普陀区 41.8、杨浦区 46.2、长宁区 55.4；天津市和平区 23.6、红桥区 41.2、南开区 44.2、河西区 45.7、河北区 46.7、河东区 52.3；北京市西城区 38.9、东城区 46.3。[③]2015 年重庆主城区实际人均建设用地面积，渝中区 27.44、巴南区 50.72、南岸区 59.72。

历史数据比较发现，无论是政策指标还是客观事实，我国城市的人均

---

① 国家土地管理局土地利用规划司. 全国土地利用总体规划研究[M]. 北京：科学出版社，1994：118，122.

② 王万茂. 土地利用规划学[M]. 北京：科学出版社，2006：237.

③ 根据《2016 广州统计年鉴》《2016 上海统计年鉴》《2017 天津统计年鉴》《2016 北京统计年鉴》中的数据计算而得。

建设用地越来越少，这与居住环境改善、小汽车进入家庭要求人均建设用地面积扩大的社会需求正好相反，城市交通日益拥堵就是交通空间供不应求矛盾的体现。

9.4.3　日本土地利用结构的变化

国际比较也是判断人均用地标准合理性的重要参考。

发达国家人均城镇用地面积（单位：平方米），50 万－500 万人口城市很相近，在 350.9－370.4 之间，500 万人口以上城市则为 136.1。谈明洪、李秀彬对世界人口规模前 80 位的国家 2006 年人均城市用地研究表明，高收入组国家人均城市用地欧洲为 328、亚洲为 323。中低收入组国家或地区的城市人均用地面积，欧洲（除俄罗斯）为 211，亚洲（除中国、印度）为 103，非洲为 122，拉美国家为 150。全国平均的城市人均用地为：美国 870、加拿大 645、英国 244、日本 208、俄罗斯 190。日本人口集中地区（DID）人均用地面积，全国平均 148.0，东京都 83.2、大阪府 106.8、神奈川县 111.4、埼玉县 119.9、千叶县 140.0、爱知县 161.8。[①]比较一下可以发现，中国城市人均用地面积，根据随机抽样调查结果，广州、上海、天津、北京、重庆一般在 30－50 之间，比东京、大阪等显著偏低。

日本土地利用结构随经济社会发展阶段而变化，参见表 9-9 数据。

表 9-9　1965－2010 年日本用地结构变化一览

（单位：%）

	农用地		道路		住宅地		工业用地		事务所店铺等	
	全国	三大都市圈	全国	三大都市圈	全国	三大都市圈	全国	三大都市圈	全国	三大都市圈
1965	17.0	22.9	2.2	3.6	1.8	5.4	0.3	1.0	0.2	0.5
1985	14.5	13.6	2.8	4.3	2.4	5.8	0.4	1.1	1.2	2.8
2005	12.6	11.4	3.5	5.0	3.0	6.9	0.4	0.9	1.5	3.4
2010	12.4	10.8	3.6	5.2	3.0	7.3	0.4	1.0	1.6	3.4

资料来源：矢野恒泰纪念会. 数字看日本 100 年：第 6 版[R]. 东京：公益财团法人矢野恒泰纪念会，2013.

从三次产业就业比重看，日本第一产业就业者比重从 1950 年的 48.5%下降到 2000 年的 5.0%，从农业社会经过工业社会，现在已经进入以服务业为主的后工业社会。相应地，人口在国土空间的分布也发生了很大变化。人口集中地区（DID）人口在全国人口总数的比重从 1960 年的 43.7%上升

---

① 周建高，刘娜. 论我国人均城市建设用地标准过低和成因与对策[J]. 中国名城，2019（09）：7.

到 2010 年的 67.3%，人口集中地区的面积在国土面积中的比重从 1960 年的 1.03% 增加到 2000 年的 3.42%。用地结构体现了经济社会发展，1965 年至 2010 年，国土面积中农用地占比从 17.0% 下降到 12.4%，住宅地占比从 1.8% 上升到 3.0%。

表 9-9 数据反映日本不同时期各类用地在国土总面积中所占比重的变化。从全国层面看，农用地、道路、住宅地、工业用地、事务所店铺等用地五项合计占国土面积的比重，1965 年为 21.5%，2010 年为 21%，不是 100%，因为其余约八成是山林地，没有用作生产建设。从 1965 年至 2010 年，土地利用结构变化显著，在国土面积中农用地比重从 17.0% 下降到 12.4%，道路用地比重从 2.2% 上升到 3.6%，住宅地占比从 1.8% 上升到 3.0%，店铺用地从 0.2% 增加到 1.6%。道路、住宅、店铺等建设用地比重升高，三大都市圈比全国变化更显著。在三大都市圈的土地利用结构中，道路、住宅、事务所店铺等三项合计所占比重，1965 年为 9.5%，2010 年上升到 15.9%。无论是从全国层面还是从三大都市圈层面工业用地所占比重很稳定。事务所店铺等第三产业用地比重增长幅度较大，在三大都市圈用地比重 1965 年只有工业用地的一半，而 2010 年占比是工业用地的 3.4 倍。在 1965－2010 年的 45 年间，住宅用地占三大都市圈面积的比重从 5.4% 提高到了 7.3%。在三大都市圈土地利用中，第一产业用地比重大幅下降，第二产业的工业用地比重基本没有变化，第三产业占地比重有了较大提高，达到 3.4%。

由于经济社会结构的变化，无论是从国土空间看还是从都市圈看，土地利用结构必然要发生改变。

9.5　小结与对策：改善土地管理是治理交通拥堵的根本

交通拥堵是交通量在地理空间过度密集的结果。交通量集中，源于城市规划导致的全社会的生活、生产活动的空间集中。中国经济社会的发展，特别是人民群众对于高品质生活的期待，希望加快治理交通拥堵之类的"城市病"；从土地资源条件看，与日本比较，中国有条件增加用于居住、交通等生活的土地供应。

二战结束后世界经历了深刻变化，从工业社会向后工业社会与知识社会过渡。后工业社会中大多数经济份额来自占地面积很小的城市工厂、店铺，大部分创新来自实验室、研究室。科学技术和组织管理水平的进步，无论是食物还是收入，对土地的依赖都大幅下降。私人交通机动化带来人口流动性增强，用于交通和居住的面积增加，第三产业发展又促进写字楼、店铺等用地增加，这些因素汇合起来使城市占地面积不断扩大、城市人口密度逐渐下降。日本土地利用正好体现了经济社会的变化，城市用地占国土地面积的比重从 1975 年的 5.6% 上升到 2008 年的 8.5%，而且城市用地中居住、交通用地合计超过一半。

我国规划标准中的城市人均建设用地指标是 100 平方米，城市人口密度是每平方公里 10000 人。这个标准存在两点问题，一是最低标准没有条件得到完全保障，现实中存在突破最低标准的现象；二是以非农业人口为计算标准，与城市常住人口数量差距很大。根据现状调查结果，我国城镇建成区平均密度约 20000 人/平方公里，即人均城市建设用地面积约 50 平方米，在某些区域内，人均用地不足 30 平方米。1990 年的人均建设用地标准，制定者也是研究了中外许多城市的案例后确定的。在以步行、自行车为主的城市交通中，人均需要的空间面积较小。20 世纪 90 年代中国制定了发展汽车产业的政策，作为私人交通工具的小汽车开始进入百姓家庭，在 2000 年以后家用汽车普及率逐年提高。汽车社会发展使人均需要的交通空间日益扩大，而规划建设用地人均指标却缩小了，这使得道路、停车场越来越拥挤。

从改善土地管理政策角度看，治理交通拥堵可以从以下两方面入手：一是放松建设用地控制，增加城市建设用地总量；二是改善土地利用结构，增加居住和交通用地的比重。

尽管人口、就业和经济空间分布不均衡是世界普遍现象，但是中国似乎格外严重。2005 年，美国经济产出前三位地区（加利福尼亚州、纽约州、得克萨斯州）面积占全国的 12.8%，人口占 19.8%，国内生产总值占 21%；欧盟经济前 10 位国家面积占 8%，人口占 16.9%，国内生产总值占 20.5%。而中国 2011 年经济前三位的 3 个省面积占全国的 4.58%，人口占 20.92%，国内生产总值占 28.32%。[①] 与美国、欧盟比较，基本同等比例的人口数量，中国占用了较小比例的土地，产出了较大比例的国内生产总值。显然，中国人口和经济活动在地理空间的集中度远高于美国和欧盟，而且根据 2011 年与 2001 年的数据比较看，人口的空间集中在进一步加剧，从中小城市向大城市集中。"七普"人口数据表明，中国人口空间分布失衡比此前所知

---

① 国务院发展研究中心课题组. 中国新型城镇化道路、模式和政策[M]. 北京：中国发展出版社 2014：260.

的更严重，主要是少数大都市和东南沿海地区人口大幅增加，而多数中小城市和东北地区人口减少。

解决拥堵就要解决过度集聚问题，本研究认为首先是扩大人均用地面积标准，降低城市居住密度。

2002 年世界平均 10.5 人 1 辆轿车，主要国家平均 1 辆车服务人口：印度为 210.0 人，中国为 62.6 人，巴西为 11.0 人，俄罗斯为 6.9 人，墨西哥为 8.0 人，韩国为 5.0 人，日本为 2.3 人，法国和英国是 2.0 人，澳大利亚和德国是 1.9 人，加拿大为 1.8 人，意大利为 1.7 人。从美国 1970－2002 年的变化趋势以及 2002 年主要国家的情况看，大致每 2 人 1 辆车是家用车普及率的饱和水平。我们以饱和水平的 2 人 1 辆、中国人口约 14.1 亿人的标准计算，车总数约 7 亿辆。粗略估算，每辆车使用的土地面积，包括行驶和停放，以 100 平方米计，则全国共需要土地 7 万平方公里，占国土面积的 0.73%。

从土地资源与人口关系来看，我国具备良好的条件满足人民衣食、居住、交通、旅游等。"七普"结果显示，我国总人口 14.12 亿人，共有家庭户 4.9416 亿户，集体户 2853 万户，平均每个家庭户 2.62 人，居住在城镇的人口占 63.9%。假设全国每户用 300 平方米宅基地建造住宅，则全国共需要土地 148248 平方公里，占国土面积的 1.544%。300 平方米宅基地足够居住、交通以及劳动等工具用品的存放，生活将比较舒适，城市交通拥堵也将得到极大缓解。

从我国土地、人口总量及今后趋势看，人口数量决定的生产、生活空间需求与中国现存可以供应的土地数量之间，没有多大矛盾。土地政策与时俱进，若增加建设用地供给，不仅可以解决交通拥堵问题，还可以改善居民的生活环境，提高生活质量。

第 10 章 影响城市空间形成的观念、知识和管理问题

城市交通拥堵问题是城市空间结构与经济社会发展要求不相适应的体现。多数国家随着铁道、汽车等交通运输方式的发展，城市空间结构出现相应的变化。在以铁道为主的时代城市沿着铁道线发展，形成指状空间结构；自汽车社会发展以来，城市空间呈现建成区蔓延、中心城区人口密度下降，在没有控制城市人口增长、控制汽车消费的情况下，虽然也出现交通拥挤拥堵之类问题，但实现了汽车与城市的共生。中国的城市拥堵在几乎没有私家车的时代就已经普遍存在，在汽车社会的初级阶段达到了十分严重的程度。前面的研究揭示了城市空间结构与交通拥堵的关系，接下来我们要从观念、知识和公共管理体制等几个维度，分析探讨形成我国城市如今这种空间结构的主要因素。

10.1 城市用地的节约与经营思想

我国城市人口过度密集，与我们特定的经济观念和计划体制相关。城乡空间受制于土地政策与城市规划制度的计划管理性质，通过建设用地指标、土地利用总体规划、城市总体规划等对城乡空间进行计划管理。

在人口数量庞大而且快速增长的历史时期，从国家全局长远利益考虑人口、资源与可持续发展问题，我国政府提出勤俭建国的方针，在土地利用政策中节约用地成为长期坚持的基本原则。但节约导致城市人口过度密集，以致交通拥堵成为难以解决的问题，似乎超过了合理程度。

10.1.1 城市建设中"先生产后生活"的原则

中华人民共和国成立初期，在城市规划的指导思想上，城市被看成布置国家生产力的基地，工业是城市发展的主要动力，城市生活设施是为工业生产服务的。在相当长的一段时期内，国家建设方针是先生产后生活，重视工业化而忽视城市建设。在有限的城市建设中，重视重大工程，住宅建设基本没有或极少纳入政府的议事日程，这也是最初 30 年城市人均居住面积没有增加反而下降的原因。例如，1952 年 9 月建工部召开的全国第一次城市建设座谈会，决定各级政府建立健全城市建设管理机构，各地开展城市规划，将城市建设项目定位 11 种，即调查研究、道路、自来水、下水道、公园绿地、电车、公共汽车、防洪排水、桥梁、轮渡、煤气等，[①]住宅不在工作内容中。1956 年国家建委颁布的《城市规划编制暂行办法》中确定城市规划的原则是"适用、经济，在可能的条件下注意美观"。[②]适用，是指满足基本用途需求；经济，是指尽可能节省，以低成本建设。20 世纪 60 年代初在大庆建设过程中，以"上生产，适当安排生活；生产质量第一，生活设施因陋就简"为方针，"大庆模式"在城乡建设中被推向全国。国家建委 1967 年指示北京市，凡是安排在市区内的房屋建设应尽量采用"见缝插针"的办法，以少占土地和少拆民房，以"干打垒"的方式建房。1958 年到 1962 年，天津共建住宅 159.3 万平方米，住宅设计是共用厕所、大通道、没有厨房的集体宿舍类。1966 年"文革"开始后，住宅建设方针是"先治坡，后治窝""先生产，后生活"，建设了一批低标准简易"战备楼"。[③]在建设用地安排上，节约是基本原则。1958 年国务院颁布的《国家建设征用土地办法》确定了"征用土地，必须贯彻节约用地的原则"。[④]节约用地作为政策原则，此后至今未曾改变，被纳入各种土地规划、城市规划、建筑设计标准中。

10.1.2 土地经济与经营城市思想

改革开放以后，国家重视民生改善，在城市首先解决住房紧缺问题。

---

① 董鉴泓. 中国城市建设史：第三版[M]. 北京：中国建筑工业出版社，2004：402.

② 邹德慈等. 新中国城市规划发展史研究——总报告及大事记[M]. 北京：中国建筑工业出版社，2014：26-27.

③ 天津市地方志编修委员会. 天津通志·城乡建设志：下[M]. 天津：天津社会科学院出版社，1996：971-973.

④ 邹玉川. 当代中国土地管理 [M]. 北京：当代中国出版社，1998：93.

作为城市建设方针，虽然不再明确提及"先生产后生活"，但是现有城市土地利用结构与日本城市差异显著，工业、仓储、对外交通占比较大，而住宅用地占比很小，生产空间优先低价供应，生活空间被压缩，置于次要地位，实际上仍延续着"先生产后生活"的原则。20 世纪 50 年代开始，建设项目用地是通过行政手段申请、划拨的，没有买卖。改革开放中土地作为基础生产资料的价值、土地的商品属性为社会认识，政府开始根据土地利用对象、利用方式，收取土地使用费或者有偿转让使用权。土地使用制度的改革始于 1987 年 7 月《深圳经济特区土地管理体制改革方案》的制定，1988 年 4 月宪法修正案中添加了"土地的使用权可以依照法律的规定进行转让"，使土地使用收费合法化。进入 90 年代，确立了市场经济的改革方向后，伴随着开发热潮的涌现，土地价值日益凸显，一时间房地产业蓬勃发展。在建设用地主要是居住用地规划中，尽量提高居住密度以获得单位土地面积上的最大收益，甚至把人口密度高作为宜居城市指标，例如2000 年住建部设立的"中国人居环境奖"把建成区人口密度 10000 人/平方公里以上作为必要条件。①中国加入世贸组织后涌现了新一波建设热潮，与城市住房制度改革、房地产业的发展相呼应，社会对于土地的需求日益旺盛，以土地为抓手的"经营城市"理念在城市政府中流行。政府把土地与金融作为宏观调控的基本手段，通过耕地红线等政策，严格控制农地转用为建设用地。在行政管理层面，用地实行计划指标管理。在城市规划布置生产、交通、生活等建设项目时，把经济性置于首位，片面追求集聚效应、规模效应，追求单位土地上的经济产出，而把顾客的便利度、居民的舒适度、对环境的影响、对交通的影响置于次要地位。这些做法体现了重经济、轻生活的思维，它贯穿于城市规划建设管理的过程中，体现在有关法律、条例和政策之中。为了节省土地才有高密度的住区规划标准，才有建设用地指标控制等，才有过度密集的城市，才有不可避免的交通拥堵，即使没有私家车也会拥堵。在城市综合交通运输体系建设中，倡导公交优先者，也主要看中了公共交通的经济性，占用土地资源少、装载量大、消耗能源少、污染少等，从交通运输服务提供者角度考虑问题，而较少从乘客的角度考虑。

---

① 董晓峰，杨保军，刘理臣，等. 宜居城市评价与规划理论方法研究[M]. 北京：中国建筑工业出版社，2010：38.

10.1.3　推进农民集中居住的动力

推进农民集中居住，既是为了改善农村人居环境，也有通过宅基地整理腾出建设用地的经济动机。20 世纪 90 年代上海市在郊区农村开始实行"三集中"，即农民向城镇集中、农田向农场集中、工业向园区集中，并尝试"迁村并居"的改革试验。2001 年前后江苏省苏州、无锡等地的一些经济发展较好的乡镇也开始推动农村空间的集中，2003 年江阴市新桥镇推行的"农村三集中"，即"工业集中到园区、农民住房集中到镇区、农地经营集中到规模企业"，农民集中居住后，原来的宅基地、空闲地作为建设用地，不必经过审批就可直接用于工业，对用地指标紧缺的基层政府非常重要，于是新桥经验成为节约用地的典型。2004 年国务院下发的《关于深化改革严格土地管理的决定》，提出鼓励农村根据发展的实际需要整理建设用地，城镇建设用地的增加要与农村建设用地减少相联系。2006 年，山东、天津、江苏、湖北、四川五个省市作为第一批试点，进行城乡建设用地增减挂钩，推进农民集中居住。2008 年正式出台增加挂钩试点管理办法，2008 年、2009 年又相继批准河北、内蒙古、辽宁、吉林、黑龙江等 19 个省加入试点，天津实行了"宅基地换房"，浙江省嘉兴市有"两分两换"，四川省成都市有"拆院并院"，重庆有"地票交易"的试验。推动农民集中居住，改善了农村人居环境，但最主要的目的是减少农民宅基地以满足城市发展对土地的需求，保持全国建设用地总量不增长。

与交通拥挤拥堵密切相关的居住区大型化也是追求开发者利益的表现。当居住区规模较小的时候，如三五栋住宅楼，密度再高，因为其总体规模有限，对交通的影响也不大，而几十栋住宅楼大规模集中建设后，问题就出现了。城市住房制度改革前，企业建设职工住宅，单个企业的住宅区规模有限。把房地产作为产业发展后，居住区的开发规模越来越大，居民集中程度越来越高。农村居民集中居住，肯定观点指出的优势是改善了农村居住环境、促进了农村经济发展、提高了农村公共服务水平、土地使用集约化。[①]但是居住密度提高、规模增大后对于包括交通在内的负面影响则缺乏关注。居住区开发中普遍偏爱集中连片的开发模式，主要出于追求规模效益的动机，一次性开发规模越大，开发商投资建设的单位成本就越低，最终产品的利润率就高。

在土地利用和城市建设中坚持节约、经济的原则固然不错，但是因节

---

① 杨成. 法治与正义：农民集中居住的良性推进[M]. 北京：知识产权出版社，2014：30-75.

约造成人口过密、交通拥堵，以致不能保证良好的生活质量，则超过了合理的度。

10.2 城市知识的问题

我国城市规划很大程度上是经济社会发展计划在地理空间上的安排。在我国土地利用、城市规划领域，"科学""合理"等词语出现频率较高，是规划制定者希望以科学工具设计安排出良好城市状态的体现。例如 1982 年制定的《国家建设征用土地条例》开门见山说明立法的宗旨是"为合理使用土地资源"，以后城市规划的法律、条例中都有"合理"字样，又如 1984 年《城市规划条例》、1990 年《城市规划法》、2008 年《城乡规划法》等。土地规划、城乡规划等规划制定者，希望规划设计出科学合理的空间秩序，但是实践告诉人们，城市空间规划中科学性不足，主要表现在概念不明确、统计不准确、决策中判断逻辑性不足等。

10.2.1 概念问题：不确定、不通用

概念是知识的元素，是交流的基本工具。社会没有共同的概念就无法交流。在我国解决城市问题过程中，一定程度上说，概念不确定、概念缺少通用性，影响了城市学科建设与城市公共政策。例如，"城市"这个关键词，以及与它密切相关的城市面积、城市人口、市区面积、市区人口等概念，存在科学性和通用性不足的问题。科学性不足是指概念不明确，没有反映城市这一事物的本质特征。通用性不足是指学术界有很多概念与社会公众的理解不一致，只能在很小的学术圈子或专业圈子被理解。有些概念几乎家喻户晓，例如首都、省会城市、卫生城市等；有些概念需要具备一定知识才能懂，例如生态城市、未来城市等；有些即使城市研究圈的人都未必能懂。随着事物发展和研究深入，提出新概念是需要的，但有时概念不确定，不能为众人理解和接受，妨碍了问题的解决。理查德·P 格林（Richard P Green）、詹姆斯·B 皮克（James B Pick）编写的教科书中指出，即使联合国这样的世界组织，在对世界城市区域排序时也没有形成一致的定义。他们列举了同一名词、不同含义的"东京"在人口、面积、人口密度上的不同数据，发现"城市"的定义包括人口普查上的城市、市政自治体意义上的城市、建成区域意义上的城市和大都市区意义上的城市

四类。①

　　我国一般大众媒体不用说，即使在城市研究学界、政府统计部门，或发表于报刊上的专业论文等，往往存在对关键概念缺乏明晰的定义，妨碍了听众、读者准确理解的现象。常见的现象是把行政区域的城市、建成区域的城市不加区分，混为一谈，不仅在研究国内城市时，在谈论国外城市时也常常可见。由于"城市"这个基础概念不清晰，相关概念如城市面积、城市人口也都名实分离。人们长期对于中国城市人口密度真相认识不足，根据行政区划范围把户籍人口（近年改为常住人口）总数除以区域面积，得到市辖区或者城市人口密度的统计方法，掩盖了行政辖区内建成区与非建成区在人口密度上的巨大差异，使显示出来的"城市人口密度"比实际低得多。研究者在引用统计资料时或者在立论中，如果对于概念、数据不经过仔细分辨核实，很可能得出与事实不符的结论。例如，关于城市人口密度，陆铭在计算了北京、上海、广州中心城区人口密度后发现，"北京和上海的中心城区人口密度基本上相当于东京和纽约的密度，但广州的人口密度还低"。②左正根据《中国城市统计年鉴》计算的结果，认为从 20世纪 80 年代初至 2009 年，我国城市建成区人口密度从 1.92 万人/平方公里下降为 1.02 万人/平方公里，几乎减少了一半。③显然与我们日常观察所得不符。正如丁成日指出的那样，建成区与非建成区人口密度差异悬殊，根据统计学原理，当方差很大时，用均值来说明样本间的差别有相当大的局限性。例如巴黎的平均人口密度为 8800 人/平方公里，而其市中心的人口密度则达到了 20190 人/平方公里。学者和政策决策者应谨慎地解读人口密度资料，特别是平均人口密度。平均城市密度只能为城市规划与城市发展提供非常有限的信息。④由于对行政管理的城市、建成区的城市等含义混合不分，于是出现"人口城市化""土地城市化"等含义模糊的用词。

　　关于城市概念不清晰，学界早有人指出。周一星、史育龙 1995 年论文中就总结了我国城市的行政地域与景观地域严重背离，用行政地域划分城乡存在多种弊端的现象，建议确立具有国际可比性的城市实体地域概念，以下限人口规模、非农化水平、人口密度三个指标定义城市实体地域。⑤许

---

　　① 理查德·P 格林，詹姆斯·B 皮克. 城市地理学[M]. 中国地理学会城市地理专业委员会译校. 北京：商务印书馆，2011：123.

　　② 陆铭. 技术与管理：特大城市的出路[N]. 中国社会科学报，2012-04-09(A-07).

　　③ 左正. 中国城市化要以大城市发展为主[N]. 中国社会科学报，2011-08-09(14).

　　④ 丁成日. 中国城市的人口密度高吗？[J]. 城市规划，2004（08）：43-44.

　　⑤ 周一星，史育龙. 建立中国城市的实体地域概念[J]. 地理学报，1995（04）：289.

学强、周一星、宁越敏等学者仔细研究中国市镇概念和统计口径后发现，我国没有恰当稳定的城乡地域划分标准，1953 年、1964 年、1982 年、1990 年、2000 年的 5 次人口普查，对城镇人口的统计口径都不同，每一次普查得到的城镇人口比重与按老口径计算的比重都无法衔接。"《中国城市统计年鉴》上包括辖县的'全市'概念的数据，作为一种行政单元有一定意义，但用于城市之间比较，完全没有可比性"。①土地学者王万茂也指出，长期以来我国简单地用市镇的行政界线代替城乡界线，市镇行政区范围与实体范围差异巨大，导致我国城镇地域概念和统计口径混乱，一直困扰着国内外的城市研究和城乡土地利用研究。②

如今在我国，无论是关于城市规划建设的理论，还是城市规划和改造建设的实践，都呈现出百花齐放的状态。各种主张，有利于公共政策制定时更加全面周到。但是如果统计数据、关键概念缺乏共同认可的标准，那就造成不同意见难以交集，只闻众声喧哗而难见共识的达成。

10.2.2 统计问题：民主性、数据详细准确性不足

准确的统计数据是科学决策的基础。与日本比较，我国城市方面的统计在种类、系统规范、民主性等方面都存在差距。

1. 日本住宅统计调查的特点

日本与住宅相关的调查，分布于国土、建设、金融、制造业等多个领域，由多种主体进行，总数达数十种。其中国家主持、规模最大也是最基本的是"住宅与土地统计调查"，它始于 1948 年开始的每 5 年一次的"住宅统计调查"，在 1998 年对调查统计的内容进行了调整充实后改称"住宅与土地统计调查"，延续至今。住宅与土地统计调查属于 1947 年统计法中的指定统计调查，由国家组织实施，其目的是弄清各地各类家庭的居住状况、住宅和宅地的拥有状况、家庭形态的变化等，作为科学制定与居住生活相关的各种政策的基础资料。

对统计调查对象的"住宅"概念有明确的定义。住宅是指独户住宅或者被完全分开的建筑物的一部分，为了一个家庭能够独立经营家庭生活而建造或改造的房屋。"被完全分开"是指以混凝土壁、板壁等固定的隔断与同一建筑物的其他部分完全隔开的状态。对统计对象的分类非常详细。2008 年第 13 次住宅与土地调查的调查表所设的统计项目涉及 9 个方面，

---

① 许学强，周一星，宁越敏. 城市地理学：第二版[M]. 北京：高等教育出版社，2014：30-34.
② 王万茂. 土地利用规划学[M]. 北京：科学出版社，2013：225.

共 100 个问题，具体内容包括建筑物结构、住宅类型、所有关系、面积、设备；家庭类型、人均居室面积、房租、户主从前居住状况；宅基地面积、取得时间等；住区容积率、有无公共下水道；至最近医疗机构、公园、车站等的距离。①根据这些项目的调查统计数据，人们可以了解关于日本住宅的各个方面，不仅是住宅的全国总数、空宅、学校宿舍、工厂宿舍、旅馆等数量，关于住宅的内容有居室数量、面积，占地面积，住宅结构、有无破损、层数、建造时期，还可以了解住宅与居住家庭的关系即什么样的家庭居住在什么样的住宅中，住宅的不同形态如一户建（独栋住宅）、长屋（联排房屋）、共同住宅（公寓）各占多大比例，共同住宅中平房、二层、三至五层、六至十层、十一层以上各多少栋，等等。

统计的民主性主要体现在统计调查全过程，从方案的策划到执行有民众的广泛参与，尽可能地将信息公开。调查项目向社会公开募集，调查结束后尽快公布统计结果。从统计的策划定案到具体执行，通过报刊、广播电视、互联网等大众传媒及时发布。政府网站开辟了问答窗口，解答与本次统计调查相关的公众问题，例如调查的理由、方法、内容、意义等。统计结果以书籍、刊物、互联网等形式广泛发布，重视成果为公众利用。通过印刷品、互联网等向社会公开调查结果，供国家和地方政府在制定城市规划、住宅规划、编写白皮书时的基础资料，也是国民经济预测、学术研究的基础材料。②

2. 我国城市相关统计的问题

我国统计中的问题曾有不少人指出过。例如，1992－1993 年全国开发区建设火热，但是关于开发区的具体数量、占用土地面积各个部门都没有确切数字。关于开发区个数，国家计委、国务院特区办称 1700 多个，国家土地管理局称 2000 多个，农业农村部称 9000 多个。《人民日报》记者感叹道，"偌大一个中国，那么多人讲了那么多关于开发区的话，但是，竟然没有一个部门能了解目前中国开发区的真实、全面情况""开发区统计上的混乱，反映出这样一个事实，即大家都在急于谈论、急于表态的一件事情，原来全面情况尚说不清楚，更谈不上对其进行分析并研讨对策"。③

---

① 住宅·土地統計調査集計項目別統計表一覧平成二十年[EB/OL]. www.stat.go.jp/data/jyutaku/2008/pdf/koumoku2.pdf.

② 統計調査結果の活用事例集　住宅·土地統計調査[EB/OL]. http://www.stat.go.jp/info/guide/katsuyou/jyutaku.htm.

③ 蒋亚平."开发区热"：一个中国迷（一九九三年五月）[C]//蒋亚平. 中国当代土地制度变迁笔记（1988－1996）. 北京：中国大地出版社，2010：131-133.

　　造成中国城市居住密度高的因素之一，是政府、学界对于城市人口密度缺乏正确认识。长期以来我国城乡建设统计不完备，城乡划分标准不明确，缺少以建成区为对象的人口统计。在我国城市空间结构的土地利用制度中，数据不准确是比较常见的问题。每年全国范围内农村土地变更调查、统计并定期公布结果和年度土地利用变化情况始于 1996 年，城镇地籍调查始于 2005 年。1984－1996 年完成的全国土地利用现状调查是我国首次全面且详细的调查，后来发现存在不少误差。根据历次调查中出现的问题来看，土地统计数据误差主要表现在两个方面，一是耕地数据一般低于实际，二是建设用地数据高于实际，于是得出必须严格控制建设用地的观点。

　　我国统计样本数量、统计项目过少也是问题。例如日本第 13 次住宅与土地统计调查对象为全国约 21 万个调查区内的约 350 万个住户家庭，2008 年 12 月 1 日的住户生活综合调查中统计家庭数为 81307 家。《中国统计年鉴》在"居民生活状况调查"中包含居住状况、家庭耐用消费品拥有量的统计，但是很不全面。对城镇居民家庭的抽样 2001 年前仅限非农业户，2002 年后对象改为市区和县城关镇区域住户。至 2010 年底，参加国家汇总的调查样本量城镇住户为 6.5 万户，农村住户为 6.8 万多户。[①]考虑到中国人口总数为日本 10 倍多，而且社会阶层、地域差异巨大，以总数 13 万多户的样本推定全国人民的居住状况，显然有很大局限。在各个城市统计年鉴中，有关住宅统计项目上海市的稍微详细，有"主要年份各类房屋构成情况"表，但是也很简略。房屋分为居住房屋与非居住房屋两类，居住房屋分为花园住宅、公寓、职工住宅、新式里弄、旧式里弄、简屋、其他。住宅面积只有某个年份按照建筑面积计算的全市总面积，无法了解住宅楼层数分布状况。高层建筑有粗略的数据，例如 2009 年 16－19 层有 3995 栋、4199 万平方米，30 层以上有 975 栋、3083 万平方米，但这些高层建筑是住宅还是非住宅则没有区分。在现有各种统计年鉴中，关于住宅的情况无从了解。我国迄今还没有像日本那样比较全面、规范的住宅统计。

10.2.3　论证的逻辑性问题

　　在公共政策的民主参与中，各方权利平等，都可以提出自己的意见，但是在论证中必须逻辑严密。

　　例如，一些论证中常见的逻辑性问题如下：

　　一是缺乏准确的统计数据，以偏概全，以模糊的形容词夸大描述现象。

---

① 简要说明[C]//国家统计局. 中国统计年鉴 2011. 北京：中国统计出版社，2011.

20 世纪 80 年代初，有关部门认为"乱占滥用耕地现象十分严重"，列举的不是全面的统计数据，而是苏州地区 1978－1980 年三年间耕地减少 21 万亩的个案调查。[①]随后接二连三出台政策限制农村建房，修订建设征用土地条例，突出强调节约土地。如此紧迫地高度重视保护耕地，是当时认为人口增加太快而耕地太少，1957－1978 年耕地面积从 16.77 亿亩下降到 14.91 亿亩，实际上 1978 年耕地面积远远超过 20 亿亩。邓小平南方谈话发表后，我国各地掀起开发建设热潮，城市纷纷设立开发区。有人称 1992－1993 年"又一次占地高潮，大量耕地被占用，大量土地资源被浪费"。于是有关部门紧急通知制止占用耕地、土地撂荒。经过大检查，各地撤销了 60% 的开发区规划面积，还耕地 13.3 万公顷。其实，当时对于全国有多少个开发区都没有一个权威数据。调查发现 1993 年初全国开发区总面积 148 万公顷，这只是规划面积，实际开发建设的土地仅为规划面积的 2%，即 3.07 万公顷，所谓"大量土地资源被浪费"是比较含混的说法。

二是简单地把固有的人口与土地的比例关系认为合理，把城镇用地增长率高于人口增长率认为不合理，而不分析人地关系的具体情况。"在快速城镇化进程中，中国城市居住和工业用地需求强劲，城市建设占用了大量土地，2000－2010 年，中国城市建成区面积从 2.24 万平方公里迅速扩张到 4.01 万平方公里，城市建设用地从 2.21 万平方公里扩张到 3.98 万平方公里，年平均增长 5.97% 和 6.04%，远高于城镇人口 3.85% 的年均增长速度。这说明中国城市建设用地的使用效率不高，土地城镇化快于人口城镇化，同时也表明城市建设仍处于量的扩张重于质的提升阶段"。[②]这个结论的前提是，原有的人口与土地的比例关系没有问题，只有城镇人口增长率与建设用地增长率相同才是合理的。这显然没有了解或者隐蔽了原来人地数量关系的真相，没有分析人均建设用地合理的标准值。城镇人口过密、人均用地过少，在居住和交通条件改善时必然要求增加用地，城镇用地扩大快于人口数量增加是正常的。

三是用过去制定的规划标准衡量发展的现实，认为不符合指标就是不合理，建设用地实际使用面积超过规划指标面积，就认为建设占用土地过多，土地利用不合理。例如，王健等人选取全国 232 个地级市 2007－2016 年新增建设用地与规划指标对比，用空间计量模型和描述统计方法，分析地方政府策略互动行为及其与城市新增建设用地扩张的关系，不少城市截

---

① 邹玉川. 当代中国土地管理[M]. 北京：当代中国出版社，1998：132.

② 邹玉川. 当代中国土地管理[M]. 北京：当代中国出版社，1998：132.

至 2016 年新增建设用地已经突破 2020 年规划控制指标，建设用地扩张形势严峻，亟须加强土地利用总体规划的法律约束力。①

四是把没有必然联系的两个事物认定为因果关系。现实中，耕地面积减少与建设用地面积增加之间不是直接因果关系。建设用地是指用于城市、村落、交通、工厂、矿山、盐田、旅游等的土地。建设用地不一定要占用耕地，例如港口、公路、铁路等交通用地，只有在平原地区需要占用部分耕地。导致耕地面积减少的因素有多种，建设占用只是很小的部分。例如，1998－2007 年我国共减少耕地面积 1.20 亿亩（2009 年完成的第二次土地普查证明，这段时间土地面积变动数据不可靠，实际耕地面积被低算）中，生态退耕占 62%，农业结构调整占 18%，灾毁占 6%，建设占用占 14%。②在导致耕地面积减少的几个因素中，生态退耕和农业结构调整合计占 80%，这些土地没有用于建设，在必要的时候可以复垦为耕地。

10.3　小结：对规划性质的思考

人类是智慧生物，能够记忆过去、憧憬未来，可以有计划地行动。例如为了三年后盖房子，现在开始准备材料。自律良好的个人，能够把明天、一周甚至一年的事务安排妥当，一个企业也能够制定一年或三年的发展计划。要达成计划，一般具备有两个条件，一是未来与现在、与过去相同，没有变化。例如，两个聚落之间的相对位置不变，则可以修一条道路或者运河连接起来；如果相对位置不固定，每年或者每个月改变，则无法做出计划。二是虽然变化，但是变化有规律，而且规律已经被人们认识和利用。例如，春天必然到来，可以安排种植；昼夜交替、四季轮回，人们可以安排作息，安排生产生活。知道夏天后必然有冬天来临，就能够提前做御寒准备，安排住所、缝制衣服等。对于变动不居的对象，变化没有规律的东西，或者还没有为人类认识的对象，是难以提前安排的。人的性质复杂远甚于物，变化充满不确定性。父母个子矮的，子女个子未必矮，因此无法为 3 岁的孩子预备 18 岁时穿的衣服。尽管人们知道疾病和死亡是难以避免的，但生病的时间、疾病的种类和程度是无法预知的，因而迄今为止人们无法为将来的疾病准备治疗方案。个人身体、精神的未来变化难以预知，

---

① 王健，彭山桂，王鹏，等. 中国城市新增建设用地扩张：基于策略互动视角分析[J]. 中国土地科学，2019（10）：39-47.

② 中国粮食培训研究中心. 中国粮食安全发展战略与对策[M]. 北京：科学出版社，2009：21.

由众多个人组成的团体、社会的未来变化，更加充满不确定性，难以把握。

在此，以城市规划中的人口预测为例，说明一下现行规划难以达到预期目标的原因。

人口规模决定城市用地规模和各项基础设施建设规模，因此对于城市人口规模预测是城市总体规划编制和审批关注的焦点内容之一，是城市总体规划的首要工作，它是确定总体规划中的具体技术指标与城市合理布局的前提和依据。我国学界在城市人口总量预测研究和规划实践中，人口预测方法有多种。传统的人口预测方法包括平均增长率法、带眷系数法、剩余劳动力转化法、劳动平衡法等。现代人口预测方法有线性回归法（包括一元线性回归方程法、多元线性回归方程法）、移动平均法、指数平滑法（分一次指数平滑法、二次指数平滑法）、GM（1.1）灰色模型法、宋健人口预测模型，以及马尔萨斯（Malthus）模型、Logistic 曲线模型、系统动力学方法、人工神经网络预测法、PS 多目标决策预测法等，此外还有运用SPSS 统计软件、资源环境容量、土地承载力、生命表法、贝塔朗菲（Bertalanffy）模型、数学期望模型等进行人口预测研究。[①]常用的还有弹性系数法、时间序列法、德尔菲法等，方法繁多。长期以来，预测不准一直是困扰我国规划界的一大难题。为了规范城市总体规划编制过程中的城市人口规模预测，建设部将《城市人口规模预测规程》列入 2003－2007 年城乡规划技术标准编制计划，以解决我国城市总体规划中人口规模预测方法不规范、采用标准不统一等问题。正如陈义勇等人在反思三十年来北京城市总体规划中人口规模规划与现实脱节原因时指出的，城市人口增长的现实情况并非源自城市规划师的精心设计，而是在市场规律下人们理性选择和政府合理引导的结果，受城市产业发展、生态环境保护和国土空间开发等诸多因素的影响。对大城市人口规模的严格控制只能是"一厢情愿"，不可能被市场化的城市经济社会发展路径所接受。这种矛盾实际上是计划经济时代反城市化思维的延续，与当前大力推进城镇化的趋势相矛盾。[②]

城市是建筑物和居民密集的聚落，人是城市的主体。我国的城市总体规划是城市行政区的经济社会发展规划在空间中的落实，是一种对于社会群体生产生活的总体安排。如果把城市仅仅看作建筑物的堆砌，城市总体规划是完全可以如愿以偿的，因为建筑物是无生命的物体，它是基本不变的，或者变化规律已经为人掌握，例如专家了解不同建筑的一般寿命。但

---

① 王争艳，潘元庆，等. 城市规划中的人口预测方法综述[J]. 资源开发与市场，2009（03）：237-240.
② 陈义勇，刘涛. 北京城市总体规划中人口规模预测的反思与启示[J]. 规划师，2015（10）：16-21.

城市是人类活动的集聚地，几十万、几百万人口按照一个统一规划居住、交通、交易、游乐而有条不紊，也许一天两天、一周可以，但长期是非常困难的。正因为我国许多城市规划中对于城市社会的复杂性认识不足，自觉或不自觉地因袭着计划经济时代的思维和做法，往往出现计划赶不上变化、良好动机最终成为遗憾工程的现象。城市空间结构一旦形成，因物质的稳定性，总会持续几十年甚至更长。但是社会经济、科技、文化的变化越来越快，20 世纪 50 年代的中国人不可能想到改革开放城市人口、车辆会大量增加。为了解决矛盾，城市道路不是出于自然原因而是计划不周而经常反复挖掘、摊铺，现在许多地方修建地铁大多带有亡羊补牢的性质，修建过程中经常需要拆迁既有建筑、中断道路交通，即反复施工造成很多材料和人工的浪费，给市民生活带来许多不便。又如电子商务没有预料到发展得如此迅速，现在快递包裹收寄、投递遇到的问题之一是缺少恰当的场所；共享单车也遇到同样问题。今后还会出现什么样的新技术、新业态，现在无法预测。城市人口在一段时间内连续增加，不等于这种趋势会一直延续下去，也难以预料现有形势能够持续几年。规划界经常有批评制定好的城市规划没有被原原本本、自始至终地贯彻实施的声音。似乎城市规划如果真正落实了，就不会有问题。实际上，城市规划与其他经济社会规划（计划）性质类似，只要是关于人的行为的规划，一般对于较小规模的群体、较短的时间内、较简单的内容比较有效，譬如提前半年安排一次会议，而对于规模巨大、内容复杂的城市作长期的总体规划，只能是建议性质、导向性质，必须给实行者留下可以更改的余地。城市总体规划与某个项目的施工图性质不同，即使施工图，在施工中被修改也是常事，城市规划在实施中根据具体情况作出部分修改是难免的。

第 11 章　城市空间须因时因地制宜

中国城市化发展到了新阶段，解决问题需要新思路。当代中国需要也有条件创造较高质量的城市空间，满足人们提高人居环境质量的期待。

城市空间结构问题的本质是人口、土地、建筑物的配置。同样数量的人、建筑物，空间组合的结构不同，对于交通具有不同的影响。我国城市交通拥堵原因多种，根本在于由社会观念、知识和城市规划体制塑造的有特色的城市空间结构。要想解决城市交通拥堵问题，必须改善中国城市空间结构的形成机制。

11.1　建设用地紧张与浪费并存

在城市空间结构形成中，土地制度和土地政策的作用显著。一定程度上可以说，城市规划以及其他空间规划都是执行土地政策的工具。在计划管理体制下，想通过行政手段，克服经济社会中的各种问题。用地控制过严，不能适应经济发展和人民群众的生活需要。在社会生活中，自律性好、独立性较强的个人可以有条不紊地安排自己的工作和生活，小规模的中小企业等也常常能够根据计划按部就班地开展事业。随着组织规模扩大、管理层级增多，依靠计划管理的效率会逐渐降低。现实中我国确实存在建设用地十分紧张，同时又有土地闲置浪费的现象。

建设用地供不应求，是指土地供应的计划指标不能满足社会对用地的需求。对建设用地需求的数量每年变化，各地获得的建设用地计划指标也随形势而改变，因此供需紧张状况各地方千差万别，难以一概而论。从全国总体来看，据 2011 年 4 月上旬自然资源部称，根据对 31 个省（区市）179 个县市的实地调研结果，各地都反映用地计划指标不足，多数反映指标只能满足需求的 1/3。各地上报的全年用地需求量总计 1616 万亩，而年度计划指标是 670 万亩。[①]从土地利用违法情况也可一窥土地管理制度。例如，1986 年 3 月对非农业建设用地全面清查中发现，1982－1985 年在全国非农业建设用地面积中，违法占地约 40%，有的地方高达 50% 以上，各地查出违法占地案件 490 多万件。[②]为了查处大量土地利用方面的违章违法行为，自然资源部制定了专门的《国土资源违法行为查处工作规程》《查处土地违法行为立案标准》等规章，土地违法行为被分为违法批地、违法占地、违法转让、破坏农用地和其他等五类。2010 年自然资源部共受理群众来信来访 14975 件，反映土地违法的占 41.1%。1998－2013 年全国共立案查处土地违法案件 185.71 万件，涉及土地面积 81.07 万公顷，涉及耕地 34.46 万公顷。土地违法行为不同于其他领域违法行为的是机关单位违法占相当比例。例如肖国荣研究发现，1999－2011 年，全国共 122.51 万件土地违法案件，其中省、市、县、乡、村和各类企事业单位违法案件合计占 27.42%。从违法案件的种类看，这段时期的本年立案、本年发生的案件共 77.43 万件中，未经批准占地即违法占地类案件最多，占总数的 80.64%，涉及面积 29.25 公顷，占违法案件土地面积的 81.34%。[③]未经批准占地类案件成为所有土地违法案件的主体，也显示土地供应计划与用地需求矛盾尖锐。我国各个城镇违章建筑众多，违章形式多样，其中一种是侵占公共空间的私搭乱盖，多数是居民、工商户因住房或地面空间不够用而私自搭建。以北京为例，除了土地管理法、城市规划法、城市管理法等法规中关于违法建设的处理规定外，专门制定了《北京市禁止违法建设若干规定》。2013 年 3 月底启动"严厉打击违法用地违法建设专项行动"，组织了行动指挥部，国土局、公安局、安监局等 13 个部门为指挥部办公室成员单位，至 8 月 11 日共拆除违建 10114 处，约 605 万平方米。[④]至 2016 年底共拆除违章建筑 5.9 万处，2013－2017 年的五年间共拆除违建 1 亿多平方米。拆除违建优化了人居环境，但是违建数量如此庞大，从侧面反映了城市空间不能满足市民需求的现象。

　　我国土地管理一方面严格限制非农业用地，农民建造住宅的宅基地也被控制在很低标准，工业用地、城镇建设用地很多地方十分紧张；另一方

---

　　① 国土部. 多省反映供地指标只能满足三成需求[EB/OL]. http://www.taihainet.com/news/txnews/cn news/sh/2011-04-09/672820.html.

　　② 王先进. 我国土地管理战线的形势和任务[C]//王先进. 中国土地管理与改革. 北京：当代中国出版社，1994：51.

　　③ 肖国荣. 中国土地违法变迁及其影响因素研究[M]. 北京：中国农业出版社，2016：43-56.

　　④ 北京 5 个月拆除万余处违建 拆除违建分六步骤[EB/OL]. https://www.chinanews.com.cn/house/20 13/08-15/5163347.shtml.

面却存在着不少浪费现象，土地闲置或者建好的房屋闲置。1999 年 4 月 28
日发布的《闲置土地处置办法》中，闲置土地是指土地使用者依法取得土
地使用权后，未经原批准用地的人民政府同意，超过规定的期限未动工开
发建设的建设用地。2012 年 5 月 22 日自然资源部对该法做了修订，说明
我国闲置土地长期存在而且具备相当的规模，怎样处置需要制定专门的办
法来进行规范，土地管理部门每隔几年就要开展一次清理闲置土地的专项
行动。

　　2009 年全国第二次土地调查汇总数据显示，我国城镇空闲地面积为
40.90 万公顷，占全国城镇土地总面积的 5.63%，相当于全国城镇仓储用地
面积的 2.4 倍，商服用地面积的 90%，约为全国城镇工业用地面积的 1/4。
其中城市空闲地 17.18 万公顷，占全国城市土地总面积的 4.86%；建制镇
空闲地 23.72 万公顷，占全国建制镇土地总面积的 6.36%。2010 年调查发
现，截至当年 5 月底，全国各地上报的闲置土地有 2815 宗、16.95 万亩。
根据自然资源部《2014 年国家土地督察公告》，截止到 2014 年 9 月 30 日
的近五年内，全国批而未供土地 1300.99 万亩，闲置土地 105.27 万亩。2015
年 1 月全国国土资源工作会议透露，从自然资源部启动节约集约用地专项
督察以来，共清理出批而未供和闲置土地上千万亩，相当于过去两年新增
用地供应指标的总和。国家审计署 2015 年审计报告称，截至同年 6 月底，
北京、天津、河北、安徽、江西、湖北和福建 7 个省闲置土地总面积达 3.6
万公顷。同年 7 月，国务院办公厅专门发出《关于对全国第二次大督查发
现问题进行整改的通知》，要求整改的事项共 26 项，首当其冲的就是闲置
土地问题。督查发现多地存在建设用地大量闲置的问题，有的地方 2009
年到 2013 年已供应的建设用地中，闲置土地总量占当期年平均供应量的
30% 以上。2015 年 9 月陕西省发现有闲置土地 277 宗、1714.11 公顷，闲
置时间最长 18 年，少则 1 年多。经济学者马光远评论说，中国土地市场形
成了一个无法自圆其说的困境：一方面是土地资源稀缺，土地无法满足居
住需求；另一方面，大量供应的土地却白白闲置。姜大明认为，必须清醒
地认识到，在当下，真正囤地牟利的未见得是企业，很多情况下是一种政
府行为。①

　　尽管我国建立了世上最严格的土地管理制度，严格保护耕地、控制建
设用地，以致城镇人口密度、居住区人口密度达到非常高的程度，经常听
到用地紧张的呼声，违章建筑的大量存在也是用地紧张的结果，但正如不

---

① 马光远. 中国究竟有多少土地闲置？[EB/OL]. https://www.sohu.com/a/198555238_500856.

少研究者指出的，我国土地单位面积经济产出比发达国家低得多，闲置浪费是长期存在的问题，查处、拆除违建成本高昂（建筑物浪费和社会矛盾）。原因可以从多方面分析，但不可否认的是计划管理的制度和政策存在结构性问题。

11.2 经济社会变迁带动城市空间变化

城市形态、交通方式与经济社会形态相互影响。面对经济社会的变迁，城市空间结构、交通方式是适应还是抵制，决定了城市交通的面貌，也影响甚至决定着经济社会发展的可能性。

11.2.1 经济发展阶段与城市空间

人们的交通方式、各个时代的城市空间，是整个经济社会发展阶段的表现。根据美国经济学家罗斯托 1960 年发表的经济增长阶段论，在产业革命之前的传统社会阶段，生产力极低、收入极低，只是进行原始的农业生产，进行单一的作物栽培，对改变缺乏信心。第二阶段是有了金融制度、资本市场后，产业活动从自给自足扩大到全国，出现专业化分工协作。第三阶段是有了大型工厂，资本和劳动力向工业转移，投资率、储蓄率提高，出现了相应的政治、社会和制度结构。第四阶段是以重化工为主导的产业阶段，产业结构中工业比重提高，经济中服务业比重提高。劳动者普遍高学历化、专业化，一国经济成为世界经济的一环。第五阶段是高消费阶段，以消费资料产业为中心的大众消费时代，对耐用消费品和劳务服务需求爆发性增长，普遍出现生产能力超过需求，人们关注的焦点是社会福利和社会保障制度。第六阶段是追求生活质量阶段。人们偏好文化娱乐，而教育、文化、卫生、住宅、旅游等成为新的主导产业。

发达国家已经从工业社会转变到后工业社会或以服务业主导的社会，美国在 1950 年、英国在 1955 年、日本在 1975 年、德国在 1980 年先后完成了工业化，开始进入以服务业、知识经济、高新技术产业等为经济支撑的"后工业社会"时代，其特征是经济结构中制造业比重下降，服务业占比上升。工业社会的生活标准是商品数量，后工业社会则是由服务和舒适（保健、教育、娱乐和文艺）所计量的生活质量的标准来确定的，幸福生活的要求集中到保健、医疗和教育上。美国就业者总数中，1947 年第一、第二产业合计占 51%，服务业占 49%，到了 1968 年，第一、第二产业只占

35.9%，第三产业占 64.1%。后工业社会大多数劳动力不再从事农业或制造业而从事服务业，如贸易、金融、运输（物流）、保健、娱乐、研究、教育和管理等。同时，政府也由管理型政府转向服务型政府。在职业上，专业人员与科技人员取代企业主而居于社会的主要地位。

城市交通的决定因素是就业和居住的空间分布。在美国，19 世纪早期，人们的交通方式主要是步行，最大活动半径仅有两英里（1 英里≈1.609 公里，以下同），后因公共马车、缆车、电车、地铁等相继出现，可以输送在郊区居住地和市中心就业岗位之间来回的人，形成单中心城市。20 世纪初，制造业企业多数集聚在铁路终点站和港口附近以节省运输成本，办公型企业一般积集聚于中央商务区以便于交换信息。1910 年开始发展的卡车运输代替马车和有轨电车，加上城市间公路系统的建立，使运输成本降低，促使制造业企业不再依赖火车站和港口的地利，而迁往土地便宜的城郊，集聚于环形公路附近。20 世纪 70 年代以后通信技术发展使许多办公事务可以在郊外完成。劳动者收入提高、交通成本降低促使人们移居郊区，带来居住分散化。90 年代的研究显示，美国都市区内有数量众多的次中心。大多数都市区，中央商务区和次中心内的分散性就业岗位数量多于集中型就业岗位，许多次中心都有高度专业化的特征，是巨大的地方性经济体。中央商务区为服务型行业提供更多面对面交流的机会。在美国现代都市区内，就业不像传统城市那样集中于中心城区，而是分布于城市的任何地方，并且大部分居民在远离市中心的地区工作和生活。如果把城市就业地域分为中央商务区、城郊次中心和其他地区（分散的），1980－2000 年，就业岗位增加数量，郊区高于市中心，分散就业成为长期趋势。根据对美国 100 个最大都市区的统计，22% 的就业岗位集中于距离市中心 3 英里范围内，65% 的就业岗位集中于 10 英里范围内。根据对俄亥俄州的克利夫兰、印第安纳州的波利斯以及俄勒冈州的波特兰、圣路易斯的调查，分散的就业岗位在全体中的比例，分别是 69%、54%、48% 和 58%。关于写字楼面积的空间分布调查也显示，在大多数城市，分散地区写字楼面积远远超过了中央商务区的写字楼面积。人口分布反映了同样的规律，中心城市人口占 36%，城郊地区人口占 64%。通勤行为数量分布，郊区占 44%，中心城市占 29%，郊区到城市中心占 19%，城市中心到郊区的最少，只占 8%。[①]

城市空间结构随着经济社会发展阶段而变化，交通方式的演变影响、

① 阿瑟·奥莎莉文. 城市经济学[M]. 周京奎，译. 北京：北京大学出版社，2012：125-139.

带动甚至决定了城市空间形态，城市空间形态也对交通效率影响甚巨。

11.2.2　日本城乡空间形成的市场机制作用

城市空间的形成大体有两种方式，一种是有总体规划、在统一组织下建成的，以中国城市空间的形成为代表；另一种是没有总体规划和统一组织，由政府、企业、百姓等共同参与形成的，基本上是自然形成的城市空间。例如日本虽有许多关于建筑、道路、土地等的法律规范，但是城乡空间的形成总体上可以归入后一种。

面对东京发展中的问题，日本社会有多种意见，大致分为两派，一派支持大城市发展，认为大城市有自动调节功能，膨胀一段时间后会停止，通过城市规划，城市高层化可以解决空间不足的问题。另一派认为东京已经过大，要抑制功能集中，把部分功能分散到地方。日本政府主要采纳了后者的意见，1959 年制定了《首都圈既成市街地工业等限制法》，但是经济社会发展不完全按照人们规划的方向或方式走。从国土空间总体看，人口、产业的集中一直在持续，但城市空间的过密问题基本解决了。

像东京这样的城市之所以出现建成区人口密度下降，一方面是个人交通机动化即汽车进入家庭，使人们在同样时间内可以移动更长距离；另一方面是土地制度国有、公有、私有多种所有制并存，郊外土地以私有为主。宅基地供给侧是复数的土地所有者，没有一个机构可以控制全部土地价格，地价由市场竞争决定。土地开发权分散在公共机构和民间地主手中，在产业、人口向大都市圈集中的情况下，东京、大阪等大城市中心区因土地价格腾贵，政府提供的公营住宅数量少、质量也不好，希望拥有自己住房的人们就往交通条件较差、距离市中心比较偏远的郊区购买宅基地自己建房。因各个家庭经济能力、需求不同，购买的宅基地面积也不同，20 世纪 60 年代末以后，城市规划法、国土利用规划法等对于土地交易与整理施加限制，但是中小开发商设法避开限制，能够获得千平方米以下的土地，或者把土地细分以规避公共负担，迷你型的小规模开发广泛存在。[①]日本规划学者谷口守以东京都某个典型的郊外地点为例，把城市化之前 1956 年的形态和城市化之后 1991 年的形态在同样比例尺下对比，反映了一个农村聚落逐渐被住宅等建筑物填满，变成市区的过程。拥有农田、森林的地主，根据不动产市场情况，按户小块出售宅基地，于是出现农田、森林与住宅混

---

① 柴田徳衛. 日本の都市政策[M]. 東京: 有斐閣, 1981: 119-120.

合的现象。日本城市化不是有规划地进行的。①谷口守对这种市区"无序蔓延"持批评态度，列举了多种弊端。但是，从交通影响角度看，居民个人通过买地建房的方式形成的居民区，有的地方建筑密度较高，但由于都是一户一栋的住宅，居住区的人口密度不很高。这种市场化的城市发展方式，使人们可以离开市中心区，去地价比较便宜的郊区买地建房，其结果是市中心区人口密度下降，适应了私家车普及时扩大人均城市面积的需求。城市空间蔓延，国内外学界大多关注存在的问题，但如果考虑市区范围并非统一规划扩大，而是由市场主导逐渐向四周延伸，如瓜藤生长一般，这是很形象的表达。

　　二战后日本的大城市近郊地区，农地快速地转变为市区。为了抑制市区的快速蔓延，1956 年制定了首都圈整备法，以英国的大伦敦规划为蓝本，把以东京为中心、半径 100 公里范围的 1 都 7 县纳入规划，把规划区域划分为既成市街地、近郊地带、周边市街地开发区域。周边市街地开发区域是工业区、卫星城建设地域。近郊地带设计为绿化带，不搞开发，是为避免市区集中连片。但是，日本的首都圈整备法，并非具有强制力的法律，而是工作方法，对于地方、企业和国民只有引导性作用。高速发展时期大量人口涌入首都圈，土地市场火热，郊区居民希望自己所在地域得到开发，反对整备法，因此意图控制市区蔓延的整备法未能实行。于是郊区地带出现大量工业区、住宅区、户建住宅（独户住宅）、公寓。民间自发的土地买卖、住房建设形成的居住区缺乏上下水、道路、学校等公共设施，邻居间产生日照权之类纠纷，一些地方政府试图以《宅地开发指导要纲》等规范民间开发行为，但是这类要纲没有强制力，只是希望开发者配合，实际效果有限。1968 年制定了新的《都市计划法》，1970 年修订了《建筑基准法》，实行分区、开发许可制度、容积率限制等，加强对土地利用的控制，那时城市化高潮已过，城市空间已经基本形成。

　　在市场机制作用下，阻止城市空间、居住区过密的另一个表现是居民对集合住宅（公寓）建设的反对。20 世纪五六十年代日本各地都有此类运动。一些集合住宅的建设虽然符合相关法规且得到政府批准，但受到周边居民反对，部分地方政府制定了纷争调停条例，对于居民与开发商的纷争往往只有斡旋、调节，没有更好的办法。东京都在建设高层、超高层公寓中受到的反对尤其强烈，因为高层住宅侵害了低层住宅的采光权，多人集

---

　　① 谷口守. 入門都市計画　都市の機能とまちづくりの考え方[M]. 東京：森北出版株式会社，2015：11-12.

中居住破坏了低层住宅区的安宁。[①]

大城市空间由于不是统一规划建设，也没有人均用地面积的限制，个人或者企业根据土地价格选择定居地点，市场机制调节使城市元素在土地空间的分布避免了过疏或过密，达到较为均衡的状态。

11.2.3 中国经济社会现状与未来

城乡规划、国土空间规划，都是基于对现状的认识和对未来的预测来制定今后空间安排的方案。交通运输方式取决于经济社会发展、城乡空间结构状况，同时又反作用于经济社会和城乡空间。城市交通除了受制于交通运输的技术手段外，还与城市土地利用、产业布局、居住方式等决定的空间结构关系密切。党的十八大报告把城镇化与工业化、信息化和农业现代化并列作为全面建设小康社会的重要途径，提出处理好政府与市场的关系是经济体制改革的核心问题。要求优化国土空间开发格局，调整空间结构，促进生产空间集约高效、生活空间宜居适度。中国经济社会发展到了新阶段，呼唤城市空间的相应改变。

从国民经济行业产值比重看，我国 1970 年进入了工业国行列，第二产业比重为 40.3%，超过了第一产业比重的 34.8%。但是劳动力的产业转换比较迟，农业劳动力在全部劳动力中的比重，1952 年为 85%，2000 年为 50%，此后下降较快，2015 年为 28%。在我国国内生产总值中，2008 年第三产业超过了第二产业的比重，2015 年第三季度我国第三产业的产值已经超过了国内生产总值的 51%，显示经济结构中服务业已经占据了主导地位。如果将高新技术、知识经济也纳入后工业时代的标志，则大约在 2010 年前后，中国就进入后工业化时代了，因为重工业比重下降，以移动互联网为标志的新兴产业迅猛发展。中国劳动者在一、二、三次产业的比例，从 1978 年的 5∶1∶1 变为 2018 年的 1∶1∶1.7。因此，无论是产值结构还是就业结构，我国经济结构现在已经与欧美日属于同一类型了，即服务业占主体的经济。

我国社会结构的变化滞后于经济结构变化，城市化率偏低就是表现之一。2011 年城镇化率为 51.27%，这标志着中国进入了城市型社会新时代。[②]2019 年按照常住人口计算的城镇化率达到了 60.6%，但户籍人口城

① 伊藤雅春，小林郁，等. 都市計画とまちづくりがわかる本[M]. 東京：彰国社，2011：40-42，124-125.

② 总报告编写组. 中国迈向城市时代的绿色繁荣之路[C]//潘家华，魏后凯. 2012 城市蓝皮书. 北京：社会科学文献出版社，2012：002.

镇化率只有 44.4%，还未达到世界平均水平。2010 年上海世博会以"城市，让生活更美好"为主题，交通问题是城市化高质量发展的重大障碍。如今汽车已经是部分家庭从事经营或者个人旅行的工具，是家庭日用消费品之一。不同交通方式影响人均交通空间需求，出行机动化在提高工作和生活效率的同时，也对城市空间结构提出了挑战。从国际比较看，中国的私人汽车特别是乘用车的普及率还处于较低的水平，比许多发展中国家还低，社会对于私家车的消费需求很大。根据统计数据，截至 2019 年上半年，我国驾驶执照拥有者已达 4.22 亿人，而家用汽车拥有量不足 2 亿。北京市 2019 年机动车保有量为 636.5 万辆，而机动车驾驶员总数为 1163.1 万人。小客车购买指标与申请者的比例为 1∶35。这些数据说明目前中国会开车、想买车的人非常多。从国际比较看，2017 年每千人拥有汽车数量，日本 612.5、韩国 436.1、马来西亚 478.9、泰国 236.7、巴西 338.7、阿根廷 322.0、墨西哥 324.4。

　　工业革命带来企业的集聚、人口的集聚，出现城市化。生产流水线的发明极大地提高了劳动效率，也提高了劳动者的集中程度。企业员工集中于一个场所劳动，集中于同一地点居住，作息时间相同，他们的空间移动就比较适合运量大、运输时间和路线固定的公共交通系统。到了工业化后期或者说后工业社会，服务业（第三产业）成为主体，人们的工作方式、生活方式与工业社会发生很大变化。经济组织和社会组织小型化，如律师事务所、会计师事务所、新闻社、影视公司等，每个机构的职员数量往往是几十人甚至只有几人，工作场所只是一栋建筑，或者一栋楼房中的一层，甚至只有几间房屋。信息技术的广泛应用使人际交流成本降低，远程交流协作日益增多，工作场所分散。劳动效率的提高，使劳动时间缩短，闲暇时间多，人们有较多的时间和支付能力用于个人兴趣爱好和文化娱乐活动。这使得人们的活动空间分散，表现为时间、路线、目的地的多样化、个人化。这种经济社会变化对于交通的影响，体现在交通总量中，即通勤交通所占比重下降。在深圳市对 2019 年居民交通行为与意愿调查中，深圳居民平均每天出行 2.24 次，从不同产业的机动化出行率看，第二产业较低，第三产业较高，战略新兴产业群体最高。从出行目的看，非通勤出行占比过半，达到 51.0%，通勤占 39.5%，通学占 9.5%。非通勤出行的内容，主要是吃饭、购物、接送家人、休闲娱乐等。北京交通发展研究院 2019 年对北京市居民出行的入户调查发现，中心城区出行总量中，通勤类出行占 47.1%，通学出行占 4.7%，公务外出占 0.1%，生活类出行占 52.9%。在生活类出行中，休闲娱乐、健身及购物占比较高。[①]而在 1983 年北京市民出行构成中，通勤占 60.44%、通学占 22.84%、工作外出占 3.93%、生活活动占 10.56%、文娱活动占 2.23%。[②]可见，北京市近 30 年城市交通量中通勤、通学所占份额有了大幅下降，生活类出行比重大幅上升，这是经济社会结构变化的反映。北京的出行调查仅是针对本市居民的调查，对于像深圳、上海、北京这样的全国性中心城市或国际交流中心城市，短期客流量、暂住人口数量在城市人口总量和交通总量中占据较大比重，不可忽略。北京市对外客运总量，以公路、铁路、航空三项公共客运量合计，2019 年达 3.13亿人次，而 2015 年为 2.94 亿人次。近年来，市内公共交通客运量下降，但是外来旅客量持续增长。还有报告中未提到的是，北京以外的自驾、团体客车到北京经商、开会、旅游等的数量，以及占北京市内交通量的比重。在市场经济社会中，分散的交通量越来越多，尤其像北京这样以服务业为主的城市。如果北京把交通出行调查对象扩大为在市域空间活动的所有人，那么出行结构数据肯定会不一样，通勤出行所占比重会更低。

日本鉴于人口和产业在东京都内过度集中，产生了严重的交通拥堵等问题，20 世纪 60 年代就开始致力于改变单极集中现象，把首都功能分散，建设了 7 个副都心（池袋、新宿、涩谷、大崎、上野－浅草、锦系町－龟户、临海）。从国内生产总值三次产业结构看，2007 年东京一都三县服务业占 81.48%，其中东京都高达 87.13%。2005 年在东京都约 818 万个就业岗位中，占 82% 的区部就业岗位为 669 万个，主要分布于批发零售业、服务业、信息通信业、制造业和餐饮酒店业。2008 年东京都市圈日均出行总量 8489 万人次，其中区部日均出行量 2604 万人次，约占都市圈出行量的 31%。从出行目的分类看，通勤占 16%，通学占 6%，在家业务占 2%，私事占 15%，回家占 39%，商业或业务占 6%，其他私事占 16%。[③]与 1978年的同类调查相比，变化最显著的是通学比例下降，反映了日本人口老龄化、少子化的现状，其他私事出行比重显著上升，也反映了就业方式多样化、闲暇时间增多的社会变迁。

在工业化时代，制造、建设、采掘都以规模见效益，工厂、矿山占地面积大、就业人口多，原材料、产品都是批量运输。劳动者居住地集中、

① 北京交通发展研究院. 2020 北京市交通发展年度报告[R]. 2020-07.
② （北京）市城市规划管理局交通规划处交通组. 北京市交通出行试点调查报告//城市交通问题. 北京，1986：236.
③ 刘龙胜，杜建华，张道海. 轨道上的世界——东京都市圈城市和交通研究[M]. 北京：人民交通出版社，2013：79.

工作地集中，适宜固定线路、固定时间的公共交通。后工业时代，信息技术发展，服务业成为经济主体，企业小型化、分散化，人们讲究生活质量，高收入者寻求安静、隐蔽的居所，迁往郊区生活。孩子数量在人口总量中的比重下降。这些都使以固定线路、固定时间、大批量运输为特征的公共交通面临挑战。尽管政府给予大量补贴，甚至免费，乘客的流失依然无法改变。现在中国正在推动产业结构转型升级，大力发展服务业特别是现代服务业。今后服务业在国民经济中的比重会越来越大，交通政策应该适应时代的变化。

11.3 中国有条件扩大人均城镇用地

后工业时代，产业结构变化使工业、矿业对土地需求下降，而服务业用地需求增加。在国土空间上，需要把农用地转化为城镇建设用地，城镇用地结构中需要提高居住用地、交通用地所占比例，创造比较宽松的人居环境，解决城市交通拥堵需要扩大人均建设用地、降低城镇人口密度。拥堵与否、拥堵程度取决于人口在国土空间和城市空间的分布状态和结构，在影响城市空间形成的诸多因素中，土地制度和土地政策起了决定性作用。人们对物品、土地空间的需求，计划经济思维认为是挑战，是矛盾的根源，惯常以行政手段调节供需，侧重于控制需求；而市场经济思维则认为人民的需求正是巨大的潜在市场机会。严格控制用地的政策，根源在于对人口与粮食、耕地矛盾的认知，而近年最新的调查数据纠正了过去的一些认识误区，中国提高人均建设用地水平，建设宽松的人居环境的土地资源是足够的。

11.3.1 对粮食安全与耕地数量的重新认识

我国城市交通拥堵的根本原因是城市人口过密，这源于对城市建设用地的严格控制。控制建设用地是为了保护耕地，保障粮食安全。粮食安全是指中国人全部依靠中国土地上生产的粮食，即粮食自给安全，有关部门提出的标准是自给率达到95%以上。粮食安全的重要性不言而喻，在市场经济条件下，在如今全球化时代，根据比较优势思考保障粮食安全的对策或许是更合理的选择。从人口、粮食产量和消费量迄今为止以及未来趋势看，中国粮食安全有保障。

　　保护耕地是我国基本国策。对耕地的需求量取决于对粮食的需求量，而粮食需求量主要取决于人口数量。在 20 世纪 80 年代有关部门对人口与耕地的关系进行过研究测算，按照全国人口顶峰总量 15 亿、粮食消费年人均 1000 斤的粮食单产水平进行计算，我国需要 18 亿亩耕地。经济社会的发展有许多在意料之外。现在发现，当时对全国人口顶峰数量、人均粮食消费量都是高估的，而对粮食亩产量则是低估的，因此对耕地需求量也是高估的。据中国农业大学国家农业市场研究中心纪承名、韩一军的最新研究显示，我国人均粮食（原粮）消费量 2013－2016 年持续下降，2016 年为 132.8 公斤。[①]即使算上转化为肉、禽、奶等，也达不到人均 1000 斤的消费量。全国人口总数，21 世纪初原国家计划生育委员会预测我国总人口 2020 年为 14.7 亿－15.4 亿人，2030 年达 15.3 亿－16.3 亿人。[②]但是人口"七普"结果显示，2020 年 11 月 1 日零时我国实际总人口为 14.12 亿人，比预测数低。60 岁及以上人口 2.64 亿人，占总人口的 18.7%，比十年前比重上升 5.44 个百分点，老龄化形势严峻。从多年来的总和生育率一直走低的趋势并参考国际经验预测，当前我国人口总数基本到了高峰，已经或即将转入人口减少阶段。老龄化社会人均粮食消费量较少。因此，未来对于粮食的需求可能不会增长，即使增长也是有限的。18 亿亩耕地保障粮食安全是十分充足的数量。

　　从粮食供给侧看，受惠于良好的政策和科学技术进步，我国生产能力不断提高。作为粮食生产基本条件的耕地面积大体是个稳定量，生物技术、农业技术发展能够提高粮食单产。改革开放后，在耕地面积由于建设、退耕等减少的条件下，全国粮食总产量出现成倍增长。从 1978 年 3.05 亿吨增加到 2013 年 6.02 亿吨。从 2003 年到 2015 年的 12 年间我国粮食产量增长了 44.3%。2009 年国务院发展研究中心完成的《我国主要农产品生产能力与供求平衡战略》课题研究，2020 年按照人口 14.3 亿、人均粮食需求 400 公斤计算，在粮食自给率 95% 条件下，需要国内生产粮食 5.7057 亿吨，结果是 2019 年实际粮食总产量 6.6384 亿吨，大大超过需求量。实际上我国人均粮食（原粮）消费量 110 公斤/年，[③]按此标准计算，2019 年黑龙江、河南、山东三省合计粮食产量 19558.8 万吨，可以养活 17.78 亿人。实际上我国粮食供过于求已经存在多年，表现在各地谷物和瓜果蔬菜等农产品销售困难，粮食生产者收入难以提高。鉴

---

①　近年来我国人均粮食消费变化分析[EB/OL]. http://mini.eastday.com/a/180223175518505.html.

②　中国粮食研究培训中心. 中国粮食安全发展战略与对策[M]. 北京：科学出版社，2009：4.

③　微信公众号"中国国家地理"地理君：你吃的粮食从哪里来？2020-10-16.

于耕地利用超过了实际需求，国家实行了种植结构调整和土地退耕政策。1999 年至 2019 年实施了两轮退耕还林工程，全国退耕还林还草 5 亿多亩。[①]根据 2021 年 8 月 26 日公布的第三次全国国土调查（简称"三调"）结果，2019 年 12 月 31 日为标准时点，我国有耕地 19.18 亿亩，其中一半是水田、水浇地，一半是旱地，一年二熟、三熟地占 52.1%，一年一熟耕地占 47.9%；园地 3.03 亿亩，林地 42.62 亿亩，草地 39.68 亿亩，湿地 3.52 亿亩。[②]世界粮农组织等国际机构所说的是食物安全，食物包括各种可以吃的、维持人类生命的物质。我国有关部门所说的粮食安全中粮食仅仅指谷物，没有包括肉禽鱼虾等。作为食物生产资源，耕地主要保障谷物生产，18 亿亩耕地已能够充分保证全国人民的需求，另外面积更大的园地、林地、草地、水域等能够生产大量肉、奶、蛋、水产等，这尚未计入我国粮食安全保障能力之内。因此，中国保障食物生产的土地资源是充分的。

　　我国粮食储备库存充足。当前我国粮食储备率世界最高，仅主要谷物稻米和小麦就可供全国人民一年的消费。世界粮农组织衡量粮食安全水平的指标是库存与消费比，一般库存量达到年消费量的 17% －18% 就是基本安全。目前我国三大主要粮食品种稻谷、小麦、玉米的库存规模已连续多年超过其产量。2016 年粮食企业全年收购粮食 9200 亿斤，[③]而且在全国人口中占较大比重的农户自产自销的粮食没有进入统计范围。我国已经是世界货物贸易第一大国，具有很强的国际支付能力、运输能力，在开放条件下，国际市场也可为我所用。供给侧有生产、有储备、有市场，而且今后随着科技进步，粮食亩产量还会逐步提高，在总人口基本不增长甚至下降的条件下，粮食安全是有保障的。

11.3.2 对耕地和城镇建设用地数据的辨析

　　严格控制建设用地政策，是建立于城镇建设占用耕地太多太快、威胁到粮食安全的认识上。但我们研究发现，政策依据对耕地数量低估了，对建设占用土地高估了。

---

① 国家林草局：我国已实施退耕还林还草 5 亿多亩成绩斐然[EB/OL]. http://news.ifeng.com/c/7oAeTv73Iwq.

② 新华网：第三次全国国土调查主要数据公报（2021 年 8 月 25 日）[EB/OL]. http://www.news.cn/politics/2021-08/26/c_1127797077.htm.

③ 去年各类粮企收购粮食 9200 亿斤有效防止农民卖粮难[EB/OL]. http://news.cctv.com/2017/01/08/ARTIFHHRuAgLxePSpMou2awJ170108.shtml.

有人曾提到，截止到 2006 年 10 月 31 日我国耕地 18.27 亿亩，人均耕地 1.39 亩，不到世界平均水平的 40%。2005 年以来每年农地转用计划指标只能满足 1/3 的需求。[①]其实，2006 年耕地只有 18.27 亿亩的数据并不可靠。我国很长时间内并没有建立全国统一的比较完善的土地管理制度，对于包括耕地数量在内的土地状况也缺乏统计数据。1978 年耕地面积公报是 14.91 亿亩，这个数据常被引用。《中国统计年鉴》载 1996 年耕地面积为 14.32 亿亩，而土地利用详查结果显示当年我国有耕地 19.51 亿亩，详查数据比年鉴数据多出 36.21%，误差很大。2009 年底完成的第二次全国土地调查结果发现，全国耕地面积 2009 年是 203077 万亩，比原先逐年变更的数据多出 20380 万亩。根据中国科学院遥感与数字地球研究所等单位利用遥感监测方法构建的中国土地利用时间序列空间数，王成军等人统计分析的结果是，1987 年至 2010 年，中国耕地面积净增加了 18372.07 平方公里，平均每年净增加 798.79 平方公里。[②]

有关部门掌握的耕地数据、公布的耕地数据，由于多种因素导致误差，即公布数据低于实际数据。例如江苏省南通市海门区 1952 年进行了首次大规模土地测量（查田定产），全县耕地 1080104 亩，查出"黑田" 2 万余亩。1959 年 8－10 月第二次土地普查，全县可耕地 959684 亩，为 1952 年调查面积的 88.1%。比各公社[③]上报面积多 87710.33 亩，比县下达各公社种植计划面积多 44221.36 亩。第三次全县土地普查是 1983 年 10 月至 1986 年 3 月，土地总面积 1501860 亩（陆地面积），比 1959 年调查数据增加 142629.81 亩，其中耕地面积为 949248.87 亩。由于海门地处长江与黄海交汇处，全县陆地都是江海泥沙冲积而成，公元 958 年（后周显德五年）设县，此后县域土地时涨时坍，1950－1985 年政府组织江滩海涂围垦开发增加了土地面积 99645.54 亩，其中耕地 52628.22 亩，[④]另外考虑到这期间居民建房、基本建设占用土地没有统计数据，因此前后不同时期的数据不同不能证明一定是统计误差造成的。但是同一时间的不同来源数据可以证明某些数据存在漏报、瞒报现象。1959 年全县第二次土地普查得到的耕地面积比当时各公社上报数据多 8.77 万亩，显示上报耕地面积有隐瞒现象。

---

① 徐绍史. 坚决守住 18 亿亩耕地红线[J]. 国家行政学院学报，2008（01）：8-11.
② 王成军，吴厚纯，费喜敏. 城市化加速期维持我国耕地数量稳定的可行性分析[J]. 中国农业资源与区划，2015（03）：80-85.
③ 公社是现在乡镇的前身，1958 年至 1983 年间存在。1958 年各地普遍建立政社合一的社会组织，把乡改称为公社，村改称为生产大队，大队下设生产队。1983 年恢复原来的乡、村组织。
④ 海门市土地志编纂委员会. 海门市土地志[M]. 南京：江苏人民出版社，2000：86-87，140-146.

1983－1986 年第三次土地普查结果，耕地面积比 1985 年年报数多出 58016.87 亩，说明年报数据不符合实际，比实际面积少。

关于我国耕地面积数据的真实性问题，学界有不少探讨。现在一般认为自 1949 年以来中国统计年鉴数据比实际面积小，国外一些学者和研究机构对中国耕地面积数据真实性持怀疑态度，例如克劳克（Crook）认为中国耕地数量存在低报问题，国际应用系统分析研究机构（IIASA）称我国耕地面积数据统计可能存在 40% 左右的误差。毕于运、封志明、刘保勤等学者认为 1996 年公布的土地利用详查数据较为接近耕地实际面积，朱红波以 1996 年公布数据作为标准，对 1980－1996 年的耕地面积数据做了重新核算。[①]实际上，从 2009 年土地普查结果看，1996 年的耕地面积数据仍然是偏小的。

按照美国机构统计标准，总耕地面积包括耕地（一年生作物）和园地（多年生作物）的面积。一年生作物指小麦、玉米和水稻等，多年生作物指柑橘、咖啡、橡胶和葡萄等。联合国粮农组织定义耕地是指用于种植短期作物（种植双季作物的土地只计算一次）、供割草或放牧的短期草场、供应市场的菜园和自用菜园的土地，以及暂时闲置的土地。因转换耕作方式而休闲的土地不包括在内，计算口径较宽。在中国土地统计中，草地、园地不包括在耕地面积中，耕地标准比较严格，只是计算一年生作物用地。如果按照美国标准计算，果园、茶园等园地算入耕地，则我国国土"三调"结果的耕地面积应该是 22.21 亿亩。

土地统计数据的失真，除了由于统计技术有限、统计组织不善造成的工作失误外，还有故意的弄虚作假或隐瞒。20 世纪 80 年代农牧渔业部进行的 1∶5 万比例尺土地利用现况概查结果显示，1980－1985 年全国有耕地面积 21.4 亿亩，其中包括果园约 3000 万亩。根据 1978 年全国科学大会确定的 108 项重大科研项目的第一项《农业自然资源和农业区划》中提出的全国 1∶100 万小比例尺土地资源调查，1990 年前后统计的结果是农业可利用毛面积 22293 万公顷（33.44 亿亩），如果按照 60% 垦殖率计算可得耕地 13376 万公顷（20.06 亿亩）。改革开放后至 90 年代初完成的土地调查有中国科学院进行的 1100 万比例尺土地资源调查、农业农村部进行的第二次全国土壤普查和低产土地调查、国家土地管理局和国家计委联合组织进行的土地后备资源调查，以及市、县级土地利用总体规划进行的土地适宜性评价。1995 年基本完成的 2800 多个县的土地利用现状详细调查，全国

---

① 朱红波. 中国耕地资源安全研究[M]. 成都：四川大学出版社，2008：49-54.

动员 200 多万人、耗资十几亿元人民币，被认为"首次全面、翔实地查清了我国土地资源的家底"，调查结果资料被称作"是我国历史上最系统、全面、准确和最宝贵的土地国情、国力资料"。统计结果是截止到 1996 年 10 月 31 日，全国耕地总面积为 195058.8 万亩。[①]而此前公布的耕地数据是 14.24 亿亩，详查结果数据多出了 40%。[②]20 世纪 90 年代初，在为编制《全国土地利用总体规划纲要》而进行的前期调查中就发现，某些地方政府为了扩展建设占用耕地指标和减轻农业税的压力，在土地利用详查上报耕地面积时故意"打埋伏"，将部分耕地划入其他地类，少报耕地面积。2007－2009 年第二次土地普查，发现耕地面积数据又多出了 2 亿多亩，这个信息直到 2013 年底才公布。耕地面积数据关系到粮食安全、人口政策、建设用地安排。

　　与耕地面积被低估相反的是建设用地面积被高估，而被高估的原因包括以下几方面：（1）对统计标准认识不同。"城市建设用地"多样，有些虽然被归入城市建设用地，实际上城市功能较低或者不具备城市功能。以前我国统计城乡标准与国际差异较大，"城市"是主要以产业结构划分的行政区建制而不是聚落形态。（2）以少数例子当作整体的以偏概全认识方法不科学。例如中科院 2007 年春节呈送给国务院领导的咨询报告认为城镇化占用土地太快、太多，空间过度扩张达到"空间失控"的程度，我国城市人均占地达到了 110－130 平方米的欧美发达国家的水平，说明当时作者把美国人口密度最高的纽约市人均占地当作发达国家的平均水平。对我国城市人均用地的计算，人口数是按户籍人口而不是常住人口计算的，[③]少算了人口数量而使人均占地数偏大。（3）土地统计中的人为误差。有些城市为了地方利益有意多报城市建设用地面积或建成区面积。例如 2007 年首次城镇地籍调查发现，部分省份把一些农用地划入城镇建成区范围，或者依据城市规划数据确定建成区范围，"还有一些地方对汇总上报数据存在顾虑，人为扩大建成区范围，造成城镇范围较大"。[④]因此实际的城市建成区面积或者城镇建设用地面积没有统计数据显示的大。2019 年 8 月 16 日公开通报了 3 个省份国土"三调"工作弄虚作假、调查不实问题，即安徽省长丰县下塘镇"三调"弄虚作假问题，湖南省华容县"旱改水"地

　　① 李元. 中国土地资源[M]. 北京：中国大地出版社，2000：1-5，140.
　　② 蒋亚平. 关于耕地总量动态平衡的对话（一九九六年五月）[C]//蒋亚平. 中国当代土地制度变迁笔记（1988－1996）. 北京：中国大地出版社，2010：244-245.
　　③ 陆大道，姚士谋. 2006 中国区域发展报告[M]. 北京：商务印书馆，2007：123-124.
　　④ 姜栋，张炳智. 中国城镇土地利用现状抽样分析与评价[M]. 北京：中国大地出版社，2009：110.

块调查不实问题，陕西省榆林市横山区"三调"弄虚作假问题。2020 年
8 月 26 日自然资源部新闻发布会通报了督察发现的 83 个弄虚作假、调查
不实重大典型问题。①在年度公报上，2018 年城市建设用地面积为 56075.9
平方公里，但"三调"结果是 2019 年底城市用地面积为 52219 平方公里，
时间晚一年而土地面积数据却少 3856.9 平方公里，表明城市建设用地年报
数据大于实际。因此，城镇建设用地过多、侵占耕地威胁粮食安全的观点，
显然有夸大的成分。

　　从人口、耕地、建设用地数量关系来分析，我国有条件在不影响耕地
保护、不影响粮食安全的前提下，扩大人均建设用地、降低城市人口密度，
缓解交通拥堵。

11.4　土地利用需重视市场机制

　　中国城市空间是由特定的土地管理制度、城市规划制度塑造的。当旅
客在车站买票或者在机场办理值机手续、顾客在超市付款结账，多人同时
产生同样的需求，售票窗口、值机柜台、结账台数量有限无法满足时，必
然出现排队等候现象。人们希望尽快轮到自己，会选择最短的队伍排队。
旅客或顾客可以自主选择排在哪个队列，自由选择的结果是各个队列长度
差不多、等候时间也差不多。这样不仅对旅客（或顾客）是公平的，而且
对服务员也是公平的，每个服务员服务的顾客人数差不多，劳动强度不会
出现悬殊差异。

　　以计划管理为主的土地利用政策，难免造成国土空间、城市空间交通
量分布失衡的现象，有的区域过密、有的区域过疏。过密的主要是城镇居
住用地、交通用地，过疏的主要是郊区和农村的工业用地、农业用地、旅
游用地等。在土地使用上，自改革开放以来其商品性、市场性逐渐被重视，
但行政计划管理色彩浓厚，现在越来越不适用经济社会发展需要了。近年
来中央已经关注到这个问题并出台了改革措施。2020 年 5 月中共中央、国
务院发布的《关于新时代加快完善社会主义市场体制的若干意见》，针对
我国存在的市场激励不足、要素流动不畅、资源配置效率不高、微观经济
活力不强等问题，提出以完善产权制度和要素市场化配置为重点，建设高
标准市场体系，实现产权有效激励、要素自由流动、价格反应灵活、竞争

---

① 嘉宾[EB/OL]．http://www.mnr.gov.cn/dt/zb/2020/lixingfbh/jiabin/．

公平有序、企业优胜劣汰，加强和改善制度供给。土地是基本的生产要素和生活资料，该意见提出的建立健全统一开放的要素市场、创新要素市场配置方式，多处涉及土地政策改革。2021 年 12 月 21 日国务院办公厅印发《要素市场化配置综合改革试点总体方案》，其中第一条就是"进一步提高土地要素配置效率"，土地被置于劳动力、资本、技术等多种要素之前，明确表示"支持探索土地管理制度改革"，说明对土地管理制度存在的问题、改革的方向已经成为共识。

过去人们习惯于自给自足，城市从自己具备的资源出发制定政策。工商业必须与外部世界联系，但是生活资料是尽可能地就近保障供给，郊区负责提供城市需要的粮食和副食品，即市长抓"菜篮子"政策。改革开放以后，发展商品经济、市场经济，农村农业生产的自主权扩大，各地根据自己资源特长发展出专业化种植，分工发展，通过市场交换商品，提高了生产效率。尽管遇到经济形势波动时，中央还要求省长抓"米袋子"、市长抓"菜篮子"，就是各地主要靠自力更生保障基本生活资源，但总体上大家都认识到地方分工的利益，市场体系被维持而且不断发展。但是，在国土政策上，目前还是从国内人口、粮食安全等角度，考虑人均资源可用量。

论土地利用，如果说中国与美国在人口数量、城乡形态、资源禀赋等方面差异较大，难以比较的话，人口稠密、国土面积八成是山林地、自然资源远不如中国的日本，如何处理粮食与土地利用的关系，可以给我们较好的启发。

二战后日本经济高速发展，在较短时间内完成了城市化、技术现代化，成为先进的工业化国家。与此同时，农业在国民经济中的比重大幅萎缩，按照热量计算的粮食综合自给率从 1960 年的 79% 下降到 2010 年的 39%，跌落一半，导致日本粮食自给率下降的主要因素有耕地减少、农业劳动力数量下降、呈老龄化趋势、海外农产品和食品进口增加等。1955－2005 年，农林水产部门的就业者在日本劳动人口中所占的比重从 39% 下降到 4%，其产值在国内生产总值（GDP）中的占比从 21% 下降到 1.6%。[①]

日本政府同样重视粮食安全。1996 年修订后的《农业基本法》把粮食安全保障作为粮食政策的基本理念，1999 年完成的《食料农业农村基本

---

① 神门善久. 日本现代农业新论[M]. 董光哲，等译. 上海：文汇出版社，2013：4-5.

法》①第二条规定，在不测因素导致粮食供需紧迫的情况下确保对国民的稳定供应是国家的基本责任。2000 年 3 月日本内阁通过的基本计划规定了意外发生时确保粮食供给的方法、事先设计好临时处置的程序等。2002 年 3 月 25 日农林水产省制定的《紧急事态食料安全保障指针》（以下简称《指针》）是设想日本在发生国内粮食歉收、海外进口大幅减少等意外情况下如何应对的章程。日本政府有基于气候变动影响评价的未来 50 年的粮食供需预测系统。归纳起来，日本保障粮食安全的主要政策措施有：

一是提高粮食自给率。人与土地是关系粮食安全最关键的两个因素。人的方面是提高农业经营者收入、激发青年务农意愿、培养农业专门人才及提供农业辅助资金等方式，确保农业劳动者数量和农业技术。土地方面是 2010 年 12 月开始施行《农地法改革法案》，同时积极实施推进农业可持续发展的相关辅助政策，制定了一系列措施确保农业用水稳定、农田防灾、土壤保护及防止地球变暖等。

二是开展国际合作，利用海外资源。2011 年 10 月在东盟与中日韩（10+3）农业部长会议上签署了"东盟与中日韩大米紧急储备协议"（APTERR）②，这是东亚地区防备巨大灾害等紧急事态的大米储备制度。2004 年后日本通过参与双边、多边自由贸易协定与经济合作协定（EPA/FTA）应对国际贸易自由化，在加强国际合作的倡议下均有保障国内粮食安全的考虑。截至 2012 年，日本已缔结自由贸易协定与经济合作协定（EPA/FTA）13 个，重视利用海外资源保障粮食安全，还积极走出去利用海外土地等资源，建立海外食物供应链。据统计，2007 年日本消费的 60% 热量的粮食是利用 1245 万公顷的海外土地生产出来，利用的海外土地面积约为日本农地面积的 2.7 倍。③以对方提供土地、劳动力，日本提供技术和资金，或者与第三国联合开发的方式投资海外土地。此外还通过金融、税收、保险等制度，支持日本企业进入海外农业领域。④2011 年形成了官民一体的海外农业投资模式，在农业发达地区进行农业直接投资和企业并购，尽可能多地掌控农业资源，建立海外粮食供应链。在粮食进口方面，20 世纪 90 年代以来与许

① 在日文中，"食粮"是指作为主食的谷物，"食料"是指所有吃的东西。"食粮""食料"较重视生产面，"食品""食物"更重视消费面，这些词语的意义没有根本区别。作为政策和法律概念，原来用"食粮安全保障"，因近年来食物品种多样化，作为概括所有食物的表述用"食料安全保障"。本书除了法律、组织名称等用语之外，都使用"粮食"一词。

② ASEAN Plus Three Emergency Rice Reserve, APTERR.

③ 農林水産省. 平成二十年度食料·農業·農村白書[R]. 東京：佐伯印刷株式会社, 2009.

④ 朱继东. 日本海外农业战略的经验及启示——基于中国海外农业投资现状分析[J]. 世界农业, 2014（06）：124-125.

多国家签订了长期进口粮食的协议，截至 2003 年日本农产品进口来源地多达 208 个国家和地区，海产品来源多元化尤为突出。通过政府开发援助（ODA）对拉美、东欧、非洲等地进行农业援助，在海外投资建设自有粮库，积极投资建设粮食出口必经道路、港湾等基础设施。

三是重视粮食储备以备不测。2002 年日本研究制定的《指针》，2011年大地震后对该《指针》做了修改，重视开发应急的农业技术。2015 年的"基本计划"力图确保维持紧急状态时粮食的供应链功能、供给灾区的应急粮食和全国性粮食；促进食品业企业家制定事业继续计划（BCP）[①]，促进企业家与地方政府等建立合作机制；保证米与小麦维持适当储备水平，同时推进家庭日常的粮食储备。

有关专家指出，凭借现有的自然和社会条件，日本可以实现粮食自给。现在粮食自给率低，很大程度是在比较优势下的国际分工自主选择的结果。二战后日本充分尝到了自由贸易的甜头。[②]日本重视提高粮食自给率，但未提出"基本自给"的目标，重视通过国际合作保障粮食安全，不仅利用海外的土地、水、劳动力等资源，而且还有知识交流、拉近政治关系等附带利益。日本保障粮食安全的做法，就是在开放系统中应对问题的措施。交换促进社会分工，分工提高了生产效率，市场体系使资源得到有效利用。

11.5 地广人稀的北方城市不应该交通拥堵

如果说北京、上海、广州等城市有交通拥堵，无论什么原因，人们可以理解，因为它们是一个区域、全国甚至是国际中心城市，是人口众多的超级大都市，又与国内外往来频繁，都处于东部沿海地区，人多地少。但是处于地旷人稀的北部省份的城市，例如哈尔滨、呼和浩特、乌鲁木齐等，也有交通拥堵，甚至还比较严重，就令人费解了。

---

① 事业继续计划，设想在灾害、事故等不测事态发生时如何维持业务不中断的各类对策。在危机发生之际，把对重要业务的影响控制在最小范围，为即使临时中断也尽快恢复业务而预先制定好行动计划。2006 年 4 月中央防灾会议设定到 2015 年全部大型企业和半数中小企业都必须制定事业持续计划（BCP）的目标。

② 日本经济新闻社. 东洋奇迹——日本经济奥秘剖析[M]. 王革凡，等译. 北京：经济日报出版社，1993：346.

11.5.1 哈尔滨交通拥堵原因分析

《滴滴出行 2018 第一季度城市交通出行报告》显示，哈尔滨市在上个季度交通拥堵排名全国第二，市政府呼吁市民在拥堵的区域和拥堵的时间段，合理安排自己的交通出行方式，尽可能减少私家车的使用率。在 2018 年 5 月 10 日哈尔滨发布的治理交通拥堵方案中，主要措施是科学规划引导、优化公交布局、严管交通秩序、通畅路桥堵点、创新停车供给、引导文明出行六大方面 44 项。①

高德地图 2019 年第三季度交通出行大数据显示，哈尔滨交通健康指数为 44.68%，时间—路网高延时运行时间占比、时间—路网高峰行程延时指数等六项指标高于全国 50 个城市均值。哈尔滨市交通最堵的时间是每天早 8 点、晚 5 点，最堵的区域是南岗区，最堵道路三环路一段辅路，全年拥堵天数最多的是南直路，多达 64 天。2019 年一季度至三季度，高峰拥堵延时指数分别是 1.783、1.916 和 1.948，全天拥堵延时指数分别为 1.55、1.58 和 1.64，均呈现日益严重状态，高峰时段城市平均行车速度 6 月为 23.66 公里/小时，9 月为 19.57 公里/小时。哈尔滨市在 2019 年全国交通拥堵城市排行榜上的位次逐渐上移，一季度是第五位，二季度升到了第二位，三季度登上了榜首。高德地图分析哈尔滨如此拥堵的主要原因是职住分离程度日益严重，公共资源过度集中在中心城区，大规模建设的新城、新区缺乏生活配套设施和公共设施，导致人口与就业分布失衡，新城与中心城区间潮汐交通现象日趋严重。此外，中心城区道路受周边环境影响很难拓宽，道路饱和度过高也是导致城市拥堵的原因。②

我们尝试从密度来分析，以拥堵最严重的南岗区为例，南岗区是黑龙江全省的政治、经济、文化中心，政府机关所在地。截至 2019 年末，南岗区户籍人口 1023190 人，其中城镇人口 975645 人。③全区共辖 18 个街道，1 个镇，1 个民族乡。截至 2016 年底，全区共有基础教育学校 68 所，学生 110789 人；劳动技术学校 1 所；幼儿园 117 所；民办文化培训学校 180 所。哈尔滨市南岗区主要街道人口密度如表 11-1 所示。

---

① 《哈尔滨市 2018 年治理交通拥堵工作总体方案》出台[EB/OL]. http://hlj.people.com.cn/n2/2018/0511/c220027-31565163.html.

② 拥堵排名三连升！大数据告诉你哈尔滨交通堵在哪[EB/OL]. https://www.sohu.com/a/352437351_120103578.

③ 南岗概况[EB/OL]. http://www.hrbng.gov.cn/art/2020/4/13/art_16465_6.html.

表 11-1　哈尔滨市南岗区主要街道人口密度一览表

街道名	街道面积（平方公里）	人口（人）		人口密度（人/平方公里）
		2000 年	2010 年	
先锋路	1.0	42612	77544	77544.0
芦家	1.5	80747	91698	61132.0
荣市	2.2	70354	115957	52707.7
七政	1.02	41710	53544	52494.1
松花江	1.05	40165	51421	48972.4
曲线	0.78		32346	41469.2
大成	1.74	38412	60226	34612.6
革新	1.2	35963		29969.2
新春	4.68	44744	83446	17830.3
燎原	4.6		81794	17771.5
文化	2.4		41672	17363.3
奋斗	3.85		62738	16295.6

　　表 11-1 所列不是南岗区的全部街道，列入街道的数据来自百度百科，最新的是 2010 年第六次人口普查数据，仅作参考。表中列举了南岗区主要街道，可以反映南岗区人口密度基本情况。由表中数据可知，哈尔滨市南岗区部分街道常住人口密度很高，与上海、北京比较毫不逊色，其中先锋路、芦家、荣市、七政、松花江、曲线、大成、革新 8 个街道，面积合计 10.49 平方公里，人口密度均在 3 万人/平方公里以上。先锋路、芦家、荣市、七政、松花江 5 个街道合计 6.77 平方公里面积内的人口密度达到了北京市首都功能核心区的两倍以上。常住人口密度基本上反映了道路上的交通密度。居住人口是交通发生源，高密度是交通拥堵严重的最大原因。

　　哈尔滨全市总面积 5.31 万平方公里，2019 年末户籍总人口 951.3 万人，其中市区面积 10198 平方公里，人口 553 万人，[①]算得市区平均人口密度为 542.3 人/平方公里。黑龙江全省土地总面积 47.3 万平方公里（含加格达奇和松岭区），2019 年末全省平均人口密度为 79.3 人/平方公里，仅为全国平均人口密度 145.8 人/平方公里的一半左右。根据人口"七普"数据，2020 年浙江省面积 10.55 万平方公里，总人口 6456.76 万人，全省平均人口密度是 612 人/平方公里；江苏省面积 10.72 万平方公里，人口

8474.80 万人，全省平均人口密度为 790 人/平方公里。黑龙江省人口密度跟江浙差距甚大，哈尔滨市人均土地资源比江浙好得多。哈尔滨有条件采取低密度的城市空间模式，可以少拥堵甚至不拥堵。但问题在于建成区与非建成区密度差异太大，郊区有充分的土地没有用于城市建设。南岗区先锋路、芦家、荣市、七政、松花江、曲线 6 个街道合计 7.55 平方公里区域的人口密度太高，形成巨型高密度团块交通需求，成为拥堵根源。

11.5.2 呼和浩特交通拥堵原因分析

呼和浩特市面临的交通拥堵情况与哈尔滨近似。

"百度地图智慧交通中国城市拥堵指数"以实际行程时间与畅通行程时间的比值作为拥堵指数指标。2020 年 10 月 9 日上午 8 时许，呼和浩特实时拥堵指数 1.65，拥堵里程 20 余公里，特别严重的路段及拥堵指数是京银线（G110 附近东向西）3.99、兴安南路（治巧报大桥附近）3.65、昭君路 3.34、京银线（西向东）3.31、兴安南路（蒙牛四桥附近）2.93 等。百度地图 2018 年第四季度全国百城交通拥堵前十名中，呼和浩特拥堵程度为第 4 位。其实早在 2005 年，市区交通拥堵就成为市民抱怨的问题。2008 年的一篇文章提到"几乎到了天天堵，处处堵的地步"，并提出治理拥堵的方案。[1] 2010 年有文章分析呼和浩特交通拥堵原因在于道路资源难以满足人口、车辆的快速增长，大量人流、车流、物流的流动和增加。[2] 2017 年呼和浩特市政府提出建设"两环四线"路网的方案来治理拥堵。2019 年 7 月至 10 月呼和浩特市采取了路口渠化、提高信号灯控制管理水平、打通断头路、增加支路提高路网密度、规划建设立体停车场、施划公交专用道等措施解决交通问题。[3]

与哈尔滨类似，呼和浩特所处的地理位置，从人口与土地的关系讲，完全有条件避免或者克服城市交通拥堵。

截至 2019 年底，呼和浩特全市总面积 1.72 万平方公里，其中建成区面积 260 平方公里，全市常住人口 313.7 万人，其中城镇人口 221.0 万人，

---

① 呼和浩特的交通为什么如此的堵啊？有什么办法解决？[EB/OL]. https://wenwen.sogou.com/z/q144345736.htm.

② 呼和浩特市交通拥堵的各种原因分析[EB/OL]. https://news.bitauto.com/arealife/20100507/1705147272.html.

③ 关于市区交通拥堵呼和浩特政府回答了这些问题[EB/OL]. http://www.northnews.cn/news/2019/1031/1784465.html.

乡村人口 92.7 万人。三次产业比例为 4.1∶29.5∶66.4。[①]如果把呼和浩特市常住人口平摊到全市面积上，得到人口密度为 182.4 人/平方公里。如果城乡人口全部算到建成区内，则建成区人口密度达到 12065.4 人/平方公里。如果仅算城镇人口与建成区面积之比，算得的密度是 8500 人/平方公里，与我国其他城市比较密度不大。但是根据城市总体数据分析，常会得到偏离事实的结论，因为整体中包含差异巨大的多种情况。从建成区局部看，例如位于市区中西部的玉泉区大南街街道办事处面积 1.02 平方公里，常住人口 21710 人，[②]人口密度达 21284.3 人/平方公里，这个密度与北京、天津差不多。从市区路网密度观察，呼和浩特市路网密度是 4.24 公里/平方公里，远低于全国平均水平 5.89 公里/平方公里，省会间比较仅比乌鲁木齐、拉萨、兰州略高，在全国城市路网密度最低排行榜上是第四。暂时撇开多种因素的考虑，仅仅因为在其他城市同等的人口密度下低得多的路网密度，就使呼和浩特市道路上的交通密度更大，更容易拥堵。内蒙古处于中国北部，地域辽阔，东西长约 2400 公里，南北最大跨度 1700 多公里，总面积 118.3 万平方公里，2019 年末全自治区常住人口 2539.6 万人，常住人口城镇化率达 63.4%。[③]全自治区平均常住人口密度为 21.5 人/平方公里，只相当于黑龙江省的约 1/4，属于中国人口密度最低的省区之一。交通拥堵严重的重要原因与哈尔滨一样，市区人口过密、路网密度过低等空间结构不合理。

　　哈尔滨、呼和浩特等北方城市，坐落于辽阔的土地上，比起国内其他省会城市，体量不算很大，人口不是特别多，土地资源丰富，但是城市交通拥堵程度却在全国名列前茅。城市人口密度、路网结构等，受制于建设用地政策、城市规划制度和标准，由于过去强调政策的统一，地方城市政府自主权不足，虽然有丰富的土地资源却难以根据地方情况灵活应用。如果国家在土地政策上适当放权，赋予地方政府更大自主权，让地方政府、居民可以根据当地的地理环境、资源禀赋等情况使用土地，对于缓解城市交通拥堵问题将十分有益。

---

　　① 城市概况[EB/OL]. http://www.huhhot.gov.cn/mlqc/qcgk/csgk/201806/t20180615_210182.html?record=istrue.

　　② 基本区情[EB/OL]. http://www.yuquan.gov.cn/mlyq/yqgk/jbqq/.

　　③ 区情概况[EB/OL]. http://www.nmg.gov.cn/col/col115/index.html.

第12章　更好地发挥政府作用

2015 年 12 月中央城市工作会议指出，城市是我国各类要素资源和经济社会活动最集中的地方，全面建成小康社会、加快实现现代化，必须抓好城市这个"火车头"，把握发展规律。强调转变城市发展方式，完善城市治理体系，提高城市治理能力，着力解决城市病等突出问题，不断提升城市环境质量、人民生活质量、城市竞争力，建设和谐宜居、富有活力、各具特色的现代化城市。当今中国改革发展的方向是让市场在资源配置中发挥作用，同时更好地发挥政府的作用。治理交通拥堵也不例外，前一章论述了城市政策中计划管理体制特征和难以成功的原因，呼吁城市空间形成中更多地让市场发挥作用。但市场体制也存在弊端，不顾拥堵的社会代价、不顾市民生活质量，一味推进高密度城市就是表现之一。政府作为公共力量，应纠正市场体制的弊端，把保障大多数人的最大利益作为目标。在城市空间构成上，应限制最高密度以保证市民有质量生活的基本空间。制定政策应站在市民立场而不是资本的立场，保障底线公平。

12.1 从市场主体变为公共服务者

交通拥堵的直接原因是城市过密，即各种生产、生活元素在空间上的过度集聚。

在自然界和社会现象中，同类相聚是普遍存在的规律。人类自古以来就是聚居的，独自一人或者一个家庭在一片旷野中几乎无法生存。当代城市开发中，土地所有者、房地产开发商，追求单位土地面积上的最大利润，会想方设法把建筑高层化、密集化，这是资本逐利的本性使然。居民由于居住密集而降低生活质量，不是开发商思考的问题，开发商只管卖出房子。居民对于建筑、生活质量的知识有限，难以形成力量与资本抗衡。而弥补市场机制的缺陷，维护公共利益，必须由政府介入。

　　在计划经济体制中，政府代替了民间力量，作为市场主体直接经营各项事业，这与经济社会发展要求的竞争性发生了冲突。行政机关要求统一，如产品规格、价格统一，工人收入统一等，但是消费者需求是无法统一的，因此统一的生产经营无法满足消费者多样化的需求。从生产、服务的供给侧来说，在统一政令下的企业经营，消除了不同主体之间的商业竞争，企业没有动力研发新产品，通过搞好经营管理提高经济效益。而市场经济体制，政府从具体经济活动中脱身，产业和各项事业放手让民间从事，企业互相竞争，促进生产效率提高，产品和服务日益丰富，消费者获得最大尊重和满足，因此整个社会不断进步。政府作为互相竞争的公民和企业之外的第三方，承担平等的公共服务，例如提供治安、制定规则，通过税收等手段调节市场竞争必然产生的两极分化，进行二次分配维护阶层间、地域间的平衡。国家或者地方公共团体直接经营经济活动，必然是垄断的，垄断是低效的，例如日本铁道在 20 世纪大部分时间是国家经营，虽然日本人不乏敬业精神，照样免不了国营企业的弊端，到 80 年代负债累累，成为政府沉重的包袱，不得不于 1987 年实行民营化改革。类似事例在其他发达国家也不罕见，因此才有 20 世纪 80 年代美国里根政府、英国撒切尔夫人内阁主导的引人瞩目的改革运动。市场体能够使资源得到高效利用，但是其显著弊端是两极分化引发社会矛盾，大资木垄断等固化社会差别、阻碍社会流动最终限制了社会活力，政府就是弥补市场缺陷，维护公平竞争秩序。市场与政府是驱动经济社会良好运行的两个车轮，缺一不可。

　　作为对城市空间结构形成具有决定性影响的土地利用政策，基本特征是土地所有权归国家或者村集体经济组织，使用权由申请者通过竞争获得。把土地作为宏观调控的手段，各地用地数量由行政系统计划分配，严格限制建设用地投放数量和节奏。土地垄断固然创造了丰厚的政府收入，成为城市建设和各项公共事业发展的来源。但是如今也积累了大量问题，如高房价造成不少中低收入居民的居住困难长期得不到解决；买房耗尽全家积蓄，妨碍了国内消费；土地、房屋成为金融资本攫取暴利的媒介，被囤积、炒作，房地产暴利冲击了实体经济；土地财政造成地方政府对于土地经营的依赖，积累了系统性风险；强制拆迁引发和积累了众多社会矛盾，影响国家的长治久安；政府直接经营土地，鼓励、支持大规模高密度开发，是造成交通拥堵日益严重的根源；一些官员把批租土地的权力当作寻租的机会，导致了干部队伍的腐败，破坏了营商环境，腐蚀了社会稳定的基础等。这是不可持续的发展方式，需要改革寻找替代方案。

　　现代城市规划的产生，不是为了追求政府利益，而是为了解决公共问题。在英国，由于工业革命吸引农村人口向城市集中，工厂排出烟雾污染空气，工业废水和生活污水淌于地面散发恶臭，房地产投机商在工厂旁边见缝插针地建造住房出租给工人，垃圾堆积路边，工人聚居于日照通风恶劣的小屋中，19世纪30年代传染病蔓延。在工人运动压力下，在有识之士努力下，1848年政府颁布《公共卫生法》，居住过密就是关注的内容之一。1851年颁布《工人阶层宿舍法》，要求政府参与劳工住房问题的解决，责成房主改善房屋条件。在德国，针对土地所有者自由使用土地造成工厂、房屋过密，出现公共卫生和道路养护问题，1875年颁布了《普鲁士建筑控制线法》，规定道路宽度、建筑退让、建筑高度、周边空地等标准，确保道路达到一定宽度。1919年《住房法》确立了国家补贴住房、供应公共住房的原则，要求住房密度小于每4047平方米土地12户即每户宅基地面积不小于337.25平方米。1932年英国《城乡规划法》加入了区域规划概念，1935年《限制带状发展法》旨在控制主干道两侧的开发。二战后，大伦敦规划是为解决城市过密问题，计划疏散100万居民到外围，1952年《城市开发法》制定建设小城镇以接纳大中城市疏散出来的人口。1867年美国在纽约制定的《高级公寓住房法》是针对多数出租房屋过密狭窄问题的。19世纪末以纽约为首的各大城市开始出现高楼林立现象，导致光照问题，1903年波士顿开始限制建筑物高度，规定建筑物不得超过的高度标准是中心区为38.1米，其他地区为24.4米。致力于推动区划制（zoning）的人士主张对建筑物高度、容积率、土地使用和人口密度进行控制。二战后，日本针对城市化高潮中出现大城市人口过度集聚造成环境污染、交通拥堵等城市病，把"过密"作为必须解决的问题，通过国土空间规划促进各地均衡发展，吸引企业和市民到郊区和中小城市落户。当代日本城市规划的基本理念是优先考虑市民生活，保障城市环境的安全性、健康性，教育、文化、福利达到一定水准；尊重市民自治、历史文化，规划时贯彻社会公平原则，保护环境，城市规模不应过大，保持可持续性。①作为政府行为，西方国家的城市规划都起源于解决城市问题，确立公共秩序，没有直接的经济目的。

　　日本城市经济学者山田浩之指出，密集居住的各户在自家庭院里种花植树，邻居也可欣赏，相互有利；住房适度密集有防止犯罪的互惠效益，这种无意中产生的利益称作"外部经济"。经济活动集聚产生集聚效益，但是过度密集则成为公害，汽车给使用者带来交通便利，但占用城市空间

---

① 日笠端，日端康雄. 城市规划概论：第3版[M]. 南京：江苏凤凰科技出版社，2019：73-74.

造成交通拥堵、尾气排放造成空气污染等，给他人带来损害，就是"外部不经济"。拥堵、污染等城市公害是与人口密度相关的。[①]集聚概念主要是经济学对城市现象的分析工具，集聚本身利弊兼有。但是这个概念传入中国后，基本只选取了经济性一面作介绍，并分析中国城市化现象。集聚理论大受欢迎，很快被城市规划、房地产开发者利用，于是出现众多以土地为基本工具，在"新型城镇化"等口号下，推进集中居住的大规模建造。但是对于集聚的负面影响缺乏足够的关注和研究。即使对推动农村集中居住政策持批评意见的学者，也认为集中居住是城镇化的需要，是社会发展趋势，问题只是一些地方推行过急或强制推行。

面向未来，从经济社会发展全局考虑，如果要解决严重的交通拥堵问题、创造良好的人居环境，就应该从建设用地供给者追求单位面积利润最大化、追求高密度的资本立场退出，从市场参与者的立场退出，转移到中间立场，致力于维护竞争秩序，为居民和企业提供公平良好的公共服务。

目前各地城市财政对于土地出让收入依赖较大，影响城市可持续发展。把建设用地 40 年、50 年或者 70 年的使用费一次性提前收取，以城乡总体规划控制土地使用的数量、用途、结构，以年度用地指标掌握供地数量，其弊端已有众多的研究和分析。可以探索的改革方向是，土地使用数量、用途、结构等更多地交由市场决定，取消限量供应是对囤积、炒作房地产行为釜底抽薪的解决办法；土地使用费几十年一次性收取变成不动产税（房地产税）逐年收取，可以降低房地产开发成本和销售价格，从而降低住房、经营用房售价和租金，降低生活成本和经营成本。由于未来人口数量增长有限，放松用地管控也不会出现建设用地的大量增加。不动产税是调节土地供需的手段。有财力的人可以多用地，满足他们需求，多交税给社会多作贡献。把城市过高的居住密度降低下来，再配合缩小住区、医院等功能点的单体规模，提高路网密度，则有望大幅缓解城市交通拥堵，创造较好的人居环境和营商环境。

12.2　改善公共政策形成过程

作为公共服务提供者，政府应做好一些基础工作，例如统计调查，推动决策民主化、科学化。如果规划不当、公共投资失败等，则表现为各地

---

① 山田浩之. 都市経済学[M]. 東京：有斐閣，1978：174-179.

的一些空城，许多工程建了又拆。治理交通拥堵是个系统工程，提高决策科学性、完善决策过程是解决问题的前提，是当务之急。

12.2.1 统计中增加民生项目

科学决策的前提是全面掌握客观情况。在经济社会发展的新时代，我国大多数行业产能过剩，政府的工作重心，从过去抓生产发展转移到抓民生改善，促进社会和谐和长治久安。过去关于城市发展的政策中，政府偏重资本运营，以房地产为支柱产业，以土地为抓手经营城市，表现在政府统计中，与民生相关的统计项目较少。中国现有的与住房相关的统计种类很少，屈指可数。在《中国统计年鉴》和各个大城市的统计年鉴中，在"居民生活状况"项下有城镇和农村的新建住宅面积、人均住房面积等数据，在"农村居民家庭住房情况"表中，有住房价值、住房结构（分钢筋混凝土结构和砖木结构两种）的项目。如今我国有多种房地产年鉴，例如《中国房地产市场年鉴》（住建部中国房地产业协会编）、《中国房地产统计年鉴》（国家统计局中国指数研究院编）、《中国住宅产业年鉴》（住建部办公厅编）、《中国直辖市房地产年鉴》（《中国直辖市房地产年鉴》编委会编）等。这些房地产年鉴设计的统计项目以及最终汇集的大量统计数据，大多是从经济学角度关注价格、是否开工、库存和销售数量等。虽然以住房为关键词，但是着眼点在住宅商品的生产、交易、消费，因此涉及土地、金融、价格等较多，多于宏观经济政策的分析解读。如《中国房地产统计年鉴》是从房地产开发、建设、销售角度设计编制的，主要为企业和行政机构决策服务，其设置的统计项目有房地产开发投资指标（分为住宅、办公楼、商业营业用房），房地产开发企业财务指标，施工、销售和空置面积指标等；按照工程用途分组的投资额项目下有"住宅"项，与办公楼、商业营业用房、其他（指学校、图书馆、体育馆等）并列；在房地产开发企业销售面积项下有"商品住宅竣工套数"数据。《中国住房发展报告》主要是从住房市场、住房金融市场、土地市场、房地产企业、市场监管、宏观调控等角度的论述，而对住房本身的状况、住房所有者或者利用者的状况大多忽略。一个城市的居住状况，特别是从民众的生活需求角度的统计，例如住房质量、室内设备配套、居住环境、满意度、问题点、今后的意向、居民的购买力、住宅形态的选择、迁居情形等，都缺乏调查统计，至少找不到公开发布的信息。这样，无论是对政府决策、学者研究还是对居民的买卖租赁等交易，都很不方便。

统计是现代社会中了解客观形势的基本方法，也是作为公共服务者——

政府的基本职能。治理能力现代化，需要从完善统计项目与统计方法着手。

市民生活环境无法由市场自动提供，只能是政府工作内容。邓小平1992 年南方谈话提出把"是否有利于提高人民生活水平"作为判断一切政策是非的基本标准之一，我国国民经济和社会发展"九五"计划就提出"提高生活质量"，要改善消费结构，重点解决住与行的问题。在 21 世纪初更加重视人民生活的改变，"十五"计划再次提出"在提高居民吃穿用等基本消费水平的基础上，重点改善居民居住和出行条件"。2003 年 7 月胡锦涛同志提出"坚持以人为本，促进经济社会和人的全面、协调、可持续发展"的科学发展观。"以人为本"是党的十六大以来突出强调的重要思想，十七大写入了党章。科学发展观的根本宗旨是促进人的全面发展，把尊重人作为发展的根本准则，把为了人作为发展的根本目的。过去发展追求产量高、产值高，百姓追求家用电器、摩托车、家具和住房的满足。城市建设追求规模大、外观时尚、速度快，而忽视便利性。我国学术界也一直关注和研究人居环境，著名建筑学家吴良镛先生 20 世纪 80 年代开始探索人类聚居学，1993 年提出"人居环境科学"概念，1995 年 11 月清华大学成立了"人居环境研究中心"，1999 年开设"人居环境科学概论"的课程。20 世纪 90 年代中期以后，作为政府工作思路，上海、广州先后提出宜居城市的构想。2004 年北京的城市总体规划提出了"宜居城市"的明确目标，此后有更多城市跟进。2005 年中国人民大学社会学系等多个部门调查和研究出北京市第一个宜居评定指数系统。与宜居城市密切相关的，还有城市居住质量、生活质量的研究。[①]

城市建设以人为本，从政府角度来看，不仅要招商引资、抓项目发展经济，更要重视百姓衣食住行等基本生活需求，从政策上加强社会保障、发展文化事业和社会事业，关注公平正义。城市的规划设计、建设、管理等各项事业都要以便利人们的生活、工作为宗旨，使城市空间适宜创业，适宜居住。我国的土地政策、城市政策的重心，应该从控制土地使用、控制城市规模、便于集中统一管理，转向为全体市民创造平等的竞争条件、安全舒适的生活环境和优质的公共服务，例如良好的治安、清洁卫生的环境、安静私密的居住、可达性高的交通运输系统等。

人口向城市迁移的城市化现象，是人们对更好生活条件的追求，城市有就业机会，有学习场所，有表现自己的舞台，容易找到志趣相投的朋友。城市化是生产力发展到能够使更多人脱离直接的粮食种植而从事工业、服务业的结果，又是经济进一步发展的动力，因为城市有更高的生产率。汽车作为近代文明的产品，应用于客货运输，极大地提高了效率，减轻了人类体力负担。把城市交通拥堵归因于人口增加、机动车增加，正确与否暂且不论，通过限制城市人口和机动车的数量来治理交通拥堵，即使有效，不仅成本高昂，而且与城市化的宗旨相违。

我国城市化质量和空间结构存在的问题，集中体现在居住和交通空间不足两个方面。我国人均居住面积才 20 多平方米，与邻国日本还有不小的差距。住房套型面积 90 平方米以下的中小户型占存量住房的一半以上。美国衡量住房拥挤程度，一般是按照人均卧室数量计算的，平均每个卧室居住人口超过 1 人便算居住拥挤。我国城市住房设计中，一室一厅、二室一厅的结构，是以夫妇二人或者独生子女家庭一家三口为模型的最低标准，平均达不到每人一间卧室的水平。在经济社会变迁中，婚姻型态、家庭型态呈现多样化，而我国城市住房形态单一，不能适应社会需求。2018 年底中国总人口中，4 人及以上家庭户数占总数的 32.96%，而现存住宅市场中，适合 4 人以上家庭生活的比重小，价格也太高，生活杂物、车辆、生产工具都缺乏存放的地方。各种各样的"违章"建筑长期存在，而且非常普遍，仅北京市 2008 年奥运会后至今，拆除违章建筑面积合计近 1.6 亿平方米，全国累计可能是个惊人的数字。违章建筑如此面广量大，说明不完全是个别人太自私而损害公共利益的行为，一定程度上反映了居住空间的逼仄狭小。

12.2.2 日本城市政策的决策方法

在知识获取与应用方面、在科学决策方面，日本有值得我们借鉴的地方。

著名的美国东亚研究专家傅高义（Ezra F Vogel）在 20 世纪六七十年代深入研究日本社会，并思考美国面临的各种问题后，惊讶日本的快速发展，认为日本固然资源贫乏，但是在处理后工业化社会所面临的基本问题上却是出类拔萃的，为探索日本成功之道，于 1979 年写成《日本第一：对美国的启示》一书。他认为日本的成功并非来自所谓传统的国民性，而是日本独特的组织能力、措施和精心计划。"如果仅举一个因素来说明日本成功的原因，可以说是集思广益"。日本人十分注重搜集信息。傅高义比较了美国和日本对于研究信息的不同方法后指出，美国也许在某一具体问题的基础研究数量上多于日本，但是日本在处理信息上很成功。日本组织成员比较稳定，相互之间存在长期深厚的信赖关系，有利于本机构信息的积累、整理和随时应用。日本人对于不同意见，不采用敌对态度或激烈争论来解决，而是通过搜集更多信息材料，通过比较、选择做出判断，避免仓促行事。日本人不独断专行，而是把集体利益放在第一位，尽量求同存异，搜集各种信息寻找解决问题的最好途径。在决定某一问题时，让团队不同层级人员广泛参与，增强团队成员责任感。[①]

日本公共政策在制定过程中，审议会起决定作用。审议会是首相个人或者行政机构设立的意见咨询组织，由各界有学识、有经验的贤达组成，针对某个问题开展调查研究、讨论决策，其运作全程公开。[②]在关于城市政策、交通政策的制定过程中，有社会资本[③]整备审议会、交通政策审议会等。鉴于近年来自然灾害频发，信息通信技术（ICT）、人工智能（AI）等技术进步，国土交通省为了进一步充实政策措施，2019 年 2 月 6 日组织举办了社会资本整备审议会总会和交通政策审议会总会的共同会议，听取关于社会资本、交通政策的意见，公布了会议时间、地点、主题、出席的委员名单以及旁听申请手续。因会议室座位有限，申请旁听的每个团体仅限一人。从社会资本整备审议会委员名单看，委员的专业有环境、政策研究、园艺、商学、法学（律师）、生产技术、机械、灾害与风险管理、工学、出版、新闻等；从委员身份来看，有大学校长、大学理事、钢铁企业负责人、名誉教授、研究中心长、电力经营机构负责人、经济评论家、企业代表等。交通政策审议会委员类似，从专业来看，有政策研究、管理学、环境学、创新学、法学、国际社会学、经营管理学、能源学、新闻记者（政治评论）、工学、国际旅游、流通经济、大气海洋等；委员身份有教授、公司经理、大学校长、工会组织负责人、政治解说家、工商联负责人等。这两个审议会的委员都是 30 人。审议会委员来自社会各界，政策制定必须体现民意，需要各界代表的声音，以做好事业、解决问题为宗旨，集思广益。不同专业的人观察事物角度不同，任何事物或问题只有从多个角度观察、分析，才能获得比较完整的认识。只有在对事物认识比较客观、完整的条件下，才能有效地解决问题。

12.2.3 对北京收取交通拥堵费建议的分析

面对日益严重的城市交通拥堵，有人主张对进入拥堵地区的汽车征收拥堵费，以限制交通流量，缓解交通拥堵。这被学界认为是交通"需求管理"的一种手段，即通过增加驾车人进入某些区域的成本，达到减少交通

---

① 傅高义. 日本第一：对美国的启示[M]. 谷英，张柯，丹柳，译. 上海：上海译文出版社，2016：23-43.

② 周建高. 日本教育改革如何达成共识[J]. 日本问题研究，2009（01）：1-7.

③ 日文中"社会资本"主要是指城市基础设施。

量的目的。交通需求管理是政府干预民间交通行为的一种方式，正好也成为我们思考政府在经济社会生活中应该扮演什么角色、公共政策形成中应考虑哪些因素等的案例。

收取道路拥堵费的理论，根据邓涛涛、冯苏苇的研究，最早是由庇古（Pigou）和奈特（Knight）提出，是基于经济学中边际成本定价原理，对行驶于拥挤路段上的用户征收额外费用，使交通拥挤产生的外部成本由用车人承担，以使整个道路网络得到有效利用。其后沃尔特（Walters）和威克瑞（Vickrey）进一步发展和完善了该理论。①北京收取拥堵费的消息见于 2016 年 5 月 26 日媒体，引起了热烈讨论。与有些城市实行机动车限购是突然宣布、民众事前毫不知情而舆论哗然不同，城市收取拥堵费多年前就在大众传媒上讨论了。尽管对于到底何时收费、怎样收费人们还不清楚，制定过程中的政策在实施之前让民众知晓，虽然信息公开不充分，但这是我国公共管理上的进步。

北京市政府有关部门早就开始研究收取拥堵费作为治理拥堵的措施之一，2009 年曾委托张智勇、陈来荣专题研究城市交通拥堵收费。北京工业大学从 2003 年开始研究拥堵收费问题，有多篇研究拥堵收费的博士学位论文和硕士学位论文，据称 2008 年底初步建立了我国交通拥堵收费的理论体系。北京市 2013 年 9 月公布的《2013-2017 年清洁空气行动计划重点任务分解》中，要求北京市交通委员会和北京市环境保护局牵头研究制定征收交通拥堵费政策。②北京收取拥堵费之事酝酿已久，在 2013 年 9 月 7 日召开的中国汽车产业发展（泰达）国际论坛称，下月将公布国家的空气行动计划，在全国城市征收拥堵费、排污费等。因为有不同意见，并未实行。2015 年北京官方多次说 2016 年要实行。2016 年 5 月 26 日报道北京市政协的雾霾治理问题提案办理协商会称，交通拥堵收费事宜已初步制定了政策方案和技术方案，目前正在组织进一步深入研究和论证。不仅北京，还有不少城市也研究交通拥堵收费事宜，就像机动车限购限行一样，北京如果实施拥堵收费，随后肯定有不少城市跟进。尽管征收拥堵费的理由不难理解，但需要征求各方意见反复讨论研究。

1. 收取拥堵费对缓解拥堵效果几何

北京自 2011 年实施机动车限购限行以来，交通拥堵并没有缓解，甚至还在发展。尾号限行甚至促使有些家庭购买第二辆、第三辆汽车。伦敦是

① 邓涛涛，冯苏苇. 为什么对拥挤收费说"不"——对爱丁堡全民公决结果的事后剖析[C]//杭州国际城市学研究中心. 公交优先战略与城市交通拥堵治理研究：上. 杭州：杭州出版社，2013：79-80.

② 张智勇，陈来荣，张岚. 交通拥堵收费研究[M]. 北京：人民交通出版社，2014.

经常被人提及的征收拥堵费案例,且不论中英两国经济社会和城市结构的异同,伦敦的拥堵费政策难称成功。2003 年 2 月开始在不足全市面积 3%的约 21 平方公里的市中心征收拥堵费,政策实施初期使交通高峰期车流量降低了 15%－20%,缓和拥堵作用显著,但到 2006 年拥堵几乎恢复到了收费之前的水平。机动车行驶每一公里需要等待的时间 2003 年为 2.30 分钟,而 2007 年需要 2.27 分钟,缓解拥堵的作用十分微弱。在实时交通数据处理英瑞克斯公司(INRIX)于 2012 年 6 月公布的交通最拥堵欧洲城市排名上,伦敦以一年堵车平均 66 小时高居英国榜首,在欧洲也名列前茅。而且收费行政成本高昂,2006－2007 财政年度伦敦收了 2.5 亿英镑的拥堵费,而收费设备、行政管理就支出了 1.6 亿英镑,车牌自动识别、光缆和卫星数据实时传输、自动收费系统等设备设施耗资巨大,这使本来以拥堵费收入支持公共交通发展的计划大打折扣。伦敦市议长霍华德•伯恩斯坦说"伦敦的拥堵费方案效率低下,因为他们没有综合考虑驾车人的出发地、目的地、行程和出行时间等诸多因素"。国际上实行拥堵费制度的城市是极少数,西方国家交通量中公务车的比重小,政策效果尚且如此。北京与它们不同,路面交通量中出租、公交、环卫、邮政、旅游、工程等车辆,还有各个企事业机构用车比重较大。它们使用频率高、时间长,行驶里程多,无法对它们收取拥堵费,或者即使收取也不会减少它们的行驶。北京收取拥堵费的预期效果是什么?怎样保证?

2. 收取拥堵费与社会公平问题

有人认为,收取拥堵费一定意义上有利于促进社会公平。每个人在享受一定利益的同时都要付出若干成本。对于交通拥堵以及与之相关的空气污染,机动车使用者需要承担相应的责任。拥堵主要由小汽车造成,与骑自行车、坐公交车以及步行上下班的人无关,但是拥堵的后果却由所有人共同承担。征收拥堵费是对这种利益关系的一种矫正。城市道路资源有限,私家车增多使道路使用需求大大超过供给,对用路者收费是以经济杠杆调节供需。

这种理论似乎不无道理,但是并不全面。20 年前的中国,私家车属于奢侈品,拥有者在总人口中的比重很小,而今私家车已经成为家庭日常消费品之一。收取拥堵费,对于高收入者的出行不会有影响,影响的主要是考虑生活成本的工薪族。城市道路、停车场等都是公共资源,通行权是基本的公民权利。收费政策是根据支付能力决定使用机会,将迫使普通民众为资本让路。容易拥堵的城市、城市中容易拥堵的区域,一般是就业、教育、医疗、娱乐等各类资源集中之处,收取拥堵费的区域也肯定是城市繁华地。如果城市的公共交通系统不够完善，不能达到与使用私家车近似的便利程度，无法弥补因汽车被限制使用而造成的缺憾，收取拥堵费就可能减少低收入者出入繁华地利用各种资源的机会，使优质资源集中的市中心变成高收入人群专属领地，拥堵费可能使资源进一步向强势者集中，成为加剧社会阶层分化的因素之一。因经济因素而决定利用机会，把城市与私人产品同样看待，扭曲了公共资源的性质，影响了公平性。

3. 经济上的负面影响

衣食住行是人类生活的基本需求，我国人民的生活水平与先进国家比较还有不小差距，人们改善生活条件的愿望很强烈。经过改革开放以来的经济发展，国民收入普遍增长，一部分人具备了购买、使用乘用车的能力。汽车业是工业国家的支柱产业之一，巨大的市场需求正是汽车业发展的良好条件。由于我们在土地利用、城市规划和管理方面存在的问题，城市化水平、机动车普及率刚刚达到世界平均水平就出现交通拥堵、空气污染等"城市病"。为了保持城市的正常运转而限制机动车购买、使用，虽然有不得已的理由，但客观结果是导致汽车销售和生产的萎缩，尤其对于成长阶段的民族汽车工业造成冲击。例如，曾经是我国经济型轿车产销量第一的天津夏利汽车，在北京、天津等多个城市实行限购以后，产销量急剧下跌造成严重亏损，现在已经停产，就是显著例证。

4. 收取拥堵费方案失败的案例

为了治理城市交通拥堵，世界上许多城市都在积极探索。收取拥堵费作为治理拥堵的方案之一，除了伦敦外，还有新加坡、斯德哥尔摩等城市。总体上实施收费政策的城市屈指可数，已经实施的如伦敦，效果也是昙花一现，还有些城市在贯彻实施之前的方案阶段就被全民投票否决了，英国爱丁堡就是例子。爱丁堡位于英国北部，是苏格兰首府、英国第二大旅游城市，2011 年人口约 45 万。自 20 世纪 90 年代后随着经济发展、人口增加，自驾通勤者大幅增多，城市交通拥堵日益严重。市议会 1993 年就提出收取道路拥堵费的方案，为了使方案得到更多民众支持，市议会委托第三方进行了多项拥堵收费研究，开展了公众咨询，1999 年问卷调查显示将近70% 的民众支持收拥堵费，但是 2005 年对拥堵收费方案全民公决时，反对票达 74%，市议会不得不放弃该议案。反对收取拥堵费的首先是有车一族，因为会增加驾车出行成本。城市中心商务区的商户们反对收费，因为实施收费增加零售业运输成本，减少自驾来到的顾客。收费政策对医疗等公益机构没有特别补贴措施，对出诊医生、预约病人、对老年福利机构都有负面影响，这些机构也反对收费。爱丁堡周边四个郡认为对进入爱丁堡的人群收费极不公正，即向外地人收费为本地人谋福利，因此强烈反对收取拥堵费的做法。①

任何合理的政策，应该认真计算成本和收益，全面考虑各种代价，仔细权衡后选择利益最大化的方案。在经济社会急剧变化的当代，政策出台后应当不断收集各方意见，进行客观公正的评估，随时做出适应性调整，才能取得较好的政策效益。对于"城市病"的治理，堵不如疏。世界上绝大部分城市都没有人口总量控制、土地总量控制，也没有机动车限购限行，城市容纳了大部分人口和产业。因此，在思考解决现有问题、探索未来城市化发展方向时，需要我们开阔视野，全面反思城市规划建设思想乃至整个经济社会发展战略。

12.3　设定保障文明生活水准的最低空间标准的建议

我国城市政策存在的问题，一是标准僵化不变，没有与时俱进。例如城市建成区平均人口密度指标，1978 年为每平方公里 1 万人，在 40 多年后的今天，人均住房条件、交通运输方式发生了巨大变化，但这个标准没有改变，城市建设人均用地标准落后于社会发展需求。二是设定了不得超过的上限，例如限制城市人均用地面积在约 100 平方米以内。这是以土地经济效益为中心，没有考虑市民生活质量，或者至少把市民生活质量置于次要地位的体现。这或许是理解中国城市交通拥堵长期存在、人口过度密集影响生活质量的根源。

政府的主要职能之一是弥补市场机制造成两极分化的缺陷，立足全民立场，调节分配，保障社会弱势群体基本生活水平，维护社会公平正义和长治久安。在城市空间形成中，资本的力量驱动各种要素的集聚。空间经济学、集聚经济学论证了生产要素的空间集聚与生产率的关系，城市化现象也证明了集聚效益的显著存在。近年来，针对国家的城市管理政策，不少经济学者从经济学原理出发，认为要尊重市场经济规律，让人口等生产要素自由流动，不应人为控制大城市发展。他们的观点不是没有道理，但是忽视或者回避了现实问题即人口和生产力在地理空间分布过度失衡、"大城市病"等问题，也可以说没有站在社会公众立场上提出应对方案。事实

① 邓涛涛，冯苏苇. 为什么对拥挤收费说"不"？——对爱丁堡全民公决结果的事后剖析[C]//杭州国际城市学研究中心. 公交优先战略与城市交通拥堵治理研究：上. 杭州：杭州出版社，2013：85-88.

上，我国一方面阻碍人口流动的制度性因素还存在，另一方面经济文化的空间分布失衡也进一步加剧。但是从社会、国家整体利益看，这种分化具有破坏性后果，这是市场机制自身的缺陷，纠正这种缺陷是政府不可推卸的责任。今后，无论是从经济角度还是从国家战略角度，作为政府的职责，都需要关注人口、经济活动的空间均衡，疏解过于密集的城市。

　　设定人均用地最低标准，是指保障城市居民文明生活必需的地面空间不能低于某个最小值。人们对最低地面面积的需求，与生产、生活方式相关，也是发展变化的。农业社会的标准可能是能够生产最低粮食数量的面积，从交通运输方式需求看，以步行和自行车为主的时代人均 100 平方米城市用地也许够用，在汽车时代人均 100 平方米的面积显然不够。在以自给自足为主的社会，生活资料来自身边土地，运输量很小，人们很少长距离旅行。而在工业社会，分工发展使货物、人员异地流动大增，交通运输发展为一个巨大的行业，城市空间也相应地需要更多的道路。同时，汽车不仅仅是作为代步工具的乘用车，还有用途越来越多的各种车辆，不仅是工作场所需要停车场，而且住宅区也需要停车场。现代生活，一定程度上就是以汽车为职业工具和交通工具的生活。当前我国城市的交通拥堵，就是经济发展对于人均空间要求提高与城市规划规定的用地标准太低而产生冲突的表现。

　　2020 年 8 月公布的《首都功能核心区控制性详细规划（街区层面）》（2018 年－2035 年）关注到了人口过密对于交通拥堵的影响，提出了降低人口密度的目标。多途径调控常住人口密度，严控核心区建筑规模增量，降低建筑密度，留白增绿，减少建筑数量，提升质量；调整商业业态结构、优化商业设施空间布局，降低商业密度；通过外迁核心区旅游集散中心，对故宫、国家博物馆等重点区域适当限流，降低旅游密度。该规划第 65 条是积极推进疏解整治提升，实现"双控四降"，双控是指控制人口规模、控制建筑规模，四降是指降低人口、建筑、商业和旅游密度；提出的目标是到 2035 年核心区常住人口规模控制在 170 万人左右，到 2050 年控制在 155 万人左右，把常住人口密度由现状的 2.2 万人/平方公里下降到 1.7 万人/平方公里（第 7 条）。该规划把降低密度作为疏解的手段，可谓抓住了问题的核心，每平方公里 1.7 万人的密度，大体上与日本东京都密度较高区域的水准相当。东京都有较高的道路面积率、路网密度、交通设施（线路、停靠站）密度，由于流动人口数量多，东京地铁、电车还是比较拥挤的。考虑到交通设施的差异，首都功能核心区 2050 年规划目标的人口密度还是较高的。

因此，本研究建议规划的城市人口密度要与交通设施的密度相称，人口密度的计算，如果以行政区或建成区的大单位计算，会掩盖居住区密度过高的特点，建议以公顷为单位，规定每公顷土地上人口密度上限。具体数值可以研究，应与历来的为了保证土地经济效益而规定每平方公里不低于 1 万人的做法不同，而是譬如每人用地面积不能低于下限 100 平方米，这个指标不能是建成区范围内的平均数，而是以住宅楼为单位，或者至多是以 1 公顷面积为单位的平均数，保证每个居住区空间宽敞。

居住区的规模，每次集中统一开发的土地面积或者居住人口数量，应该设立上限，譬如面积最大不超过 0.2 公顷、人口数量最多不能超过 2000 人等，避免出现几万人规模的集中连片大型居住区。不仅住区，对学校、医院、商业中心、旅游景点，应该研究设立规模上限。

12.4 决策的民主与科学

日本能够较好地解决城市交通拥堵问题，除了资金、技术等投入外，决策的民主与科学也起到了重要的作用，反复讨论似乎费时较多，但实践过程较为顺利，付出的成本较小。因此在借鉴日本经验中，不仅应参考其具体做法，更应吸收其决策理念和方法。

就交通拥堵治理研究领域来说，回顾研究时可以发现，长期以来在调查统计、模型推演、规划建设、理论探讨等方面都有丰富的积累。之所以现状还没有达到令人满意的目标，与我们尚未形成从知识到行动方案的良好惯例密不可分，表现在数据、信息的交换，事实的确认，意见的交流，不同利益群体的博弈等方面。就直接决定空间形态的规划来说，曾经存在不同部门编制的规划，例如国民经济和社会发展规划、土地利用规划、城乡规划、环境保护规划、产业发展规划、开发区规划、旅游规划、水利规划、农业规划等，不同规划之间缺乏协调、难以对接甚至互相冲突的现象。在关于规划的项目研究上，往往直接委托或者选择某个部门熟悉的机构、学者去完成，研究成果缺乏竞争，最终往往是最接近决策部门的研究者的观点成为政策方向。例如，政策文件提出要提高建成区人口密度，且不论正确与否，在实践上基本没有可行性，因为我国城市建成区密度已经饱和。

作为解决交通拥堵难题的基础，城市空间结构优化，不仅需要在有关规划编制过程中需要更加民主、开放，鉴于我国许多法律、规章、行业标准在实行过程中，对于问题的揭露、讨论不足，对于既有制度、政策的评论不足，往往规范一经制定，执行后发现与实际情况冲突。城市空间一旦形成，就是固定的物质状态，建筑物、道路、公园等的位置不能轻易改变，而经济社会变化很快。过去关于土地利用、城市规划的一些政策、标准，实际上阻碍了民间创业与发展。例如，汽车社会的发展、电子商务的发展，都是规划者意料之外的新生事物，在现今的中国城市，与既有的空间形态产生了不少矛盾。以公共交通为主的城市交通体系解决交通拥堵问题，似乎是中国长久以来多数城市研究者的主张，但是论证都是列举公共交通的长处，并没有切实可行的行动方案，也没有真正成功的经验。在向海外城市取经中，只是看了新加坡等少数城市，没有全面研究所在地的地理环境、人口与产业特点与城市交通的关系，吸收经验时只看一点不及其余。

政策涉及社会各个群体，公共政策的制定过程是利益群体博弈的过程，通过辩论交换知识和主张，也是深化对问题的认识、达成共识的过程。在如今开放的环境下，知识的获取比过去容易得多，像交通拥堵治理这样涉及众人的事业，同其他类似的公共事业一样，没有社会各界的合作，很难取得成效。长期以来，交通规划建设的经验证明，仅靠物质的、技术的进步不足以解决问题，决策的科学化、民主化非常重要。在治理交通拥堵问题上，关于拥堵的原因、治堵的方法有各种认识和观点，百家争鸣对认识问题、解决问题是可贵的条件，但是要从思想变成有效的行动方案，应该是有关方面、不同主张当面交换意见，充分讨论形成一致意见；不能形成一致意见也不是坏事，如果一个城市的治堵方案必须统一的话，中国国土面积广大，城市数量、类型众多，完全不必要求政策各地一致，不同城市可以采取不同的治堵方案，通过实践检验理论和方案的含金量。我国地域辽阔、城市众多，解决城市交通问题的方案可以多种并行。

改革开放的中国，是各种思想和技术的实验场，可以找到一条或几条高质量城市化的道路。高质量的城市，必定是人们向往的地方，可以容纳各种生活方式，住房可买可租，可以是公寓也可以是独栋，住区有热闹的也有安静的；交通出行方式可以是低碳绿色的步行、自行车、公交车，也可以是自由舒适、方便快捷的私家车。

从人口与土地关系来看，亚洲国家普遍人口稠密。我国人口众多，但从国土人口密度看，日本、韩国以及东南亚和南亚的多数国家比我国更稠密，我国人地矛盾并不突出。况且，多方最新预测显示，中国已经转入人口数量减少阶段。相对于用地需求来讲，中国的土地资源是充足的，可满足交通、居住、游乐和产业等各项事业的需求。城市交通拥堵并非不治之症，中国城市也不是必然与汽车社会发展相冲突，可以与其他发达国家一样，汽车产业、房地产照常发展，人民安居乐业。只是，改革涉及多个方面，需要勇气，需要有效的方法。